普通高等教育"十一五"国家级规划教材

高等院校计算机教材系列

PROGRAMMING IN C

C语言程序设计

第2版

顾治华 陈天煌 孙珊珊 编著

机械工业出版社
China Machine Press

本书的写作融入了作者多年的教学经验，充分考虑到初学者的能力、认知水平、知识结构等因素，遵照循序渐进、由浅入深的原则，较系统地介绍C语言程序设计知识，内容涵盖算法及算法设计、数据描述与基本操作、选择结构程序设计、循环结构程序设计、数组、指针、函数与模块化程序设计、结构体和共用体、编译预处理、文件，并对常用程序设计方法及C++语言知识进行了简单介绍。

本书文字叙述通俗易懂，理论阐述简明科学，并辅以大量经典实用的实例和习题来加深读者对理论知识的理解，可作为高等院校理工科专业程序设计课程的教材，也适合程序设计初学者自学使用。

图书在版编目（CIP）数据

C语言程序设计 / 顾治华，陈天煌，孙珊珊编著. —2版. —北京：机械工业出版社，2012.4
（高等院校计算机教材系列）

ISBN 978-7-111-37462-6

Ⅰ. C…　Ⅱ. ① 顾…　② 陈…　③ 孙…　Ⅲ. C语言－程序设计－高等学校－教材　Ⅳ. TP312

中国版本图书馆CIP数据核字（2012）第023170号

机械工业出版社（北京市西城区百万庄大街22号　邮政编码　100037）
责任编辑：刘立卿
三河市杨庄长鸣印刷装订厂印刷
2012年5月第2版第1次印刷
185mm × 260mm · 20印张
标准书号：ISBN 978-7-111-37462-6
定价：35.00元

凡购本书，如有缺页、倒页、脱页，由本社发行部调换
客服热线：（010）88378991；88361066
购书热线：（010）68326294；88379649；68995259
投稿热线：（010）88379604
读者信箱：hzjsj@hzbook.com

前　言

C语言是计算机学科的核心课程，也是其他理工科专业计算机基础训练的必修课。C语言功能丰富，表达能力强，使用灵活方便，应用面广，目标程序效率高，可移植性好，兼备高级程序语言和低级程序语言的诸多优点，所以在计算机工程实践中得到了广泛的应用。

在多年的教学过程中我们发现，许多学生在学完了“C语言程序设计”课程后，虽然能够了解和掌握一些语句的语法知识和语义，但不会应用语言来编写程序，把编程视为十分艰难而又高不可攀的工作。为帮助学生学会程序设计，我们总结多年的教学经验编写了本书。

本书在介绍C语言的同时，注重讲解如何应用C语言来编程，试图帮助读者克服畏难情绪，在轻松、愉快的气氛中探索程序设计的奥妙。学习编程技巧是一个不断实践、反复练习的过程。本书编写的目标就是希望帮助读者缩短这个过程，迅速提高C语言程序设计能力和水平。本书中的算法思维训练和编程思想同样适用于其他高级程序设计语言。

本书具有如下特点：

1）面向初学者，使略有计算机基础的人都能较容易地学会C语言编程。本书所采用的程序实例充满趣味性和实用性，语言叙述通俗易懂，难点分散，概念清晰，层次分明。

2）专门介绍了一些程序设计的常用方法，如穷举法、迭代法、递推法等，帮助读者提高程序设计能力和技巧。

3）注重各部分知识的综合应用训练，以提高程序设计能力为目标，并使读者在学习和掌握一门语言的同时养成良好的程序设计习惯。

4）习题中选用了部分等级考试试题，对读者参加相关考试也具有实用性。

5）为了帮助读者充分利用Internet上十分丰富的学习资源，本书在附录中提供了百余个中英文的关键词，由这些关键词可搜索到更多更新的C语言程序设计的文献资料。

本书在写作过程中与多名讲授该课程的教师进行过深入讨论，汲取了许多宝贵的教学经验。同时，本书的编写工作还得到了院系领导及机械工业出版社的大力支持。在此，一并表示衷心的感谢。

由于计算机科学技术发展迅速，加之编者水平有限，书中错误在所难免，恳请广大读者和同行批评指正，并多多提出宝贵意见。

作者于武汉理工大学

2012年1月

教 学 建 议

教学章节	教学要求	课时
第1章 C语言程序设计概述	了解程序、程序设计、高级语言的概念，掌握C语言的字符集、词类，了解C语言程序的基本结构	2
第2章 算法及算法设计简介	了解算法的基本概念，掌握算法的设计方法和表式方式，理解并掌握结构化程序设计方法	4
第3章 数据描述与基本操作	了解C语言的数据类型体系和运算体系，掌握各种基本数据类型常量的书写方法和变量的定义、赋值、初始化方法，了解基本运算符的运算规则和优先级别，能正确构成基本类型的表达式，掌握顺序结构的程序设计	4
第4章 选择结构程序设计	了解分支结构的C语言程序设计，熟练掌握关系运算和逻辑运算，能正确选取选择语句来设计选择结构的程序	4
第5章 循环结构程序设计	了解循环结构的程序设计，能熟练掌握C语言的各种循环语句的格式和功能，并能根据循环结构的要求正确选取循环语句来实现循环，掌握简单问题的程序设计	4
第6章 数组	掌握一维数组、多维数组（主要指二维）、字符数组的定义、初始化、数组元素的引用的方法，掌握有关处理字符串的库函数的使用方法	4
第7章 指针	掌握地址、指针、指针变量的概念，能正确定义所需类型的指针变量，能正确将指针变量指向某变量或数组，能正确利用指针变量引用所指向的变量或数组，了解指针数组和多级指针的概念	4
第8章 函数与模块化程序设计	熟练掌握用户函数的结构、设计方法和调用方法，掌握函数调用中数据传递的几种方法，会设计简单的嵌套调用函数，了解递归调用函数、指针型函数的概念，能正确使用书中介绍的各种常用库函数	4
第9章 结构体和共用体	了解结构体、共用体和枚举类型数据的特点，掌握结构体类型的定义方法以及结构体变量、数组、指针的定义、初始化和成员的引用方法，掌握共用体和枚举类型的定义方法和对应变量的定义和引用，掌握用户自定义类型的定义和使用	4
第10章 编译预处理	掌握宏定义和宏替换的一般方法，掌握包含文件的处理方法，了解条件编译的作用和实现方法，了解带参数的主函数的设计和运行方法	2
第11章 文件	掌握缓冲文件系统中有关文件操作的库函数的使用方法，能设计对文件进行简单处理的实用程序	4
总课时	第1~11章建议课时	40
	上机实验建议课时	40

说明：

1）建议课堂教学全部在多媒体教室内完成，实现“讲–演”结合。

2）建议教学分为课堂教学与实验教学两大模块。课堂教学重点讲授C语言的核心知识及程序设计的方法、步骤。实验教学重在培养学生的分析问题和解决问题的能力，提高实际编程能力。

3）第12、13章作为选学内容，帮助有能力的学生进一步提高程序设计的技能。

4）不同学校可以根据各自的教学要求和计划学时数对教学内容进行取舍。

目 录

第1章　C语言程序设计概述

学习计算机程序设计语言是提高计算机知识水平的重要步骤。C语言作为当今最为流行的程序设计语言之一，不但成为计算机专业的必修课程，而且也越来越多地成为非计算机专业的学习课程。本章首先讲述程序及程序设计的基本知识，然后介绍C语言的发展与特点，叙述C语言程序的组成与结构，阐明C语言的上机步骤和方法。

1.1　程序与程序设计

计算机通过执行程序完成其工作，如计算、控制、文字处理、图形处理、网络通信等。所谓程序,就是一组指令和数据的集合。程序就是人与机器进行“对话”的语言，也就是我们常说的程序设计语言。

程序设计语言分为低级语言和高级语言两大类。低级语言直接面向机器，如机器语言和汇编语言；高级语言独立于机器，用高级语言编写的程序在不同的机器上必须使用不同的翻译程序。C语言程序是一种高级语言程序，它必须被翻译成计算机能识别的语言，即机器语言，才能在计算机上运行。

计算机只能理解机器语言，不能理解汇编语言和高级语言，必须把汇编语言或者高级语言编写的程序“翻译”成机器语言才能执行。把汇编语言程序翻译成机器语言的过程称为“汇编”，把高级语言程序翻译成机器语言有两种方式：一种是“解释”，一种是“编译”。C语言属于编译型语言。编译的原理就是由编译程序把源程序编译、连接成可执行文件，然后由机器直接执行，具体关系如图1-1所示。

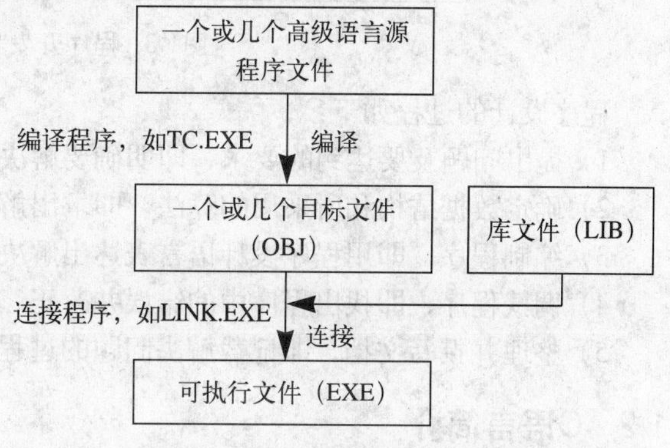

图1-1　C语言源程序的运行过程

C语言程序的运行过程一般为：首先把C语言源程序编辑输入到计算机中，随后调用编译程序对源程序进行编译，产生目标文件，再调用连接程序进行连接，产生可执行文件，最后由机器直接运行可执行文件。

程序员编写的源程序必须遵循编译程序规定的语法，即编写程序的规则。各种类型的语法规定产生了C、PASCAL、BASIC、FORTRAN等语言。C语言语法标准为：

- ANSI C：1983年由美国国家标准协会（ANSI）发布；
- 87 ANSI C：1987年由美国国家标准协会发布。

程序设计所需的开发环境（又称为软件条件）如图1-2所示。

程序开发环境中各程序的功能如下：

源程序编辑程序：编程者输入源程序的编辑工具。

编译程序：把源程序翻译成目标程序。

连接程序：把目标程序及有关的库函数连接成机器可执行的程序文件。

调试程序：帮助编程者定位错误和改正错误的软件工具。

源程序编辑程序（Editor）	集成开发环境IDE (Integrated Developer Environment)
编译程序（Compiler）	
连接程序（Linker）	
调试程序（Debugger）	

图1-2 C语言程序开发环境

程序开发环境的核心是编译程序，它把程序员编写的类自然语言源程序翻译为机器指令；同时，从应用的角度讲，它提供了程序设计的思想。主要的程序设计思想有：结构化程序设计思想和面向对象程序设计思想。典型的程序开发环境及其特点如图1-3所示。

Microsoft	Borland (Inspires)	特点
MSC	Turbo C	结构化程序设计 开发DOS程序
Visual C++	C++ Builder	面向对象程序设计 可视化程序设计环境 专业化Windows 9x/NT程序
Visual Basic	Delphi （类Pascal语法）	面向对象程序设计 可视化程序设计环境 快速设计Windows 9x/NT程序

图1-3 程序开发环境及其特点

程序设计的过程如下：

1）提出问题及要达到的要求，即明确要解决的问题；

2）确定数据结构和所采用的算法，即求出解决问题的方法和思路；

3）编制程序，即用程序设计语言表达出解决问题的步骤；

4）调试程序，即找出程序中的错误并改正，使得程序能达到预期的目的；

5）整理并撰写文档，即记载解决问题的过程及程序输入与输出的结果等。

1.2 C语言简介

1.2.1 C语言的发展历程

C语言是一种流行的高级程序设计语言，它既可以用来编写应用软件，也可以用来编写系统软件。

早期的操作系统都是用汇编语言编写的，但是由于汇编语言依赖于特定的计算机硬件，可移植性差，而且汇编语言编写的程序都比较难以读懂，于是人们就想用一种高级语言来编写系统软件，但在高级语言中却很难实现汇编程序对硬件的操作能力。C语言正是在这种背景下设计出来的。

C 语言是1972年由美国的Dennis Ritchie设计发明的，它由早期的编程语言BCPL（Basic Combined Programming Language）发展演变而来，并首次在UNIX操作系统的 DEC PDP-11 计算机上使用。在1970年，AT&T贝尔实验室的Ken Thompson根据BCPL语言设计出较先进的并取名为B的语言，最后导致了C语言的问世。随着微型计算机的日益普及，出现了许多C语言版本。由于没有统一的标准，使得这些C语言之间出现了一些不一致的地方。为了改变这种状况，美国国家标准协会（ANSI）为C语言制定了一套ANSI标准，它成为C语言标准。

1.2.2 C语言的特色

1. C语言的优点

人们之所以要采用C语言编制各种各样的程序，是因为C语言有许多独特的优点：

1）C语言简洁、灵活。C语言不像FORTRAN那样有严格的格式，它的程序格式书写自由；与Pascal相比，C语言的关键字简练、源程序短，输入的工作量比较小。采用C语言编程，可以使程序员专注于算法设计，不必过多地考虑格式的限制。

2）C语言有丰富的运算符，这会使源程序精练，生成的代码质量高，运行速度快。

3）C语言数据类型丰富，能实现各种复杂的运算，尤其指针类型数据，使程序更加灵活、多样。

4）C语言语法限制不是很严格。例如，C语言对数组下标越界不做检查，由程序员保证程序的正确性；同时，对变量类型的使用比较灵活，例如，整型与字符型及逻辑型数据可以互相通用。

5）C语言可以直接访问物理地址和计算机硬件，能进行位操作，可以实现汇编语言的很多功能。因此，C语言具有高级语言和低级语言的双重功能，可以用来编写系统软件。

6）C语言编写的程序可移植性好，一般不做修改或者做少量的修改就能运行于不同的计算机和不同的操作系统。

读者在编写C语言程序，特别是在与其他语言对比时，会对以上的优点有更加深刻的体会。

2. C语言的特点

1）C语言是结构化程序设计语言。

2）C语言是模块化的程序设计语言，其程序由许多函数组成 。C语言编制的程序必须有一个称为main()的主函数，而且只能有一个主函数；“{”和“}”分别表示函数的起点和终点，相当于PASCAL的BEGIN...END；函数之间可以相互调用、递归调用。但一般函数不能调用主函数。

3）C语言程序可以调用其他文件的函数，这样，一个C语言程序可以由许多文件组成，便于合作开发。

4）C语言的一个语句可以放在一行，也可以放在多行；C语言程序的一行可以放多个语句。C语言的语句都要用“；”作为结束标志。但是，为了便于阅读，编写C语言程序应遵循一定的规则，如嵌套循环时应该有缩行。

5）为便于C语言程序的维护和帮助人们理解程序，C语言的关键语句应该有注释，注释部分必须用“/*”和“*/”括起来，并且“/”和“*”之间不能有空格，编译程序在编译时会忽略掉“/*”和“*/”之间的内容。

6）C语言的程序一般要有头文件，头文件在程序的开始用“#include”做出说明，头文件中可以是对程序中所用变量的说明，也可以是引用的库函数。

7）C语言区分大小写，因此在使用C语言时应特别注意。

8）C语言的程序总是从主函数开始执行，并且终止于主函数。

总之，C语言灵活性大、功能强，可以编写出各种类型的程序。程序员使用C语言限制少，可以自由地编程。但是，从学习语言的角度来说，学习C语言比学习其他高级程序设计语言要难一些。学习C语言的困难主要来自于C语言的灵活性，只要掌握C语言的基本语法规则，多上机练习，C语言还是可以学好的。

1.3 简单的C语言程序

我们还是以“Hello World!”作为本书的开始程序。

【例1-1】最简单的C语言程序。

```
main()
{
   printf("Hello World!\n");
}
```

程序执行后在屏幕上输出：

```
Hello World!
```

其中main表示“主函数”，每个C程序都必须有一个main函数。函数体由大括弧{ }括起来。本例中主函数内只有一个输出语句，printf是C语言中的输出函数（详见第3章）。双引号内的字符串按原样输出，"\n"是换行符，即在输出“Hello World!”后回车换行，语句最后以分号结束。

【例1-2】两个数求和。

```
#include <stdio.h>
main()
{
   int a,b,sum;                    /*定义变量 */
   a=3;                            /*给变量a赋值 */
   b=6;                            /*给变量b赋值 */
   sum=a+b;                        /*求a、b的和并赋给变量sum */
   printf("sum=%d\n",sum);         /*输出运算的结果 */
}
```

程序执行后的输出结果为：

```
sum=9
```

程序先定义三个变量（变量就是存放数据的存储单元），然后分别给变量a和变量b赋值，变量sum是变量a和变量b的和，程序输出的结果正是a和b的和。"%d"表示输出的是十进制整数。

书写程序时应遵循的规则

从书写清晰，便于阅读、理解和维护的角度出发，在书写程序时应遵循以下规则：

1）一个说明或一个语句占一行。

2）用“{}”括起来的部分，通常表示程序的某一层次结构。“{}”一般与该结构语句的第一个字母对齐，并单独占一行。

3）低一层次的语句或说明可比高一层次的语句或说明缩进若干格后书写，以便看起来更加清晰，增加程序的可读性。

在编程时应力求遵循这些规则，以养成良好的编程风格。

1.4 C语言程序的上机步骤

C语言是编译型语言，源程序必须经过编译才能在计算机上执行。C语言程序的上机步骤可大致分为下列几步：

1）上机输入与编辑源程序；

2）对源程序进行编译；

3）与库函数连接；

4）运行可执行的目标程序。

1.4.1 在Turbo C环境下运行C程序的步骤

在Turbo C所在的目录下直接键入TC，就可以打开C语言程序的集成开发环境，如图1-4所示。

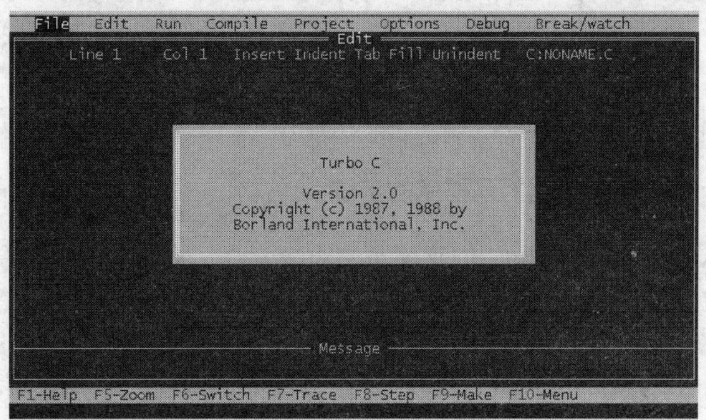

图1-4 C语言程序的集成开发环境

在Turbo C集成开发环境中，有一行主菜单，其中包括File、Edit、Run、Compile、Project、Options、Debug、Break/watch 8个菜单项。

编程者可以通过以上菜单项来选择使用Turbo C集成开发环境所提供的各项主要功能。以上8个菜单项分别代表文件操作、编辑、运行、编译、项目、选项、调试、中断/观察等功能。按F10键就可选中某主菜单项，随后可用“←”键和“→”键移动光标来选择你所需要的菜单项，选定了主菜单项，再按回车键就可打开下级菜单。

File菜单用来对文件进行操作，包括装载文件、建立新文件、存储文件等。按Alt+F组合键可以打开File下拉菜单，如图1-5所示。

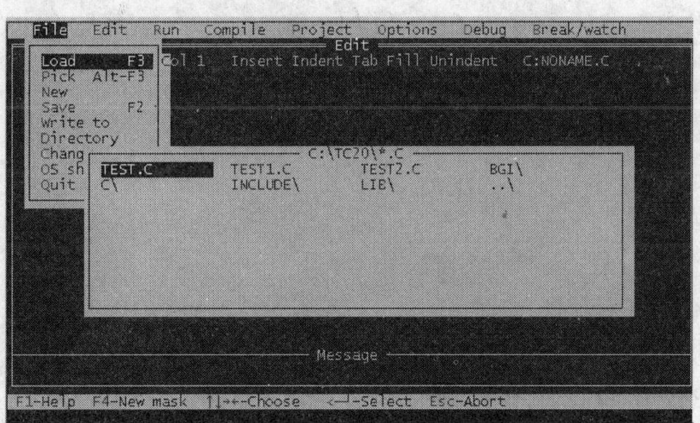

图1-5 File菜单

“New”命令用于建立一个新文件，选择“New”命令后集成开发环境就会打开编辑窗口，读者可以在此输入C语言源程序。

读者编辑完源程序后，要对源程序进行编译，生成可执行文件方可执行。按下Alt+C组合键，选择“Compile to OBJ”生成目标文件，然后选择“Link EXE file”连接目标文件；或者直接选择“Make EXE file”生成可执行文件。如果源程序没有语法和语义错误，可以生成后缀为“.exe”的可执行文件。如果源程序存在错误，集成开发环境会指出错误所在的行，读者可以打开编辑窗口修改源程序。

生成可执行文件后，按下Alt+R组合键，选择“Run”，或者直接按下Ctrl+F9组合键，可以执行此文件。也可以退出集成开发环境，在可执行文件所在的目录下，直接输入可执行文件名，也可以执行该文件。

如果在编译和连接时出现“出错信息”，则需要重新编辑（修改）源程序。修改后仍然需要进行编译和连接，最后再运行可执行的文件（程序）。所以，上机步骤往往是一个循环往复的过程。

以上介绍的上机步骤只需上机试一下，即可明白。

1.4.2 在Visual C++ 6.0环境下运行C程序的步骤

随着计算机技术的发展，Turbo C似乎显得有点落后，Visual C++ 6.0（后面简称VC6.0）占据了越来越大的市场份额，大多数学校的上机环境都选用VC系统，计算机等级考试也开始使用VC系统。为了适应发展，我们在此介绍一下VC6.0。

VC6.0是一款功能强大的、针对C++面向对象程序设计语言的开发环境，由于C++语言是在C语言的基础上扩展而成的，所以C语言程序也能在该环境下运行。

下面就简单介绍在VC6.0环境下运行C程序的步骤。

1） 创建工程项目。首先打开VC。选择“新建”建立一个新工程，选择“Win32 Console Application”，在“工程名称”中输入工程的名字，如“hello world”，在“位置”中设置好路径。单击“确定”按钮，如图1-6所示。

2）新建C源文件。选择“新建”，在弹出的对话框中选择“C++ Source File”，在“文件名”中输入文件名称，如“hello”，单击“确定”按钮，如图1-7所示。

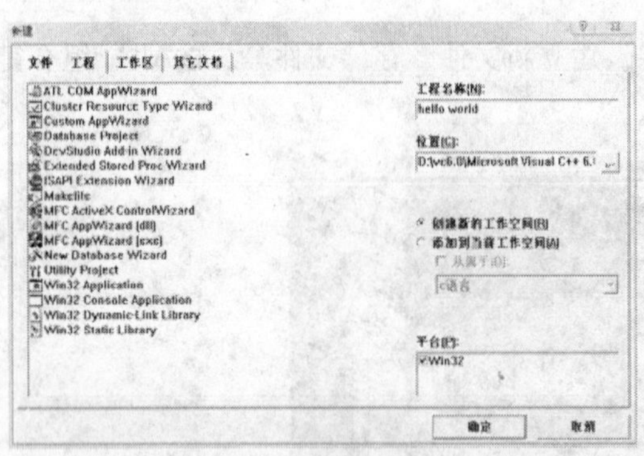

图1-6 创建工程项目

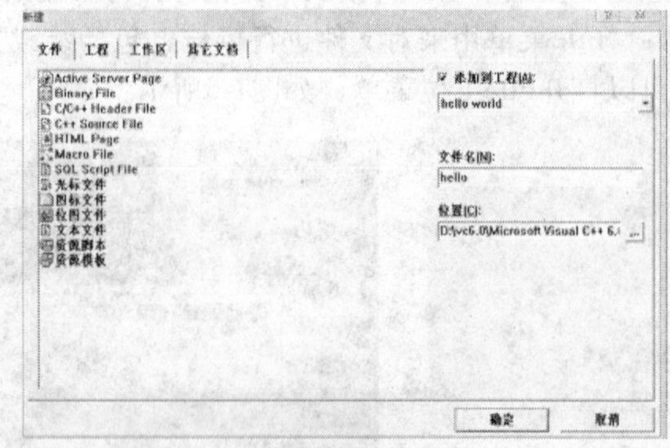

图1-7 新建C源文件

注意：填入C源文件名一定要加上扩展名“.c”，否则系统会为文件添加默认的C++源文件扩展名“.CPP”。

3）编辑C源程序。在编辑框中输入源程序，如图1-8所示。

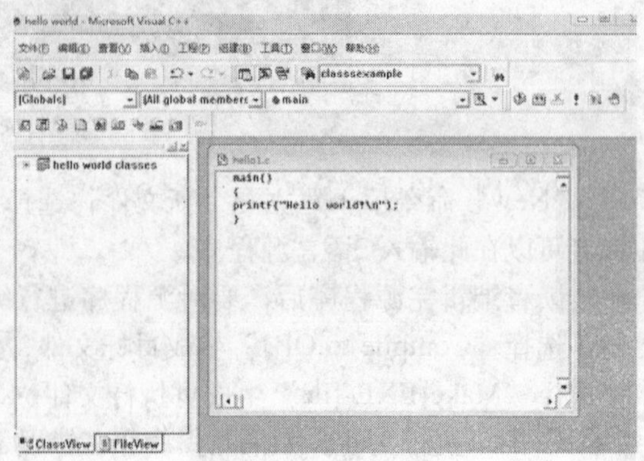

图1-8 编辑源文件

4）编译，连接，运行。选择主菜单“组建（Build）”中的“编译（Compile）”命令，或单击工具条上的图标或者按Ctrl+F7组合键，系统开始对源文件进行编译。注意，这里系统只编译当前文件而不调用连接器或其他工具。输出（Output）窗口将显示编译过程中检查出的错误或警告信息，在错误信息处单击鼠标右键或双击鼠标左键，可以使输入焦点跳转到引起错误的源代码处（大致位置）进行修改。

选择主菜单“组建（Build）”中的“组建（Build）”命令，或单击工具条上的图标，对最后修改过的源文件进行编译和连接。选择主菜单“组建（Build）”中的“执行（Build Execute）”命令，或单击工具条上的图标！，执行程序，将会出现一个新的用户窗口，按照程序输入要求正确输入数据后，程序即正确执行，用户窗口显示运行的结果。如图1-9所示。

图1-9 运行结果

当然，作为一个成熟的开发环境，VC++6.0还有很多我们需要学习的地方，由于篇幅限制，在这里不再赘述，请参阅附录D或相关资料。

1.5 C语言的基本词法

在C语言中使用的基本词法可分为六类：标识符、关键字、运算符、分隔符、常量、注释符。

1. 标识符

标识符是指常量、变量、语句标号以及用户自定义函数的名称。除库函数的函数名由系统定义外，其余的都由用户自己定义。C语言规定，标识符只能是字母（A～Z，a～z）、数字（0～9）、下划线（_）组成的字符串，并且其第一个字符必须是字母或下划线。例如，以下标识符是合法的：a，x，x3，BOOK_1，sum5，_x7；以下标识符是非法的：3s（以数字开头），s*T（出现非法字符*），−3x（以减号开头），bowy-1（出现非法字符-）。

在使用标识符时还必须注意以下几点：

1）标准C不限制标识符的长度，但标识符的长度受各种版本的C语言编译系统的限制，同时也受到具体机器的限制。例如在某版本C中规定标识符前8位有效，当两个标识符前8位相同时，则被认为是同一个标识符。Turbo C规定标识符的长度为32。在编写程序时，应对系统所规定的标识符的长度有所了解，以免造成不必要的错误。这种错误不会被编译系统发现，所以应特别小心。

2）在标识符中，大小写是有区别的。例如SUM和sum是两个不同的标识符。变量名应尽量使用小写字母，以增加程序的可读性。

3）标识符虽然可由程序员随意定义，但它用于标识某个量的符号，因此，命名应尽量有相应的意义，以便阅读理时能“顾名思义”，一般不用简单、无意义的符号作为变量名，如a、b等。

在C语言中，所有的变量都是先定义后应用，使用没有定义的变量名被认为是“非法”的。

2. 关键字

关键字是由C语言规定的具有特定意义的字符串，通常也称为保留字。用户定义的标识符不应该与关键字相同。C语言的关键字分为以下几类：

1）类型说明符。用于定义和说明变量、函数或其他数据结构的类型，如int、double、float、long、short、auto、signed、static、struct、unsigned、char、enum、extern、register、union等。

2）语句定义符。用于表示一个语句的功能，如条件语句的语句定义符if else，循环语句的语句定义符do、while、for、goto等。

3）预处理命令字。用于表示一个预处理命令，使用时前面要加“#”，如include、define、

ifdef、ifndef、undef、endif等。

关键字后必须有空格、圆括号、尖括号、双引号等分隔符，否则与其他字符一起将会组成新的标识符。

3. 运算符

C语言中含有丰富的运算符。运算符与变量、函数一起组成表达式，表示各种运算功能。运算符由一个或多个字符组成。

4. 分隔符

在C语言中最常用的分隔符有逗号和空格两种。逗号主要用在类型说明和函数参数表中分隔各个变量。空格多用于语句各单词之间，作为间隔符。在关键字和标识符之间必须要有一个以上的空格符作为间隔，否则将会出现语法错误。例如把“int a,”写成“inta;”后，C编译器会把inta当成一个标识符处理，其结果必然出错。

5. 常量

C语言中使用的常量分为数字常量、字符常量、字符串常量、符号常量、转义字符等多种，这些在后续章节中将专门给予介绍。

6. 注释符

C语言的注释符是以“/*”开头并以“*/”结尾的字符串。在“/*”和“*/”之间的即为注释。程序编译时，不对注释做任何处理。注释可出现在程序中的任何位置，用来向用户提示或解释程序的意义。在调试程序中对暂不使用的语句也可用注释符括起来，使编译跳过这些语句不做处理，待调试结束后再去掉注释符。

7. C语言的字符集

字符是组成语言的最基本的元素。C语言字符集由字母、数字、空格、标点和特殊字符组成。在字符常量、字符串常量和注释中还可以使用汉字或其他可表示的图形符号。

- 字母：小写字母a～z共26个，大写字母A～Z共26个。
- 数字：0～9共10个。
- 空白符：空格符、制表符、换行符等统称为空白符。空白符只在字符常量和字符串常量中起作用；在其他地方出现时，只起间隔作用， 编译程序对它们忽略。因此在程序中使用空白符与否，对程序的编译不会发生影响，但在程序中适当的地方使用空白符将增加程序的清晰性和可读性。

1.6 C语言程序的基本结构

C语言程序设计的基本结构可分为三种：顺序结构、分支结构、循环结构。按照结构化程序设计的观点，任何功能的程序都可以通过这三种基本结构的组合来实现。

1. 顺序结构

如图1-10所示，模块A和B是顺序执行的，即在执行完A的操作之后，才能执行B的操作。顺序结构是最简单的一种基本结构。

我们可以把模块A和模块B合并成一个模块，但无论怎样合并，生成的新模块仍然是一个整体，只能从模块的顶部进入，执行完模块的所有语句之后，再从底部退出模块，这也是模块的基本性质。

2. 分支结构

当根据逻辑条件成立与否，分别选择执行不同的程序模块时，可以使用分支结构，分支结构也称为选择结构。

图1-11即是一个分支结构的流程图，当满足判断条件时，执行模块A；当不满足判断条件时，执行模块B。在程序的一次执行中，模块A和模块B只可能执行其中的一个。在实际应用中，也可能其中一个模块为空，这是允许的，如图1-12所示。

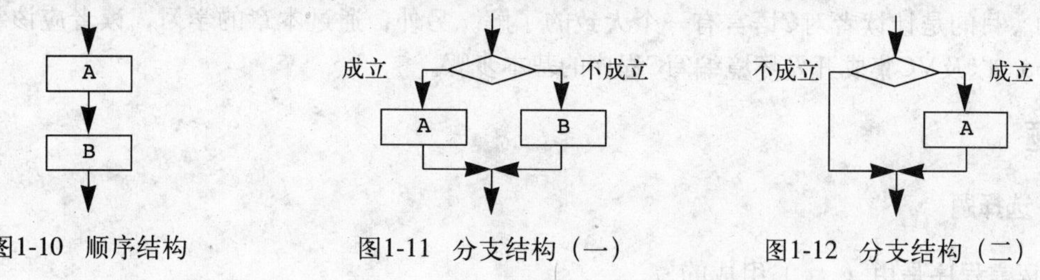

图1-10 顺序结构　　图1-11 分支结构（一）　　图1-12 分支结构（二）

3. 循环结构

循环结构和顺序结构、选择结构一样，都是构成各种复杂程序的基本构造部件，是一种重要的基本结构。循环结构的特点是在给定条件成立时，反复执行某个程序段。通常我们称给定条件为循环条件，称反复执行的程序段为循环体。循环结构一般分成两种情形：一种是当型循环，一种是直到型循环。在程序执行时，当型循环是先判断条件是否成立，当条件成立时，执行模块A中的程序，然后再判断条件，条件成立时，再执行模块A的程序，这样循环往复，直到当一次条件不成立时，才退出循环模块，执行后继的程序，如图1-13所示。

图1-13 当型循环　　图1-14 直到型循环

直到型循环是先执行一次模块A中的程序，然后判断条件是否成立，如果条件不成立，则继续执行模块A中的程序，然后再判断，如此往复，直到所给的条件成立时，才退出循环程序，如图1-14所示。

在有些问题中，循环模块都是要执行的，至少应该被执行一次，这时当型循环和直到型循环是没有什么区别的，它们都能很好地解决问题。但是，在其他一些问题中，循环模块有可能一次也不会被执行，这时就应该用当型循环。一般说来，不用刻意去设计某个问题是当型循环还是直到型循环，具体问题应具体分析。

在循环的使用中，应避免使循环陷入死循环，即无限地执行循环模块，永远不会退出。这样的程序在实际应用中是没有任何意义的，不会得到什么有价值的结果。在设计循环条件时应特别注意，应保证循环在有限的时间内退出。

其实，基本结构不是只限于上面所说的三种。但是已经证明，由以上三种基本结构组成的程序可以解决任何复杂的问题。三种基本结构所构成的程序属于结构化的程序，它不存在无规律的向前、向后的转向，在本结构内可以用转向语句进行跳转。

本章小结

在计算机的发展历史上，依次经历了机器语言、汇编语言和高级语言的阶段。C语言属于一种高级语言，但是同时它也具有某些低级语言的功能，所以有人也把C语言称为一种“中间语言”。C语言是随着UNIX操作系统的发展而流行起来的，但是C语言能成为一种流行很广的语言，也有它自身的优点。在本章中，也简单介绍了C语言的一些简单的语法和C语言程序的基本结构，目的是让读者对C语言有一个大致的了解。另外，通过本章的学习，读者应该掌握使用Turbo C以及VC集成开发环境编写C程序的基本步骤。

习题

一、选择题

1. C语言程序是由（　　）组成的。
   A) 子程序　　B) 过程　　C) 函数　　D) 主程序和子程序
2. C语言中的标识符只能由字母、数字和下划线三种字符组成，且第一个字符（　　）。
   A) 必须为字母　　B) 必须为下划线
   C) 必须为字母或下划线　　D) 可以是字母、数字和下划线中任一字符
3. 以下叙述正确的是（　　）。
   A) 在C程序中，main函数必须位于程序的最前面
   B) C程序的每行中只能写一条语句
   C) C语言本身没有输入输出语句
   D) 在对一个C程序进行编译的过程中，可发现注释中的拼写错误
4. 下面是合法C语言标识符的是（　　）。
   A) 3AT_L　　B) _M+N　　C) −M2　　D) AC_7
5. 下面不是合法C语言标识符的是（　　）。
   A) 3S_L　　B) BOOK_N　　C) _A47　　D) A4
6. 下面是合法C语言关键字的是（　　）。
   A) For　　B) Do　　C) *FILE　　D) goto
7. 下面不是合法C语言关键字的是（　　）。
   A) INT　　B) double　　C) short　　D) struct
8. C语言源程序的文件扩展名为（　　）。
   A) .obj　　B) .out　　C) .C　　D) .exe
9. 下面叙述中正确的是（　　）。
   A) C语言的源程序不必通过编译就可以直接运行
   B) C语言中的函数不可以进行单独编译
   C) C源程序经编译形成的二进制代码可以直接运行
   D) C语言中的每条可执行语句最终都将被转换成二进制的机器指令
10. 下列四个叙述中正确的是（　　）。
    A) C程序中的所有字母都必须小写
    B) C程序中的关键字必须小写，其他标识符不区分大小写
    C) C程序中的所有字母都不区分大小写
    D) C语言中的所有关键字都必须小写

二、填空题

1. C源程序的基本单位是______。

2. 一个C源程序至少应包括一个______。
3. 在一个C源程序中，注释部分两端的分界符分别为______和______。
4. 在C语言中，输入操作是由库函数______完成的，输出操作是由库函数______完成的。

三、简答题

1. 写出C语言的主要优点。
2. 根据自己的认识，写出C语言的主要用途以及它和其他语言的异同点。
3. C语言的基本结构有哪几种?
4. 运行一个C语言程序的一般过程是什么?
5. C语言标识符的命名规则是什么?

四、程序设计题

1. 编写一个C语言程序，输出"How are you"，并上机运行。
2. 编写一个C语言程序，实现两个数的四则运算。
3. 编写一个C程序，输出如下图形:

```
  *
 ***
*****
 ***
  *
```

4. 编写一个C程序，输出以下信息:

```
* * * * * * * * * * * * * * * *
         Very good!
* * * * * * * * * * * * * * * *
```

第2章　算法及算法设计简介

算法是程序设计的基础，程序设计离不开算法的设计。本章主要介绍算法的基本概念、特点，同时讲述算法的各种常用的表示方式，并举例说明算法的各种表式方式。本章的最后简要地阐述了结构化程序设计的基本概念、方法和设计步骤。

2.1　算法的概念

算法就是一个有穷的规则的集合，其中的规则确定了一个解决某个特定类型问题的运算序列。简单地说，算法就是为解决某个具体的问题而设计的有限操作步骤。事实上，我们在日常生活中，每做一件事都遵循着一定的步骤。每天早上起床，先洗脸刷牙，再吃早餐，然后去上学或者去工作。我们每天都遵循着洗脸刷牙–吃早餐–上学的步骤，这就是一个非常简单的算法，只是习以为常了，我们没有觉察。

著名的计算机科学家沃思（N.Wirth）曾提出过一个经典的公式：

程序＝数据结构＋算法

数据是算法所操作的对象，数据的类型和数据的组织形式就是数据结构。算法是程序的基石，数据结构是加工的对象。算法是解决计算机“做什么”和“怎么做”的问题，而程序中的操作语句，实际上就是算法的体现。用不同的算法解决同一个问题，只是在程序的质量和执行的效率上不同而已，每个程序都要依赖于算法和数据结构。在某些领域，如计算机图形学、人工智能等，解决问题的能力几乎完全依靠有效的算法。所以，不了解算法，就无法进行程序设计。请读者一定要重视算法的设计，多了解、掌握和积累一些计算机常用的算法，不要急于编写程序，应该养成编写程序之前先把算法设计好的习惯。实际上，编写程序的大部分时间还是用在了算法的设计上，把一个设计好的算法用具体的语言表达出来，是一件相对比较容易的事情。

本书所关心的只限于计算机算法，即计算机可以执行的算法，如数值运算等。计算机算法可分为两大类别：

1）数值运算算法：数值运算的目的是求数值解，如求方程的根、求一个函数的定积分等，都属于数值运算范围。

2）非数值运算算法：非数值运算包括的面十分广泛，主要用于解决需要通过分析推理、逻辑推理才能解决的问题，最常见的是用于事务管理领域，如图书检索、人事管理、行车调度管理等。再如解决人工智能问题的许多算法也都属于非数值运算的算法。

1. 算法的特点

一个算法必须具有以下特点。

（1）有穷性

一个算法应该仅有有限的操作步骤，每一步都应在合理的时间内完成，而不能是无限的。“合理”的时间是指人们可以接受的时间，如果一个算法执行一百多年，虽然是有穷的，但超过了人们可以接受的限度，也不能说是一个有效的算法。

（2）确定性

算法的每一步都应是确定的，都应当不会被理解成不同的含义，即无“二义性”。并且，在任何条件下，算法只有唯一的一条执行路径，即对于相同的输入只能得出相同的输出。例如，“如果x大于等于0，则输出为1，如果x小于等于0，则输出0”，而在算法执行时，如果x等于0，有时输出1有时又输出0，这样就产生了不确定性，这个算法的结果是不确定的，因此是错误的。

（3）输入

所谓输入就是算法在执行时需要获得外界的必要的信息。一个算法可以有零个或多个输入，这些输入来自某个特定的对象集合。例如计算一个具体数字的阶乘。有些算法需要多次输入，如输入一个数组的各个分量或者在排序算法中输入需要排序的数字。

（4）输出

没有输出的算法是无任何意义的。算法就是要帮助我们解决现实生活中的问题，没有输出的算法对问题的解决没有任何帮助。但输出不一定就是计算机的显示输出或者打印输出，只要可以得到结果就算是一个算法的输出。

（5）有效性

算法中的每一个步骤都应是一个有效的执行，而且能得到确定的结果。例如对一个负数取对数或者除数为零，都是无效的步骤，这样会影响算法的有效性。

2. 算法的设计要求

设计一个“好”的算法通常应考虑达到以下目标。

（1）正确性（correctness）

算法应当满足具体问题的需求。通常，一个大型问题的需求要以特定的规格说明给出，而一个实习问题或练习题，往往就不那么严格，多数是用自然语言描述需求。问题需求至少应当包括对输入、输出和加工处理等的明确的无歧义性的描述。设计或选择的算法应当能正确地反映这种需求；否则，算法正确与否的衡量标准就不存在了。

“正确”的含义大致可以分为四层：

1）程序不含语法错误，这是基本要求；

2）程序对于几组输入数据能够得出满足规格说明要求的结果；

3）程序对于精心选择的典型、苛刻而带有刁难性的几组数据能够得出满足规格说明要求的结果；

4）程序对于一切合法的输入数据都能得出满足规格说明要求的结果。

显然，达到最后一层要求是很困难的，因为一切合法的输入数据数量大得惊人，我们很难穷举。大型软件需要进行专业测试，而一般情况下，通常以第三层要求作为衡量一个程序是否合格的标准。

（2）可读性（readability）

算法设计主要是为了人们阅读和交流，其次才是机器执行。可读性好有助于人们对算法的理解；晦涩难懂的程序易于隐藏较多错误，难以调试和修改。

（3）健壮性（robustness）

当输入数据非法时，算法也能适当地做出反应或进行处理，而不会产生莫名其妙的输出结果。例如，一个求三角形面积的算法，当输入三角形的三边时，若不能构成三角形，则不应继续计算，而应报告错误信息。

（4）效率与存储量需求

通俗地说，效率指的是算法执行的时间。对于同一个问题如果有多个算法可以解决，执行时间短的算法效率高。存储量需求指算法执行过程中所需要的最大存储空间。效率与存储量需求都与问题的规模有关，求100个学生的平均分与求1000个学生的平均分所花的执行时间或运行空间显然有一定的差别。

3. 算法的时间复杂度和空间复杂度

所谓算法的时间复杂度，是指执行算法所需要的计算工作量。一般情况下，算法中基本操作重复执行的次数是问题规模n的某个函数$f(n)$，算法的时间量度记作

$$T(n)=O(f(n))$$

它表示随问题规模n的增大，算法执行时间的增长率和$f(n)$的增长率相同，称为算法的渐进时间复杂度，简称时间复杂度。例如，在下列3个程序段中：

1）{++x;s=0;}

2）for(i=1;i<=n;++i){++x;s+=x;}

3）for(j=1;j<=n;++j)

for(k=1;k<=n;++k){++x;s+=x}

这三个程序段的时间复杂度分别为$O(1)$、$O(n)$和$O(n^2)$，分别称为常量阶、线性阶和平方阶。算法还可能呈现的时间复杂度有对数阶$O(\log n)$、指数阶$O(2^n)$等。在进行算法分析时，我们要确定能反映算法在各种情况下工作的数据集，选取的数据要能够反映各种情况，包括最好情况下的时间复杂度（时间复杂度下界）、最坏情况下的时间复杂度（时间复杂度上界）、平均情况下的时间复杂度。使用这些数据配置来运行算法，以此来了解算法的性能。

算法的空间复杂度一般是指执行这个算法所需要的内存空间。记作

$$S(n)=O(f(n))$$

其中n为问题的规模。一个上机执行的程序除了需要存储空间来寄存本身所用的指令、常数、变量和输入数据外，还需要一些对数据进行操作的工作单元和存储一些为实现计算所需信息的辅助空间。若输入数据所占空间只取决于问题本身而和算法无关，则只需要分析除输入和程序之外的额外空间，否则应同时考虑输入本身所需空间。若额外空间相对于输入数据量来说是常数，则称此算法为原地工作；否则，它应当是问题规模n的一个函数。

2.2 C语言基本语句类型及算法的表示方式

1. C语言的基本语句类型

从程序流程的角度来看，程序可以分为三种基本结构，即顺序结构、分支结构、循环结构。这三种基本结构可以组成各种复杂程序。C语言提供了多种语句来实现这些程序结构。本节介绍这些基本语句及其应用，使读者对C程序有一个初步的认识，为后面各章的学习打下基础。

C程序的执行部分是由语句组成的。程序的功能也是由执行语句实现的。C语句可分为以下五类。

（1）表达式语句

表达式语句由表达式加上分号“；”组成，其一般形式为：

表达式；

执行表达式语句就是计算表达式的值，例如赋值语句“x=y+z;”、加法运算语句“y+z;”、自增1语句“i++;”。

（2）函数调用语句

函数调用语句由函数名、实际参数加上分号“；”组成，其一般形式为：

```
函数名(实际参数表);
```

执行该语句就是调用函数体并把实际参数赋予函数定义中的形式参数，然后执行被调函数体中的语句，求取函数值。例如“printf("C Program");”调用库函数，输出字符串。

(3) 控制语句

控制语句用于控制程序的流程，以实现程序的各种结构方式。它们由特定的语句定义符组成。

(4) 复合语句

在C语言中，“{”和“}”不仅可以作为函数体的开头和结尾，也可以作为复合语句的开头和结尾的标志。复合语句的形式如下：

```
{语句1;语句2;语句3;}
```

复合语句可以作为一条语句来使用。

(5) 空语句

空语句即什么也不做的语句，只是在程序中留出位置，以便日后增添功能。

2. 算法的表示方式

计算机算法的表示方式很多，常用的有以下几种。

(1) 用自然语言表示

自然语言可以是中文、英文或者数学表达式等。用自然语言表示的算法通俗易懂，易于理解；但是用自然语言表示，可能文字太长，表述不是很严格，表达分支和循环结构不是很方便。

(2) 用传统的流程图表示

传统的流程图是用一些框图和流程线来表示程序的执行过程。传统流程图形象直观，易于理解，但是占用篇幅较大，而且当程序比较复杂时，用传统流程图表示不是很方便，修改起来也比较麻烦。

传统流程图所用的框图符号如图2-1所示。

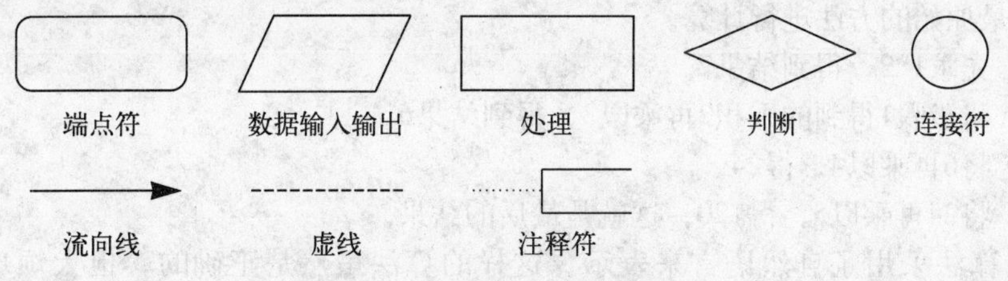

图2-1 传统流程图常用符号

(3) N-S流程图表示

用三种基本结构的顺序组合可以表示任何复杂的算法结构，所以它们之间的流程线就是多余的了。基于此，1973年美国学者I.Nassi和B.Shneiderman提出了一种新的流程图形式。在这种流程图中，完全去掉了带箭头的流程线，全部算法写在一个矩形框之内，矩形框内可以包含其他的从属于它的框图，这种流程图以二人的名字命名为N-S流程图，这种流程图非常适合结构化程序设计，备受欢迎。

N-S流程图的流程图符号如下所示：

1）顺序结构：如图2-2所示，A和B两个框依次放置组成一个顺序结构。

2）分支结构：如图2-3所示，当条件P成立时，执行A操作，P不成立时，执行B操作。

3）循环结构：当型循环如图2-4所示，当条件P成立时，反复执行A操作，直到条件P不成立为止。直到型循环如图2-5所示，条件P不成立时反复执行A操作，直到条件P成立为止。

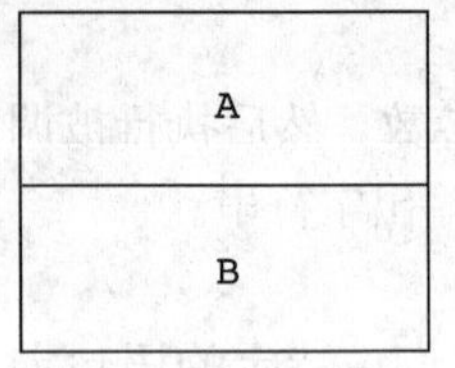

图2-2 顺序结构

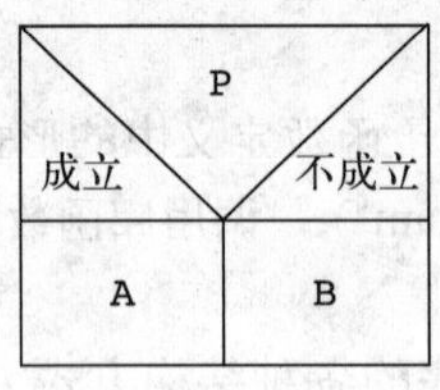

图2-3 分支结构

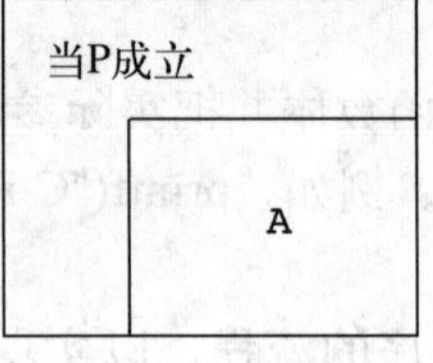

图2-4 当型循环

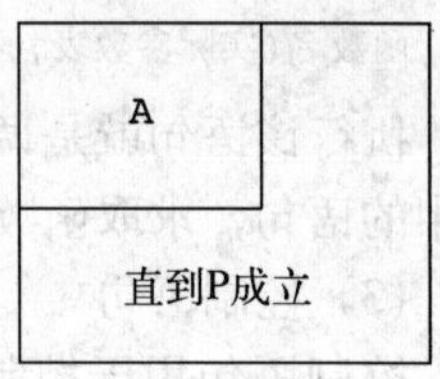

图2-5 直到型循环

用以上三种N-S流程图的基本框可以组成复杂的N-S流程图，以表示算法。N-S流程图就像一个多层的盒子，所以也称为盒图。

(4) 用伪代码表示

在设计一个算法的时候，要不断地修改完善，但是，无论是传统的流程图还是N-S流程图，修改起来都比较麻烦。所以，虽然可以用流程图表示一个算法，但在设计算法的过程中，特别是经常需要修改的算法，使用流程图不是很理想。为了在设计算法过程中便于修改及方便使用，人们常用一种称为伪代码的设计工具。

伪代码用介于自然语言和计算机语言之间的文字和符号来表示算法。它不用图形符号，书写方便，格式紧凑，比较易懂，每一行表示一个基本的操作。用伪代码表示也方便向计算机语言的算法过渡。

以上介绍的几种表示算法的方法，各有优缺点。在实际应用中读者可以根据自己的需要和习惯任意选用。软件专业人员一般喜欢使用伪代码来表示算法，在此建议初学者使用N-S流程图，它比较清晰易懂。读者在编写程序时，最好能先写出算法，然后再写程序，这样便于理顺思路。

2.3 简单的算法实例

【例2-1】 求1*2*3*4*5。

可以用最原始的方法进行计算。

步骤1：先求1*2，得到结果2。

步骤2：将步骤1得到的乘积2再乘以3，得到结果6。

步骤3：将6再乘以4，得24。

步骤4：将24再乘以5，得120，这就是最后的结果。

上面的算法采用了自然语言来表示。这样的算法虽然是正确的，但太烦琐。如果要求1*2*...*1000，则要写999个步骤，这显然是不可取的。而且每次都直接使用上一步骤的数值结果（如2、6、24等）也不方便。应当找到一种通用的表示方法。

可以设两个变量，一个变量代表被乘数，一个变量代表乘数。不另外设变量存放乘积结果，而是直接将每一步骤的乘积放在被乘数变量中。设p为被乘数，i为乘数。用循环算法来求结果，可以将算法改写如下：

```
S1: 使p=1
S2: 使i=2
S3: 使p*i,乘积仍放在变量p中,可表示为p*i→p
S4: 使i的值加1,即i+1→i
S5: 如果i不大于5,返回重新执行步骤S3以及其后的步骤S4和S5,否则,算法结束
```

最后得到p的值就是5！的值。

上面的S1、S2...代表步骤1、步骤2...，这是写算法的习惯用法。请读者仔细分析这个算法，看看能否得到预期的结果。显然这个算法比前面列出的算法简练。

如果题目改为求1* 3* 5* 7* 9*11，算法只需做很少的改动即可：

```
S1: 1→p
S2: 3→i
S3: p*i→p
S4: i+2→i
S5: 若i≤11,返回S3;否则,结束
```

可以看出，用这种方法表示的算法具有通用性、灵活性。S3到S5组成一个循环，在实现算法时，要反复多次执行S3、S4、S5等步骤，直到某一时刻，执行S5步骤时经过判断乘数i已超过规定的数值而不返回S3步骤为止。此时算法结束，变量p的值就是所求结果。由于计算机是能进行高速运算的自动机器，实现循环是轻而易举的，所有计算机高级语言中都有实现循环的语句。因此上述算法不仅是正确的，而且是计算机能实现的较好的算法。

请读者仔细分析循环结束的条件，即S5步骤。如果在求1* 3* 5* 7* 9*11时，将S5步骤写成“S5：若i<11，返回S3”。这样会有什么问题？会得到什么结果？

【例2-2】 有50个学生，要求将他们之中成绩在80分以上者（包括80分）打印出来。用n表示学生学号，n1代表第一个学生学号，ni代表第i个学生学号。用g代表学生成绩，gi代表第i个学生成绩，算法用自然语言可表示如下：

```
S1: 1→i
S2: 如果gi≥80,则打印ni和gi,否则不打印
S3: i+1→i
S4: 如果i≤50,返回S2,继续执行;否则,算法结束
```

本例中，变量i作为下标，用它来控制序号（第几个学生，第几个学生成绩）。当i超过50时，算法结束。

该算法也可用程序流程图表示，如图2-6所示。

同样的，该算法也可用N-S图来表示，如图2-7所示。

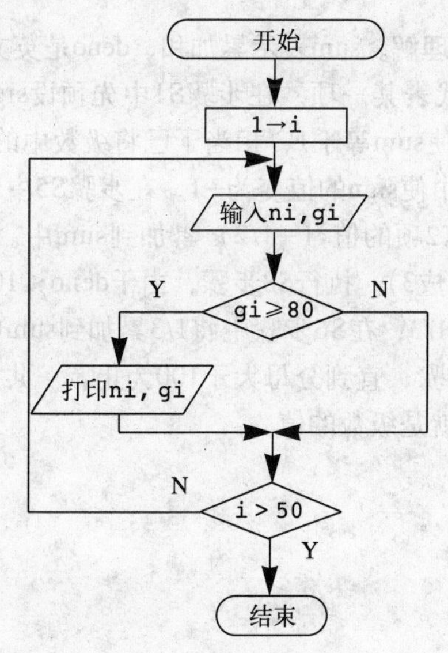

图2-6 流程图表示法

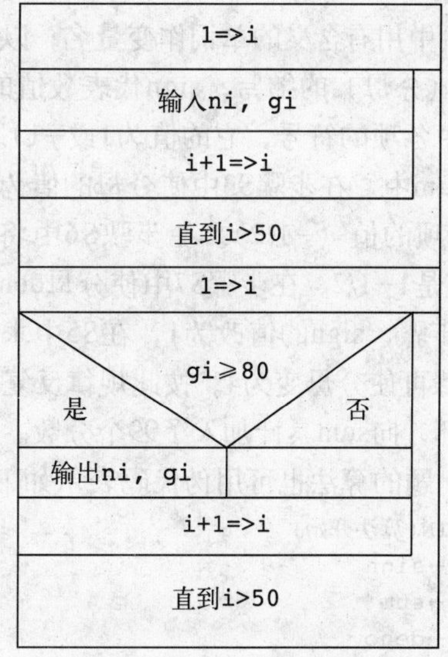

图2-7 N-S图表示法

【例2-3】 判定2000～2500年中的每一年是否为闰年，并将结果输出。

闰年的条件是：1）能被4整除，但不能被100整除的年份都是闰年，如1996年、2004年是闰年；2）能被100整除，又能被400整除的年份是闰年，如1600年、2000年是闰年。不符合这

两个条件的年份不是闰年。设y为被检测的年份，算法如下：

```
S1: 2000→y
S2: 若y不能被4整除,则输出y"不是闰年"。然后转到S5
S3: 若y能被4整除,不能被100整除,则输出y"是闰年"。然后转到S5
S4: 若y能被100整除,又能被400整除,输出y"是闰年";否则输出"不是闰年"。然后转到S5
S5: y+1→y
S6: 当y≤2500时,转到S2继续执行,如果y>2500,算法停止
```

在这个算法中，采取了多次判断。先判断y能否被4整除，如不能，则y必然不是闰年。如y能被4整除，并不能马上决定它是否为闰年，还要看它能否被100整除。如不能被100整除，则肯定是闰年（例如1996年）；如果能被100整除，还不能判断它是否为闰年，还要被400整除。如果能被400整除则它是闰年，否则它不是闰年。

在这个算法中，每做一步，都分别分离出一些范围（已能判定为闰年或非闰年），逐步缩小范围，使被判断的范围越来越小。

在考虑算法时，应当仔细分析所需判断的条件，如何一步一步缩小被判断的范围。有的问题，判断的先后次序是无所谓的；而有的问题，判断条件的先后次序是不能任意颠倒的，读者可根据具体问题决定其逻辑。

【例2-4】 求1−1/2+1/3−1/4+…+1/99−1/100。

算法可表示如下；

```
S1: sign=1
S2: sum=1
S3: deno=2
S4: sign=(-1)*sign
S5: term=sign*(1/deno)
S6: sum=sum+term
S7: deno=deno+1
S8: 若deno≤100返回S4;否则算法结束
```

本例中用有含义的单词作变量名，以使算法更易于理解。sum表示累加和，deno是英文denominator（分母）的缩写，sign代表数值的符号，term代表某一项。在步骤S1中先预设sign（代表级数中各项的符号，它的值为1或−1）。在步骤S2中使sum等于1，相当于已将级数中的第1项放到了sum中。在步骤S3中使分母的值为2。在步骤S4中使sign的值变为−1。在步骤S5中求出级数中第2项的值（−1/2）。在步骤S6中将刚才求出的第2项的值（−1/2）累加到sum中。至此，sum的值是1−1/2。在步骤S7中使分母deno的值加1（变成3）。执行S8步骤，由于deno≤100，故返回S4步骤，sign的值改为1，在S5中求出term的值为1/3，在S6步骤中将1/3累加到sum中。然后S7步骤再使分母变为4。按此规律反复执行S4到S8步骤，直到分母大于100为止。一共执行了99次循环，向sum累计加入了99个分数。sum最后的值就是级数的值。

本例题的算法也可用伪代码表示如下：

```
BEGIN(算法开始)
  1→sign
  1→sum
  2→deno
  While deno≤100
    {  (-1)*sign→sign
       sign*(1/deno) →term
       sum+term→sum
       deno+1→deno
    }
```

```
    Print sum
END(算法结束)
```

伪代码表示的算法比较接近于程序语言的算法，但又不受程序设计语言语法的约束，因而书写比较自由，修改较方便，比较受专业人士的欢迎。

【例2-5】对一个大于或等于3的正整数，判断它是不是一个素数。

所谓素数，是指除了1和该数本身之外，不能被其他任何整数整除的数。例如，13是素数，因为它不能被2，3，4，...，12整除。判断一个数n（n≥3）是否为素数的方法很简单：将n作为被除数，将2到（n−1）各个整数轮流作为除数，如果都不能被整除，则n为素数。算法可以表示如下：

```
S1：输入n的值
S2：i=2（i作为除数）
S3：n被i除,得余数r
S4：如果r=0,表示n能被i整除,则打印n"不是素数",算法结束;否则执行S5
S5：i+1→i
S6：如果i≤n-1,返回S3;否则打印n"是素数",然后结束
```

实际上，n不必被2到（n−1）的整数除，只需被2到n/2之间的整数除即可，甚至只需被2到 $\sqrt{n}$ 之间的整数除即可。例如，判断13是否为素数，只需让13被2、3除即可，如都除不尽，n必为素数。S6步骤可改为：

```
S6：如果i≤√n,返回S2;否则算法结束
```

【例2-6】求两个正整数的最大公约数。

算法1：连续整除检测算法。算法可以表示如下：

```
S1：输入m、n的值
S2：令t=min{m,n}
S3：若m%t=0,则执行S4,否则执行S5
S4：若n%t=0,则返回t的值作为结果,否则执行S5
S5：t=t-1,转S3
```

例如，要计算gcd(66,12)，首先令t=12，因为66除以12余数不为0，将t减1，而12除以11余数不为0，再将t减1，重复上述过程，直到t=6，此时12除以6的余数为0并且66除以6的余数为0，则gcd(66,11)=6。（gcd表示最大公约数。）

算法2：欧几里得算法。此算法又称辗转相除法，其计算原理依赖于下面的定理：

$$gcd(a,b)=gcd(b,a\%b)$$

此定理证明简单，读者可自己完成，这里不再赘述。其算法描述如下：

```
S1：输入m、n的值（假设m>n）
S2：令r=m%n
S3：若r=0,则返回n的值作为结果,否则执行S4
S4：m=n,n=r,转S2
```

例如，要计算gcd(66,12)，因为66除以12的余数为6，再将12除以6，余数为0，则gcd(66,12)=6。

算法3：分解质因数。算法描述如下：

```
S1：输入m、n的值
S2：将m、n分别分解质因数
S3：提取m和n的公共质因数
S4：将公共质因数相乘
```

例如，要计算gcd(66,12)，首先分解质因数66=2*3*11，12=2*2*3，，然后提取两者的公共质因数2*3，则gcd(66,12)=2*3=6。

通过以上几个例子，读者应该可以初步了解怎样设计一个算法，以及如何表示一个算法。

2.4 结构化程序设计方法简介

一个结构化程序就是用高级语言表示的结构化算法。用三种基本结构（顺序、选择、循环）组成的程序必然是结构化的程序，这种程序便于编写、阅读、修改和维护。这就减少了程序出错的机会，提高了程序的可靠性，保证了程序的质量。

结构化程序设计强调程序设计风格和程序结构的规范化，提倡清晰的结构。怎样才能得到一个结构化的程序呢？如果我们面临一个复杂的问题，很难一下子写出一个层次分明、结构清晰、算法正确的程序。结构化程序设计方法的基本思路是，把一个复杂问题的求解过程分阶段进行，每个阶段处理的问题都控制在人们容易理解和处理的范围内。

具体地说，可以采取以下方法来得到结构化的程序：

1）自顶向下。

2）逐步细化。

3）模块化设计。

4）结构化编码。

在接受一个任务后应怎样着手进行呢?有两种不同的方法：一种是自顶向下，逐步细化；一种是自下而上，逐步积累。所谓自顶向下，是将复杂、大的问题划分为小问题，找出问题的关键所在，然后用精确的思维去定性、定量地描述问题。以写文章为例，有的人是胸有全局，先设想好整个文章分成几个部分，然后再进一步考虑每一部分分成几节，每一节分成几段，每一段应包含什么内容，用这种方法逐步分解，直到作者认为可以直接将各小段表达为文字语句为止。这种方法就叫做“自顶向下，逐步细化”。

还有一些人写文章时不拟提纲，如同写信一样提笔就写，想到哪里就写到哪里，直到他认为把想写的内容都写出来了为止。这种方法叫做“自下而上，逐步积累”。

显然，第一种写作方法考虑周全、结构清晰、层次分明，作者容易写，读者容易看。如果发现某一部分中有一段内容不妥，需要修改只需找出该部分，修改有关段落即可，与其他部分无关。我们提倡用这种方法设计程序。这就是用工程化的方法设计程序。

我们应当掌握自顶向下、逐步细化的设计方法。这种设计方法的过程是将问题求解由抽象逐步具体化的过程。用这种方法便于验证算法的正确性。在向下一层展开之前应仔细检查本层设计是否正确，只有上一层设计是正确的才能向下细化。如果每一层设计都没有问题，则整个算法就是正确的。由于每一层向下细化时都不太复杂，因此容易保证整个算法的正确性。检查时也是由上而下逐层检查，这样做的好处是思路清楚，有条不紊地一步一步进行，既严谨又方便。

下面举一个例子来说明这种方法的应用。

【例2-7】 将1到1000之间的素数打印出来。

我们已在前面讨论过判别素数的方法，现在采用“筛选法”来求素数表。所谓“筛选法”指的是“埃拉托色尼（Eratosthenes，古希腊的著名数学家）筛法”。这种方法是在一张纸上写下1到1000全部整数，然后逐个判断它们是否为素数，找出一个非素数，就把它挖掉，最后剩下的就是素数，如下所示：

(1) 2 3 (4) 5 (6) 7 (8) (9) (10) 11 (12) 13 (14) (15) (16) 17 (18) 19 (20) (21)
(22) 23 (24) (25) (26) (27) (28) 29 (30) 31 (32) (33) (34) (35) (36) 37 (38) (39)
(40) 41 (42) 43 (44) (45) (46) 47 (48) (49) (50)……

具体做法如下：

1）先将1挖掉（因为1不是素数）。

2）用2去除它后面的各个数，把能被2整除的数挖掉，即把2的倍数挖掉。

3）用3去除它后面各数，把3的倍数挖掉。

4）分别用4、5...各数作为除数去除这些数以后各数。这个过程一直进行到最后一个除数后面的数已全被挖掉为止。

用自顶向下、逐步细化的方法来处理这个问题，先进行“顶层设计”，把整个算法设计为三步：

```
A: 输入1～1000
B: 把所有非素数去掉
C: 打印全部素数
```

随后再对上述三个步骤进行细化。A部分可以细化为：

```
A1: 先输入n(这里n=1000)
A2: 1输入i
A3: i→x_i
A4: i+1→i
A5: 如果i≤n,转A3;否则,结束A
```

B部分可以细化为：

```
B1: 将x_1去掉（使x_1=0）
B2: 2→i
B3: 如果x_i未去掉,则将x_{i+1}到x_n间全部是x_i倍数的数去掉
B4: i+1→i
B5: 如果i≤1000 转B3;否则结束B
```

C部分的细化留给读者完成。

通过这样的自顶而下、逐步细化的方法，就可以很好地解决算法设计问题。

本章小结

算法是程序的基石，我们每写一个程序，都应先写出算法。算法可以用多种方式来表示，现在比较流行的是N-S图、流程图及伪代码等。设计程序时应采用结构化程序设计的方法，这样的程序便于编写、阅读、修改和维护。

程序就是算法与数据结构的结合，高效的算法有利于提高程序的效率。要分析一个算法的效率，可以从算法的时间复杂度和空间复杂度两个方面来考虑。

习题

一、简答题

1. 什么是算法？
2. 什么是结构化算法？
3. 算法的特点有哪些？
4. 结构化编程的步骤是什么？

二、算法分析与设计题（可以选用N-S图、流程图或伪代码表示）

1. （算法分析）试分析下面的算法时间复杂度的上界和下界。

```
while(n>1)
{
   if(n%2!=0)
      n=n*3+1;
   else n=n/2;
}
```

2. （算法分析）试比较分析例2-6中三个算法的时间复杂度。
3. （算法设计）求1＋2＋3＋...＋100。
4. （算法设计）依次输入10个数，打印其中最小者和最大者。
5. （算法设计）输入两个正整数m和n，求其最大公约数和最小公倍数。
6. （算法设计）有10个学生，要求将他们之中成绩在80分以上者打印出来。用g代表学生成绩，gi 代表第i个学生成绩。
7. （算法设计）求2至N（2≤N≤500）之间的素数。例如，输入N=100，输出：

   2 3 5 7 11 13
   17 19 23 29 31 37
   41 43 47 53 59 61
   71 73 79 83 89 97

   total=24 {表示2～100之间的素数有24个}
8. （算法设计）求出所有的“水仙花数”，所谓“水仙花数”是指一个三位数，其各位数字的立方和等于该数本身。例如，153是一个“水仙花数”，因为$153=1^3+5^3+3^3$。

第3章　数据描述与基本操作

程序设计语言都有自己的语法规则，只有严格遵循语法规则来编写程序，才能正确编译、连接、执行程序。本章叙述C语言的语法基础，包括数据类型、标识符的命名规则、常量与变量的概念、常用的运算符及表达式的运算机制、基本输入/输出函数的用法。本章最后将介绍顺序结构的程序设计方法及设计案例。

3.1　基本数据类型

C语言提供了丰富的数据类型，可以用来完成各种复杂的运算。C语言的数据类型如下所示：

C语言中的数据有常量与变量之分，它们分别属于这些类型。由这些类型还可以构成更复杂的数据类型。

下面介绍C语言中基本的数据类型。

3.1.1　整型

1. 整型常量与变量

整型数据类型即整数，整型常量即整常数。C语言中整常数不仅可以用十进制表示，而且还可以用八进制和十六进制表示。十进制即普通的整数，如1、2等。如果一个数是以数字0开头，则这个数是以八进制表示的。如0123，它表示八进制的123。再如−0123，表示八进制的−123。如果一个数是以0X开头，那么它表示这个数是十六进制的。如0X123，它表示十六进制数123。

整型变量用关键字int进行定义。例如：

```
int i;int j;int n;
```

或者

```
int i,j,n;
```

C语言允许在一个定义语句中定义多个变量，变量之间用逗号隔开。当一个变量被指定为某一确定的类型时，编译程序将为它分配若干相应的内存空间。整型变量在内存中占2个字节。整型变量所允许的数值范围是−32 768～32 767。

当用“int i;”语句定义整型变量i时，只是在内存中为它开辟了一个2字节的存储单元，并没有赋任何初值，这时的变量的值是没有任何意义的。

可以用赋值语句为它赋值，例如：

```
i=1;
```

也可以在定义中直接赋初值，这叫变量的初始化，例如：

```
int i=1;
```

C语言中的变量必须先定义，然后再使用。如果使用了没有定义的变量，则编译时会发生错误。

变量名可以是C语言合法的标识符，用户定义时应遵循“见名知意”的原则，以利于程序的维护。

2. 变量的作用范围

变量代表内存中具有特定属性的一个内存单元，它用来存放数据，也就是变量的值。在运行程序期间，这些值是可以改变的。变量可以在程序内的三个地方定义：函数的内部，函数的参数定义中，或者在所有的函数外部。这样定义的变量分别称为局部变量、形式参数和全局变量。在不同地方定义的变量，其作用范围是不一样的。局部变量和形式参数只能在函数内使用，全局变量的作用范围是整个程序。在同一层次的某一类型的变量，不能与其他类型的变量或者函数同名。

【例3-1】 变量的作用范围。

```
#include "stdio.h"
int i=0;
int maxnum(int a,int b)
{
  if(a>b) return a;          a,b的作用范围
  else return b;
}                                              i的作用范围
main()
{
  int n=3,m=6,max;
  max=maxnum(n,m);           n,m的作用范围
  printf("max=%d\n",max);
  i++;
}
```

3. 整型变量的分类

除了使用基本类型符int定义变量之外，在int前还可以加上各种修饰符，根据数值的范围将变量定义为以下三类整型变量：

1）基本整型，用int定义。

2）短整型，以short int或short定义。

3）长整型，以long int或long定义。

此外还可以加上unsigned修饰符，将变量定义为“无符号”类型，加上signed将变量指定为“有符号数”。一般在变量定义时不加unsigned和signed，C语言将默认为有符号型。实际编程时signed可完全不用加。

C语言并没有具体规定以上的各类数据类型的字节数，只是要求long型数据长度不短于int型，short型不长于int型。具体数值与计算机系统有关。表3-1所示是IBM PC上的定义。

Turbo C与此定义完全一致，VC也一样。

对于整常量，如果在其后面加一个字母后缀l或者L，则认为是长整型，这些常量在内存中占4个字节。如果一个整常量后面加一个字母u或者U，则表示这个数是无符号的整数。如果是

长整型的无符号数，则应该加后缀lu或者LU。短整型的无符号常量取值范围在0～65 535内，长整型的无符号常量的取值范围在0～4 294 967 295内。

表3-1 整型数据

IBM PC	所占位数	数的范围
int	16	−32 768~+32 767
short	16	−32 768~+32 767
long	32	−2 147 483 648~+2 147 483 647
unsigned int	16	0~65 535
unsigned short	16	0~65 535
unsigned long	32	0~4 294 967 295

修饰符short、long和修饰符unsigned、signed并无先后顺序，例如可以定义变量为unsigned long int型，也可以定义为long unsigned int型，它们是完全一样的。

在C语言中还有两个用于控制访问和修改变量方式的修饰符，它们分别是常量修饰符const和易变量修饰符volatile。

在变量的定义中使用const表示所定义的是一个“常量”，它在程序的运行中始终保持不变。例如：

```
const int a;
```

将产生整型常量a，其值不能被程序所修改，只可以在表达式中使用。const型的变量可以在初始化时直接赋值，或者通过某些硬件的方法赋值，例如对a的定义可直接赋值：

```
const int a=1;
```

在以后的程序中，a的值始终都是1，不能被改变。

volatile修饰符用于告诉编译程序，该变量的值可以不通过程序中明确定义的方法来改变。例如一个全局变量用于表示系统时钟值时，虽然程序并没有明确地改变该变量的值，但是它的内容也会改变。

4. 整型数据的存储

虽然我们在编写程序时可以使用十进制、八进制和十六进制的数据，但是，所有的数据在内存中都是以二进制的形式存放的。如果我们定义一个整型变量：

```
int a=2;
```

在计算机的内存中，因为整型数据占两个字节，所以它的存储形式为：

```
00000000 00000010
```

对于有符号和无符号的整型变量，它们的区别在于最高位的定义不同。如果是有符号的整型变量，C编译程序所产生的代码就设定整型的最高位为符号位，其余位表示数值的大小。如果最高位为0，则该整数为正数；如果最高位为1，则该整数为负数。对于无符号的整型变量，它的最高位也是数值位。

实际上，数值在计算机中都是以补码来表示的。我们知道，一个正数的补码就是它本身。一个负数的补码是数值位按位取反再加1而得到的。例如：

```
[+1]原码=00000000 00000001
[+1]补码=00000000 00000001
[-1]原码=10000000 00000001
[-1]补码=11111111 11111111
```

有符号整数对于许多运算都很重要，但是它所表示的最大数的绝对值只是无符号数的一半。

例如：

```
01111111 11111111
```

如果是有符号数，它表示32 767，如果最高位设置为1，则就成了−1。如果是无符号整型，最高位设置为1时，它就成了65 535。

3.1.2 实型

1. 实型常量的表示方法

实型常量即实数，又称浮点数。实数可以用下面两种形式来表示。

（1）小数形式

小数形式与数学中常用的实数形式一样，由数字和小数点组成，而且必须有小数点，例如0.7或者.7、23.、6.5等都是合法的实型常量。

（2）指数形式

指数形式类似于数学中的形式。在数学中，一个数可以用幂的形式来表示，如0.0065可以用6.5e-3来表示。C语言规定，字母e（或者E）之前必须要有数字，且e或者E后面的指数必须为整数。如果写成e3、5e3.5、.e3等都不是合法的指数形式。注意，在e或者E的前后以及数字之间不能插入空格。

一个实数可以用多种指数形式来表示。如果在字母e或者E之前的小数部分中小数点左边只有一位非零数字，那么称这种形式为“规范化的指数形式”。

2. 实型变量

C语言的实型变量分为单精度型、双精度型和长双精度型，分别用类型名float、double和long double来表示。表3-2所示是Turbo C中各类型所占的位数和数值范围及有效位数。

表3-2 实型数据

类 型	比特数	数值范围	有效位
float	32	$10^{-38}\sim10^{+38}$	6～7
double	64	$10^{-308}\sim10^{+308}$	15～16
long double	80	$10^{-4932}\sim10^{+4932}$	18～19

在计算机的内存中，实型数据是按照指数形式存放的。系统把一个实型数据分成小数部分和指数部分分别存放。指数部分采用规范化的指数形式。

在32位结构中，用多少位表示小数部分，多少位表示指数部分，C语言并没有具体的规定，由C语言的各个编译系统自行决定。总的来说，小数部分占的位数越多，数的有效数字越多，精度越高；指数部分占的位数越多，则所能表示的数值范围就越大。

对每一种实型变量都应在使用前加以定义，例如：

```
float a,b;
double i;
long double n;
```

在计算机的内存中可以精确地存放一个整数而不会出现误差。但是对于实型变量，由于计算机的存储单元毕竟是有限的，所以能提供的有效数字也是有限的，有效位之外的数字都要舍去，因此可能会产生一些误差。如果一个数非常大，当它加上一个较小的数之后，其结果很可能会把较小的数舍去，从而造成误差。所以在编写带有浮点数运算的程序时，应当合理编写程序，尽量避免使用太大和太小的数之间的和与差，否则会丢失较小的数。与此类似，当编写程序计算1.0/3*3时结果并不等于1。

另外应当注意，许多C编译系统常将实型常量看做双精度数进行运算，例如下面的语句：

```
float a;
a=6.543*8056.716;
```

计算机会将6.543和8056.716按双精度数据进行存储，两个数各占64位，当两个数相乘时，得到一个双精度类型的乘积，然后转变为浮点型数据赋给a，这样可以使计算的结果更加精确。但是，由于双精度数据类型之间的运算要耗费过多的机器周期，从而使程序执行时间过长，降低效率。这时可以在实型常量的后面加上字母f或者F，这样编译系统就会按单精度进行运算。

一个实型的常量可以赋给一个float型、double型和long double型的变量。根据变量的类型截取实型常量中的相应的有效位数字，float型的有效数字位是6～7，double型的有效数字位是15～16，long double型的有效数字位是18～19。如果有下面的语句：

```
float a;
a=111111.111
```

实际上有效值位a=111111.1。

如果a为double型，则可以接受全部的数字。

3.1.3 字符型

1. 字符常量与变量

在C语言中，字符型数据类型即一个字符，用单引号括起来。例如'a'、'9'、'Z'，也可用字符的ASCII码值表示，例如十进制数85表示大写字母'U'，十六进制数0x5d表示']'，八进制数0102表示大写字母'B'。一些不能用符号表示的控制符，只能用ASCII码值来表示，如十进制数10表示换行，十六进制数0x0d表示回车，八进制数033表示Esc。

字符变量用关键字char进行定义，在定义的同时可以进行赋初值。一个字符变量只能存放一个字符，占用一个字节的内存空间，不能在一个字符变量中放一个字符串，例如：

```
char ch;
ch='a';
```

或者直接定义为：

```
char ch='a';
```

C语言中把一个字符放入字符变量中时，并不是把字符本身放在内存单元中，而是把该字符的ASCII码值放在内存单元中。在上例中，不是把“a”放在存储单元中，而是把“a”的ASCII码值97放在内存中，具体来说它实际上是以二进制形式存放的，即把97的二进制数存放在内存中。这样在字符变量和整型变量之间的转换就比较方便了。

【例3-2】字符与整数的转化。

```
#include "stdio.h"
main()
{
  int i;
  char n;
  n=97;
  i='b';
  printf("n=%d\n",n);
  printf("n=%c\n",n);
  printf("i=%d\n",i);
  printf("i=%c\n",i);
}
```

程序的输出为：

```
n=97
n=a
i=98
i=b
```

b的ASCII码值是98。程序中的i是一个整型，但是我们可以把一个字符常量赋给i。同样，字符变量也可以赋给一个整数。程序中的“%c”表示输出一个字符。

可以这么说，在0～127范围内，字符和整数可以相互通用。

字符变量也可以参与整数运算。此时相当于对它们的ASCII码值进行算术运算，由于字符变量是用一个字节存储的，所以在进行运算时，首先要把这一个字节转化为2个字节，然后再进行运算。

【例3-3】字符参与整数运算。

```
#include "stdio.h"
main()
{
  char n;
  n='a';
  n=n-65;
  printf("n=%d\n",n);
}
```

程序的输出结果为：

```
n=32
```

这样在C语言中，字母的大小写转换就比较方便了，如例3-4所示。

【例3-4】字母的大小写转换。

```
#include "stdio.h"
main()
{
  char n,i;
  n='a';
  i='B';
  n=n-32;
  i=i+32;
  printf("n=%c\n",n);
  printf("i=%c\n",i);
}
```

程序的输出结果为：

```
n=A
i=b
```

由此看出，变量n由小写字母a转变成了大写字母A，变量i由大写字母B转变成了小写字母b。在ASCII表中，小写字母比它相应的大写字母大32。所以小写字母减去32就成了大写字母，大写字母加32就成了小写字母。

2. 转义字符

除了以上的字符常量之外，C还允许用一种特殊形式的字符常量，它是一个以“\”开头的字符序列，称为“转义字符”。其实我们前面所用到的"\n"就是一个转义字符，它表示一个换行符，这是一种控制字符，也就是说在屏幕上是不能显示的，它只是控制程序的输出。这样的字符在程序中也无法用一般形式的字符表示，只能用特殊形式的字符。

常用的转义字符如表3-3所示。

表3-3 转义字符

字符形式	功 能
\n	换行符
\t	横向跳格：跳到下一个输出区（每一输出区为8个字符位置）
\v	竖向跳格
\b	退格
\r	回车（回到本行起始字符位置）
\f	走纸换页
\\	反斜杠字符\
\"	双引号（撇号）"
\'	单引号（撇号）'
\ddd	1~3位八进制数所代表的字符。如\101表示'A'
\xhh	1~2位十六进制数所代表的字符。如\x40表示'A'

转义字符在使用中要注意以下几点：

1）转义字符常量，如'\n'、'\101'只代表一个字符。

2）反斜杠后的八进制数可以不用0开头，如'\101'就代表字符常量'A'。

3）对于十六进制，只能用字母x开头，不能用0x，如'\x41'就是字符常量'A'。

4）'\0'或者'\000'代表ASCII码为0的控制字符，即空操作字符。

【例3-5】 转义字符的应用。

```
#include "stdio.h"
main()
{
  printf("a b\tcd\ref\'g\'\n");
  printf("    h\t\rijk\n");
}
```

程序的输出结果为：

```
ef'g'     cd
ijk h
```

我们看到字符a和b并没用输出来，原因是'\r'只是把当前位置转移到本行的开始，而并不是换行，在屏幕中后面的字符把前面的字符冲掉了，如果是在打印机中我们会看到被覆盖了的a和b的输出。在第二个输出语句中我们也会很清楚地看到这一点。每遇到一个'\t'，当前位置就会向后跳8格，a b占三格，所以c会在第11个位置输出。

3. 字符串常量

我们已经知道，字符常量只能是用单引号括起来的单个字符，那么我们怎么来表示多个字符呢？在C语言中，要表示多个字符，可以使用字符串常量。字符串常量是一对双引号括起来的多个字符。例如

```
"string","Hello World","a"
```

就是字符串常量。

注意"a"和'a'的区别，"a"是字符串常量，'a'是字符常量，两者不能混淆。不能把一个字符串赋给字符变量，例如

```
char ch;
ch="a"
```

是错误的。

在存储字符串的时候，系统会在字符串的结尾自动加上一个“字符串结尾标志”，以便可以判定字符串是否结束。C语言中一般是以"\0"作为字符串的结束标志，"\0"是一个ASCII码为0的字符，它是一个空操作符，没有控制动作，也不可以显示。所以字符串的存储空间字节数会比字符串的长度大1，例如，"string"的长度是6个字符，而存储空间是7个字节。它最后有一个"\0"，但是在输出时并不输出"\0"。

C语言中没有字符串变量，如果要用变量保存字符串，必须使用字符数组。数组中每一个元素放一个字符。

3.2 常用的运算符和表达式

C语言提供了丰富的运算符，可以完成各种复杂的运算。C语言的运算符主要有下面几类，如表3-4所示。

表3-4 C语言运算符及其含义

运 算 符	含 义
算术运算符	+（加）、-（减）、*（乘）、/（除）、%（求余）等
关系运算符	<（小于）、>（大于）、==（等于）、>=（大于等于）、<=（小于等于）、!=（不等于）等
逻辑运算符	！（非）、&&（与）、‖（或）等
位运算符	<<（左移）、>>（右移）、~（按位取反）、|（按位或）、^（按位异或）、&（按位与）等
赋值运算符	=
条件运算符	？：
逗号运算符	,
指针运算符	*和&
长度测试运算符	sizeof
强制类型转换运算符	(类型)
分量运算符	.和→
下标运算符	[]

下面介绍几种常用的运算符。

3.2.1 赋值运算符

1. 赋值运算符

在C语言中，“=”符号称为赋值运算符，它是将一个数据赋给一个变量。由赋值运算符将一个变量和一个表达式连接起来的式子称为赋值表达式。赋值表达式的形式如下：

```
变量名=表达式
```

或者

```
变量名1=变量名2=变量名3=...=变量名n=表达式
```

赋值表达式就是先求出赋值运算符右侧的表达式的值，然后赋给左侧的变量。确切地说，就是把数据放入标识的存储单元，所以赋值运算符的左侧必须是一个代表某一存储单元的变量名，或者是代表某存储单元的表达式。对于初学者，只要记住等号左边必须是变量名就可以了。

在C语言中可以多次给一个变量赋值，每赋一次值，该变量相应的存储单元就更新一次，存储单元中的值就是最后所赋给的值。

赋值运算符的结合顺序是自右向左，而且，优先级比较低，除了逗号运算符之外它的优先级是最低的。所以对于连续赋值的表达式，其实是自右向左依次赋值的。例如：

```
int a,b,c;
a=b=c=1;
```

上式中先把1赋给变量c，然后求c=1的值，得到值1，再赋给b。对变量a也是同样的。

赋值操作不仅可以出现在赋值语句中，而且可以以表达式的形式出现在其他语句中，例如：

```
printf("%d",a=b);
```

在此表达式中，先把b的值赋给a，然后再输出a的值，在一个语句中完成了赋值和输出的双重功能。这是C语言灵活性的一种表现。

赋值表达式的左侧必须是一个变量，不能是常量或者表达式。例如

```
4+a=b;
```

就是不合法的表达式。其实这也很好理解，因为赋值就是把一个数据放在左侧所标识的内存单元中，4+a是表达式，不能代表一个内存单元，所以这样的赋值是错误的。

那么赋值表达式x=x该怎么理解呢？虽然赋值运算符两边的运算对象都是x，但出现在赋值运算符左右两边的x具有不同的含义。赋值运算符右边的x表示x所代表的内存单元中的值；而赋值运算符左边的x表示x所标识的内存单元。这个表达式在实际编程中并没有任何价值，但是我们应该清楚这种区别。同样，x=x+1也是一个合法的表达式，它表示把x内存单元中的值取出，加1，然后再赋给x所标识的内存单元。这个表达式就是把变量x的值加1。

赋值运算符“=”应和数学中的等号区别开来，赋值运算符不是等同的关系，而是进行赋予操作。

2. 赋值运算时的类型转换

如果赋值运算符两边的数据类型不一致，在赋值时，系统会自动先把右侧的表达式求得的值按赋值运算符左侧的变量的类型进行转换，也可以用强制类型转换的方式进行转换。转换的规则如下：

1）将实型数据赋给整型变量时，小数部分被舍弃。例如：

```
int n;
n=6.5;
```

赋值时，把小数舍弃，其结果是n的值为6，以整型存储在内存中。

2）将整型数据赋给实型时，数值不变，但是以浮点型数据的形式存储在内存中。例如：

```
float a;
a=65;
```

执行的结果是，先把65转换成65.00000，再存储到a中。

3）将一个double型的数据赋给float变量时，截取前面7位有效数字，存储到float变量的存储单元中，但数值范围不能溢出。将一个float型的数据赋给double时，数值不变，有效位扩展至16位。

4）将字符型（char）数据赋给整型变量时，由于字符型数据占1个字节，而整型数据占2个字节，所以规定字符数据放在整型数据的低8位中。那么高8位怎么办呢？如果是把无符号字符型数据赋给整型，那么高8位全补0；如果把有符号字符型数据赋给整型，高8位和低8位的最高位一致，因为计算机中是以补码形式存放数据的，这样做可以使数值不变。

5）将整型数据（int，short，long）赋给一个字符型(char)变量时，只将其低8位赋给字符型，高位被截断。

6）将有符号整型(int)数据赋给长整型（long）变量时，要进行符号扩展，即把有符号的整

型赋给长整型的低16位，高16位与低16位的最高位相同。同样，若把long型数据赋给int型变量时，只将long型数据中低16位赋给int型变量，高16位被截断。

7）将无符号整型（unsigned int）数据赋给长整型(long)变量时，只将高位补0。无符号型数据赋给一个占字节相同的有符号型变量时，将无符号型变量的内容原样赋给有符号型，但是如果数据超出范围，则数据会出错。

上面的规则比较复杂，其实都是基于一条原则：按变量相应的数据类型的存储形式直接赋值。在不同的类型之间赋值，由于存储大小的限制，常常会出现数据错误。但是编译系统不会做相关检查，所以在编写程序时，对于不同数据类型之间的赋值应慎重。

3. 复合赋值运算符

在C语言中还有一种赋值运算符称为复合赋值运算符，在赋值运算符的前面加上其他的运算符，就构成了复合赋值运算符。例如可以在赋值运算符的前面加上“+”，便构成了复合赋值运算符“+=”。它的含义是左边的变量加上右边的表达式的值，然后再赋给左边的变量。例如：

```
a+=65;
```

上式表示变量a的值加上65，再赋给变量a，其实就相当于

```
a=a+65;
```

要注意的是变量要与赋值运算符右边的整个表达式进行运算，而不是表达式的一部分，例如：

```
a*=b+4;
```

它相当于

```
a=a*(b+4);
```

而不能认为是：

```
a=a*b+4;
```

凡是二元运算符，都可以与赋值号一起组合成复合赋值运算符，在C语言中有10种复合赋值运算符：

```
+=,-=,*=,/=,%=,<<=,>>=,&=,^=,|=
```

C语言采用这种复合赋值运算符可以简化程序，而且还可以提高编译的效率。这也是C语言灵活性的一个体现。

3.2.2 算术运算符

1. 算术运算符

算术运算符包括+（加法运算符）、-（减法运算符）、*（乘法运算符）、/（除法运算符）、%（模运算符）。

对于模运算符（或者称为求余运算符），要求运算符的两边都是整型数据，不能是浮点型，它的作用是取整数除法的余数。例如，10%3的结果是1。

两个整数相除的结果仍然是整数。如6/5，结果得1，小数部分被舍去。一般系统采用舍去小数部分后向零取整的方法，如-6/5，结果是-1，向零靠拢。

如果是浮点型的算术运算，则结果是单精度型。

用算术运算符和括号将操作数连接起来的符合C语法规则的式子称为算术表达式。在算术表达式求值时，是按照算术运算符的优先级从高到低的顺序依次进行的。在算术运算中，C语

言规定：括号的优先级最高，然后是乘法运算、除法运算和模运算，最低的是加减运算。

在同级的运算符中，运算的先后次序按照运算符的结合方向进行。算术运算符的结合方向都是自左向右的，自左向右的结合方向又称左结合性，即操作数先与左边的运算符结合。“结合性”是其他高级语言所没有的，这也是C语言的特点之一。

2. 强制类型转换

可以用强制类型转换把一个表达式转换成所需的类型。强制类型转换表达式的形式如下：

```
转换格式：(类型名)变量;
```

其中，（类型名）称为强制类型转换运算符。例如：

```
(double)a;
```

上面表达式的含义就是把a转换成double型。在类型转换用于表达式的时候，要用括号括起来，例如：

```
(float) (a+b);
```

而不能写成：

```
(float) a+b
```

这样就是把变量a转换成float型了。

在类型转换时，只是在这个表达式中把变量的类型“暂时”转换成了指定的类型，表达式运算完之后，该变量的类型并未发生变化。

【例3-6】强制类型转换。

```
#include "stdio.h"
main()
{   int i;
    i=1;
    printf("%f\n",(float)i);
    printf("%d\n",i);
}
```

程序的输出结果为：

```
1.000000
1
```

由程序可以看出，在把整型变量i强制转换成浮点型时，只是在转换的表达式中整型变量“变成”了浮点型，而在程序的其他地方，变量i仍然是整型。其实，在进行强制类型转换时，系统会创建一个所要求类型的中间变量，使用完之后，中间变量自然消失。

3. 自加、自减运算符

自加运算符（++）和自减运算符（--）的运算结果是使被作用的操作数增1或者减1。例如：

```
i++; ++i;
i--; --i;
```

那么i++和++i有什么区别呢？对于变量i本身来说，效果是一样的，都是让变量i的值增1。但是对于表达式而言效果是不一样的。i++是在表达式中先使用变量i的值，然后再使变量i的值增1；++i是先让变量i的值增1，然后再使用变量i的值。例如下面的两条语句：

```
j=++i;
j=i++;
```

如果i的原来值等于6，则对于第1条语句来说，变量i的值先增1，变成7，然后再赋给变量j，j的值为7。而对于第2条语句来说，是先把变量i的值赋给变量j，然后变量i增1，i变成7，但是变量

j的值为6。

自加、自减运算符是单目运算符，可以用于整型变量，但是不能用于常量和表达式，因为无法给常量和表达式进行赋值。如“++3;”、“(i+j)++;”都不是合法的表达式。

++和--运算符的结合方向是自右向左，优先级和负号的优先级相同，而比乘除运算的优先级要高。对于表达式-i++，因为负号的优先级也是自右向左，上面的表达式相当于-(i++)，而不是(-i)++。(-i)++也不是一个合法的表达式，因为表达式不能用于自加、自减运算。

自加和自减运算符体现了C语言的灵活性和简练性，但是最好不要在一个表达式中多次使用自加、自减运算符。例如表达式i++*++i---i，这样的表达式可读性很差，而且对于不同的编译系统，会做出不同的解释，得出不同的结果。再如：

```
(i++)+(i++)+(i++)
```

如果i的初值为3，那么表达式是多少呢？有的系统自左向右依次求解括号内的值，对于上式，第一个括号的值为3，然后变量i加1，第二个括号表达式的值为4，然后变量i的值再自增1，所以表达式的值相当于3+4+5。而另外的一些系统，是把3作为三个括号的值，最后表达式的结果为3+3+3=9，然后变量i的值再增为6。

在使用C语言的时候，应尽量避免这种带有歧义的表达式，编写的程序应做到意义清晰，可读性好。总之，不要编写一些别人看不懂，也不知系统怎样执行的程序。另外，C语言的一个优点就是可移植性好，如果编写一些不同的系统有不同的解释的程序，必然要降低C语言的可移植性。

对于++和--运算符，常会出现一些想不到的副作用，初学者应慎用。

【例3-7】 自增自减运算符的应用。

```
#include "stdio.h"
void main()
{
  int i,j,k;
  int m,n,p;
  i=8;
  j=10;
  k=12;
  m=++i;
  printf("i=%d\n",i);
  printf("m=%d\n",m);
  n=j--;
  printf("j=%d\n",j);
  printf("n=%d\n",n);
  p=(++m)*(n++)+(--k);
  printf("k=%d\n",k);
  printf("p=%d\n",p);
}
```

程序运行的结果为：

```
i=9
m=9
j=9
n=10
k=11
p=111
```

由此看出，在算式m=++i中，对整型变量i进行了自增运算，由于自增运算符是置于i之前，所以是先对i进行加1操作，此时i的值已不再是8，而是9，然后再将自增后的i赋给变量m，所以得到的输出为9。

算式n=j−−是对变量j进行自增操作，自减运算符位于操作数j之后，因此，赋给变量n的值就是j的原值10，变量n的输出为10，然后才进行自减操作，这时j的值减1变为9。

最后进行的运算是同时包含自增和自减的混合运算，对于操作数m和k而言，自增和自减运算符位于它们之前，所以它们在算式中的值是经过自增和自减的，而对于变量n而言，自增运算符是位于它之后，因此它在算式中是以原值进行计算的。此时，我们再分析算式p=(++m)*(n++)+(−−k)，它实际上可以写成p=10*10+11，所以p的输出结果为111。

3.2.3 位运算符

我们在介绍C语言的特点时就知道，C语言具有位操作的能力，可直接对计算机硬件和物理地址进行访问。位运算使C语言具有汇编语言的能力，使之适合编写系统软件。

位运算的作用是对运算对象按二进制位进行操作，它能够对字节或者字中的位进行检测、设置或移位。位运算只适用于字符型或者整数型变量以及它们的变体，对其他的数据类型不适用。

C语言中的位运算符如表3-5所示。

表3-5 位运算符及其功能

位运算符	作 用	优先级
&	按位与	3
|	按位或	5
~	按位取反	1
<<、>>	左移、右移	2
^	按位异或	4

位运算符除之~外，都是二目运算符，要求两侧各有一个运算量。

1. 按位与运算符（&）

按位与运算符的作用是把运算符两边的数据按二进制位进行“与”运算。与运算的规则如下：

```
0&0=0;
0&1=0;
1&0=0;
1&1=1;
```

如果与运算符两边的二进制位有一个为0，则结果为0；只有当两边的二进制位都为1时，结果才是1。例如6&5，结果是：

```
    6=00000110
(&) 5=00000101
--------------
      00000100
```

6&5的结果为4。如果&运算符两边的数据是负数，则以补码的形式表示为二进制数，然后进行按位与运算。

按位与运算有一些特殊的用途。

1）清零。如果将一个单元清零，也就是说使其各位都是0，只要先把原数的各个位取反，然后再与原数按位与。例如，00101011，按位取反为11010100，按位与结果是：

```
  00101011
(&) 11010100
  00000000
```

2）取一个数的指定位。因为如果一个二进制位和1进行与，则该二进制位不变；而如果和0进行与，便会被置0。所以，要取二进制数的哪一位，将它和1与即可。例如，如果有一个数a（两个字节），想要取其中的低字节，只需进行以下按位与运算：

```
    00101100  10101100
(&) 00000000  11111111（八进制0377）
    00000000  10101100
```

也就是说，要想将哪一位保留下来，就与一个数进行&运算，此数在该位取1。

2. 按位或运算符（|）

在这种运算中，两个相应的二进制位中只要有一个为1，该位的结果值为1。即

```
0|0=0;
0|1=1;
1|0=1;
1|1=1;
```

例如将八进制数60与八进制数17进行按位或运算：

```
    00110000
(|) 00001111
    00111111
```

按位或运算常用来对一个数据的某些位定值为1。例如a是一个整数，让它与0377（八进制）进行或运算：

```
a|0377
```

则低8位全置1，高8位不变。

3. 按位异或运算符（^）

在这种运算中，如果异或运算符两边的二进制位相同，则结果为0；相异则为1。即

```
0^0=0;
0^1=1;
1^0=1;
1^1=0;
```

例如：

```
    00111001
(^) 00101010
    00010011
```

下面说明^运算符的特殊应用。

1）使特定位翻转。一个二进制位如果和0进行异或，则保持不变；和1进行异或则二进制位翻转。例如有01111010，要使其低4位翻转，可以将它与00001111进行^运算：

```
    01111010
(^) 00001111
    01110101
```

结果值的低4位正好是原数低4位的翻转。要使哪几位翻转就将与其进行^运算的那几位置1即可。

这是因为原数中值为1的位与1进行^运算得0，原数中值为0的位与1进行^运算的结果得1。

2）保留原值。这时只要与0相异或即可。因为1与0异或得1，0与0异或得0，例如：

```
    00001010
(^) 00000000
------------
    00001010
```

3）交换两个值，不用临时变量。如果要将变量a和变量b两个值进行交换，可以用下面的语句：

```
a=a^b;
b=b^a;
a=a^b;
```

例如，如果a=3，b=4，则

a^b:

```
    00000011
(^) 00000100
------------
    00000111
```

此时，变量a为7。

b^a:

```
    00000111
(^) 00000100
------------
    00000011
```

变量b为3。

a^b:

```
    00000111
(^) 00000011
------------
    00000100
```

变量a为4。

可以看出，变量a和变量b已经实现了交换，即等效于以下两步：

1）执行前两个赋值语句“a=a^b;”和“b=b^a;”相当于b=b^(a^b)，而b^a^b等于a^b^b。b^b的结果为0，因为一个数与自身相异或，结果必为0。因此b的值等于a^0，即a，其值为3。

2）再执行第三个赋值语句“a=a^b;”。由于a的值等于（a^b），b的值等于（b^a^b），因此，相当于a=a^b^b^a^b，即a的值等于a^a^b^b^b，等于b。

因此a得到b原来的值。

4. 按位取反运算符（~）

~是一个单目运算符，它是指对一个二进制数按位取反，即

```
~0=1;
~1=0;
```

例如~1在8位二进制数中变成了11111110，而不是0。如果我们要指定某数x的最后一位为0，但是我们又不知道该数是1字节、2字节还是4字节，只要做一次x&~1即可。这常用于不同机器间的程序移植。

~运算符的优先级比算术运算符、关系运算符、逻辑运算符和其他位运算符都高，例如，~a&b，先进行~a运算，然后再进行&运算。

【例3-8】

```
#include "stdio.h"
void main()
{
```

```
  unsigned char result;
  int a,b,c,d;
  a=2;
  b=4;
  c=6;
  d=8;
  result=a&c;
  printf("result=%d\n",result);
  result=b|d;
  printf("result=%d\n",result);
  result=a^d;
  printf("result=%d\n",result);
  result=~c;
  printf("result=%d\n",result);
}
```

程序的运行结果为：

```
result=2
result=12
result=10
result=249
```

5. 移位运算符（<<、>>）

移位运算符分为左移位和右移位。

1）左移位（<<）。把一个数的二进制位左移若干位，移位后，右端出现的空位补0，移出左端之外的位舍弃。左移一位相当于该数乘以2，例如当变量i的值为2时，i的二进制数为00000010，语句

```
i=<<1;
```

使变量i的值变成00000100，即4。

但是，这只适用于左移时被移出的高位中不包含1的情况。

因为左移位运算只用一条机器指令，并且可以由硬件直接实现，所以左移位运算比乘法运算快得多，有些C编译系统自动将乘2的运算用左移一位来实现。

2）右移位（>>）。右移一位相当于除以2。移出右端的低位被舍弃，但是高位是补0还是补1呢？对于无符号数，右移时左边高位补0。对于有符号数，如果原来符号位为0，则左边也是移入0；如果符号位是1，有的系统移入0，有的系统移入1。移入0的称为逻辑右移，移入1的称为算术右移。

位运算符和关系运算符还可以与赋值运算符组成复合赋值运算符，它们是：

```
<<=,>>=,&=,^=,|=
```

例如a&=b相当于a=a&b。

【例3-9】移位运算符的应用。

```
#include "stdio.h"
void main()
{
  unsigned a,b,c,d;
  int n;
  a=64;
  n=2;
  b=a>>(6-n);
  printf("b=%d\n",b);
```

```
    c=a<<n;
    printf("c=%d\n",c);
    d=(a>>(n-1)|(a<<(n+1)));
    printf("d=%d\n",n);
}
```

程序的运行结果为：

```
b=4
c=256
d=544
```

由此可知，程序首先对变量a进行了右移四位的操作，具体的操作可表示为：

0000 0000 0100 0000—>0000 0000 0000 0000 0100

所以，得出的结果为4。

然后，程序又对变量a进行了左移两位的操作，具体的操作可表示为：

0000 0000 0100 0000—>0000 0001 0000 0000

所以，得出的结果为256。

在最后的混合运算中，程序分别对a进行了左移和右移的操作，再将所得的数按位相或，对应的操作可表示如下：

0000 0000 0010 0000|0000 0010 0000 0000—>0000 0010 0010 0000

因此，d的最终输出为544。

3.2.4 条件运算符和逗号运算符

1. 条件运算符（? :）

C语言中提供了一个功能很强的、使用灵活的条件运算符“? :”，它是C语言中唯一的一个三目运算符，即运算对象有三个。条件运算符的一般形式是：

```
表达式1? 表达式2: 表达式3
```

条件表达式的含义是，先求表达式1的值，如果表达式1的值为真，则求表达式2的值，并将表达式2的值作为整个表达式的值；如果表达式1的值为假，则求表达式3的值，并把表达式3的值作为整个表达式的值。例如：

```
i=6>5?10:20;
```

因为6>5的值为真，所以变量i的值就是表达式2的值，即10。

当“？”与表达式2、表达式3中的运算符优先级有矛盾时，可以加上括号，但“？”的优先级比较低，只比逗号运算符和赋值运算符的优先级高，因此一般是无括号的。

条件运算符的结合方向为“自右至左”。如果有以下条件表达式：

```
a>b?a:c>d?c:d
```

相当于

```
a>b?a:(c>d?c:d)
```

如果a=1，b=2，c=3，d=4，则条件表达式的值等于4。

条件表达式还可以写成：

```
a>b?(a=100):(b=100)
```

或

```
a>b? printf("%d",a): printf("%d",b)
```

即“表达式2”和“表达式3”不仅可以是数值表达式，还可以是赋值表达式或函数表达式。

条件表达式中，表达式1的类型可以与表达式2和表达式3的类型不同。例如：

```
x?'a':'b'
```

整型变量x的值若不等于0，则条件表达式的值为'a'，否则条件表达式的值为'b'。表达式2和表达式3的类型也可以不同，此时条件表达式的值的类型为二者中精度较高的类型（参见3.2.6节）。例如：

```
x>y?1:1.5
```

如果x≤y，则条件表达式的值为1.5；若x>y，值应为1，由于1.5是实型，精度比整型高，因此，将1转换成实型值1.0。

【例3-10】 输入一个字符，判别它是否为大写字母，如果是，将它转换成小写字母；如果不是，则不转换。然后输出最后得到的字符。

```
#include "stdio.h"
void main()
{
  char ch;
  scanf("%c",&ch);
  ch=(ch>='A'&&ch<='Z')?(ch+32):ch;
  printf("%c\n",ch);
}
```

程序的运行结果为：

输入

A↙

输出

a

输入

a↙

输出

a

2. 逗号运算符（,）

逗号运算符是一种特殊的运算符，用逗号将表达式连接起来的式子称为逗号表达式。逗号表达式的一般形式为：

```
表达式1,表达式2,...,表达式n
```

逗号运算符的结合性是从左到右，因此逗号表达式是从左到右进行计算的，即先计算表达式1，再计算表达式2，最后计算表达式n的值，最后一个表达式的值就是整个逗号表达式的值。

在所有的运算符中，逗号运算符的优先级是最低的。例如对于下面的表达式：

```
a=6*5,a*3
```

因为a=6*5是赋值表达式，赋值运算符的优先级要高于逗号运算符，所以先计算赋值表达式的值，此时变量a等于30，然后再计算a*3，结果是90，整个逗号表达式的值就是90。

逗号表达式可以嵌套使用，即一个逗号表达式又可以与另外一个表达式组成一个新的逗号表达式，例如：

```
(a=3*5,a*4),a+5
```

先计算出a的值为3*5，等于15，再进行a*4的运算得60（但a的值未变，仍为15），再计算a+5得20，即整个表达式的值为20。

其实，逗号表达式无非是把几个表达式写在一条语句里，在许多情况下，使用逗号表达式的目的就是想分别得到各个表达式的值，而并非一定要得到和使用整个逗号表达式的值。

并不是在任何地方出现的逗号都是逗号运算符，例如函数参数也是用逗号来间隔的，但是这里的逗号就不是逗号运算符。

3.2.5 长度测试运算符

长度测试运算符（sizeof）可用来求某种类型的变量占用计算机内存空间的长度。格式为：

```
sizeof(类型名)
```

例如下面的程序段：

```
int a;
a=sizeof(float);
```

此时变量a的值为4，它是float型数据的长度。

3.2.6 数值型数据的混合运算

字符型数据可以和整型数据之间通用，所以，字符型、整型、实型可以进行混合运算。在运算时，不同类型的数据要先转换成同一类型，然后再进行运算。

数据类型的转换规则为：

1）在进行运算时，字符型的数据必定先转换为整型数据；short型数据必先转换为int型。而float型数据在运算时一律要转换为double型数据，即使是两个float型数据在运算时也要转换成double型，以提高运算精度。所以转换的结果必定是int型、long型或者double型。

2）在不同类型的数据进行运算时，一般是把精度低的转换为表达式中精度最高的数据类型。例如一个int型和一个double型进行运算时，是把int型的数据转换成double型的数据，然后两个double型的数据进行运算。如果是一个int型的数据和一个long型的数据进行运算，int型数据要转换成long型数据，再进行运算。

总之，如果有一个数据是float型或者是double型，则另一个数据要转换成double型数据；如果参加运算的两个数据中最高级别为long型，则另一数据先转换为long型，运算结果是long型。其他依此类推。

例如下面的表达式：

```
6+ch-i*b+c/d
```

如果ch为字符型，其值为'a'，变量i为int型，变量b为float型，变量c为double型，变量d为long型。在运算时，从左到右依次进行，先计算6+ch，把ch转换成整数97，运算结果为103。乘法的运算优先级别高，先计算i*b，i和b都转换成double型，结果是double型。然后与103相加，先把103转换成double型，再进行运算。计算c/d时，d要先转换成double型，c/d的结果再与前面的运算结果相加，结果是double型。

3.3 表达式及赋值语句

1. 表达式和语句

C语言的表达式非常丰富，例如我们上面提到的算术表达式、条件表达式、赋值表达式等，所以也有人称C语言为表达式语言。

C语言的语句是用来向计算机系统发出操作的指令，一个C语言语句经过编译以后，可以形成几条机器指令。C语言的语句都是用来完成一定的操作的。

C语言是函数式语言，每一个函数由数据说明部分和执行语句部分组成，数据说明部分不是语句，如“int a;”不是一个C语言语句，它不产生机器操作，而只是对变量进行定义。C语言中的所有语句均是执行语句，没有非执行语句。

逻辑上每个语句最后都必须有一个分号（；），一个语句可以分成几行写，也可以几个语句合写成一行。但是，书写C语言程序最好按照一定的格式，以便于程序的调试和维护。

空语句直接由分号组成，常用于控制语句中必须出现语句之处，它不做任何事情，只是在逻辑上起到一个语句的作用。

表达式后加上一个分号就形成一个表达式语句，如赋值语句由赋值表达式加上一个分号组成。例如：“a=5”是一个赋值表达式，而“a=5;”则是一个赋值语句。一个语句必须在最后出现分号，分号是语句中不可缺少的一部分。

任何表达式都可以加上分号而成为语句，例如“x+y;”也是一个语句，它是合法的，但是这个语句在实际应用中无任何意义。

2. 赋值语句

我们已经知道，赋值语句是由赋值表达式加上一个分号组成的。C语言的赋值语句具有其他高级语言中赋值语句的一切特点和功能，但是它还有自己的特色：

1）C语言中的赋值号“=”是作为运算符来看待的，其他高级语言中赋值号都不是运算符。

2）其他高级语言中没有赋值表达式这个概念。赋值表达式可以出现在其他表达式能出现的地方，也可以出现在其他表达式之中。例如：

```
if((x=a+b)!=0) t=20;
```

此语句先执行了a+b且把它的和赋给变量x，赋值表达式的值为x的值，当x不等于0时，将20赋给变量t。而在其他语言中上述语句必须分开写。

C语言的这种表达式基于在C语言中无真正的逻辑值，而用0和非0表示逻辑值。当(x=a+b)!=0成立时，条件满足，为“真”，而C语言中非0就是“真”，所以也可以写成：

```
if(x=a+b)t=20;
```

不管a+b算出的是几，只要是非0，条件就成立。

赋值运算符具有右结合性，因此，a=b=c=8可理解为a=(b=(c=8))。

C语言的这种表示方法不仅灵活，而且使程序非常简练，这是C语言的特色之一。但书写上一定要注意，如写成“if(x=a+b;)t=20;”就错了，因为条件语句中条件部分只能是一个表达式而不是一个语句。

3.4 基本输入输出操作的实现

3.4.1 基本输入输出的概念

所谓输入输出是相对于计算机内存而言的，从计算机内存向外部输出设备输出数据称为输出，从外部向输入设备输入数据称为输入。

C语言没有提供专门的输入输出语句，输入和输出都是由库函数来完成的。因此数据的输入和输出要调用输入输出库函数。在ANSI C标准中定义了一组完整的I/O操作函数，例如printf函数和scanf函数，它们不是输入输出语句，printf和scanf不是C语言的关键字，而只是函数的名字。其实我们完全可以不用printf和scanf这两个名字，而是自己重新编写两个输入输出函数，用其他的函数名。C提供的函数以库的形式存放在系统中，它们并不是C语言文本中的组成部分。

C语言函数库中提供了一批标准输入输出函数，它是以标准的输入输出设备（一般为终端设备）为输入输出对象的，其中有putchar（输出字符）、getchar（输入字符）、printf（格式输出）、scanf（格式输入）、puts（输出字符串）、gets（输入字符串）。

这些函数调用时所需的一些预定义类型和常数都在头文件stdio.h中，因此在调用输入输出函数时，要用预编译命令“#include”将头文件包括到源程序中，即在程序的前面加上

```
#include <stdio.h>
```

或者

```
#include "stdio.h"
```

stdio是standard input & output的缩写，它包含了与标准I/O库有关的变量定义和宏定义以及对函数的声明。

在讨论输入输出前，有必要了解“流”和“文件”的区别。C语言I/O系统为C语言编程者提供了一个统一的接口，与具体的被访问设备无关。也就是说，在编程者和被使用设备之间提供了一层抽象的东西，这个抽象的东西就叫做“流”。具体的实际设备叫做“文件”。

所有的流具有相同的行为，相当于一个缓冲区，流可分为文字流和二进制流。

一个文字流是一行行的字符，换行符表示这一行的结束。文字流中某些字符的变换由环境工具的需要来决定。例如一个换行符可以变换为回车、换行两个字符。因此所读写的字符与外部设备中的数据没有一一对应的关系。

一个二进制流是由与外部设备中的数据一一对应的一系列字节组成的。使用中没有字符翻译过程，而且所读写的字节数目也与外部设备中的数目相同。

3.4.2 字符、字符串数据的输入输出

1. 字符输出函数putchar()，字符串输出函数puts()

putchar()的功能是在屏幕上输出一个字符，输出字符必须用单引号括起来。函数调用形式为：

```
putchar(ch);
```

或者

```
putchar('输出字符');
```

puts()的功能是在屏幕上输出一个字符串，输出字符串必须用双引号括起来。函数调用形式为：

```
puts(s);
```

或者

```
puts("字符串常量");
```

当在程序中要调用putchar()、puts()函数时，应包括头文件“stdio.h”。

【例3-11】 putchar()的应用。

```
#include "stdio.h"
main()
{
  char ch;
  ch='c';
  putchar('A');
  putchar('\n');
  putchar(97);
  putchar('\n');
  putchar(ch);
  putchar('\n');
}
```

程序的输出结果为：

```
A
a
c
```

我们看到，当函数的参数为整数的时候，编译系统会把它看做相应字符的ASCII码，然后输出该字符。同时ch也可以是整型变量。

也可以输出其他转义字符，如：

```
putchar('\101');  (输出字符A)
putchar('\'');   (输出单引号字符)
```

2. 字符输入函数getchar()，字符串输入函数gets()

getchar()的作用是从终端输入一个字符，它没有参数，调用形式为:

```
getchar();
```

当调用此函数时，系统会等待外部的输入。getchar()只能接受一个字符，用getchar()函数得到的字符可以赋给一个字符型变量或者整型变量，也可以不赋给任何变量，只是作为表达式的一部分。

gets()的作用是从终端读入一个字符串。函数调用形式为:

```
gets(s);
```

当在程序中要调用getchar()、gets()函数时，应包括头文件“stdio.h”。

【例3-12】 getchar()的应用。

```
#include "stdio.h"
main()
{ char ch;
  ch=getchar();
  putchar(ch);
  putchar('\n');
}
```

当从键盘上输入一个字符时，就会在屏幕上看到该字符的输出。例如：

输入

W↙

输出

W

输入

HELLO↙

输出

H

也就是说，不论是输入一个字符还是一个字符串，getchar都只能接受一个字符。

【例3-13】 输入多个字符。

```
#include "stdio.h"
void main()
{
  char c1,c2;
  c1=getchar();
  c2=getchar();
  printf("c1=%c,c2=%c",c1,c2);
}
```

程序运行结果如下：

输入

```
a↙
```

输出

```
c1=a,c2=
```

输入

```
ab↙
```

输出

```
c1=a,c2=b
```

程序第一次运行时，输入a后按回车，想继续输入b，但实际上按回车后结果就输出了，结果是“c1=a，c2=”，不符合题目原意。输入字符时，空格字符和转义字符都是作为有效字符输入的。这里的回车作为第二个输入字符被c2接受了。

第二次运行时输入ab，a被c1接受，b被c2接受。

3.4.3 格式化输入输出函数

C语言的格式化输入输出的规定比较烦琐，用的不对就得不到预期的结果，而输入输出又是最基本的操作，几乎每一个程序都包含输入输出，不少编程人员由于掌握不好这方面的知识而花费了大量的时间调试程序。为了使读者对格式化输入输出有全面的了解，下面就对这方面的知识做比较详细的介绍。

1. 格式化输出函数printf

在本书的第一个程序“例1-1”中，我们已经使用过printf函数，它的作用是向终端输出若干个任意类型的数据。printf函数的一般格式为：

```
printf("格式控制字符串",输出项);
```

格式字符是用双引号括起来的字符串，也称转换控制字符串，它包含两部分：一是格式说明，由“%”和格式字符组成，如我们使用过的%d等，它的作用是将输出的数据转换为指定的格式输出；另一个是普通字符，即原样输出的字符。输出项是需要输出的一些数据，可以是表达式。例如：

```
printf("%d %f %c\n",a,b,c);
```

下面我们介绍printf函数的格式控制符，表3-6列出了常用的格式符。

表3-6 常用格式字符

格式字符	含 义
d	以带符号的十进制格式输出整数
u	以无符号的十进制格式输出整数
o	以八进制无符号格式输出整数
x,X	以十六进制无符号格式输出整数，用x表示十六进制的a～f以小写形式输出，用X表示以大写输出
c	以字符格式输出，只输出一个字符
s	输出字符串
f	以小数格式输出浮点数，隐含输出7位有效数字
e,E	以指数格式输出浮点数，e表示用小写，E表示用大写
g,G	选用%f或者%e格式中宽度较短的一种格式，不输出无意义的0，g表示用小写，G表示用大写

在格式说明中，在%和上述格式字符之间还可以再插入表3-7所示的几种附加格式说明符，

它们又称为修饰符。

表3-7 附加格式说明符

字 符	说 明
l,L	用于长整型，可以加在格式符d、o、x、X、u的前面
m（m为正整数）	数据的最小宽度
m.n（m,n为正整数）	对浮点数，表示输出n位小数，对字符串，表示截取的字符个数
–	输出的数字或者字符在域内左对齐
+	输出的数字或者字符在域内右对齐（默认为右对齐）

下面我们对表中所列出的格式符作进一步的说明。

1）d格式符。可以直接用%d的形式，我们在以前的例子中已经使用过这种形式，它表示按一个整型数据的实际长度输出。

还可以加上附加格式说明符，如m、l。%md的含义是，如果整型数据的位数小于m，则左端补以空格；如果大于m，则按实际的位输出。如果数据前要补0，则在m前加个0。

【例3-14】 指定整数的输出宽度。

```
#include "stdio.h"
main()
{
  int i,j;
  i=123;
  j=12345;
  printf("%4d\n",i);
  printf("%04d\n",i);
  printf("%4d\n",j);
}
```

程序的输出结果为：

```
 123
0123
12345
```

%ld表示输出一个长整数。对于一个长整数，如果用%d输出，就会发生错误，对long型的数据应用%ld输出。对长整数也可以指定字段宽度。如“printf("%8ld\n",j);”则会输出

```
␣␣␣12345
```

2）o格式符。表示以八进制格式输出整数，由于只是将内存单元中各位的值按八进制格式输出，因此输出的数值不带符号，将符号位也一起作为八进制数的一部分。

【例3-15】 用八进制输出整数。

```
#include "stdio.h"
main()
{
  int i,j;
  i=8;
  j=-1;
  printf("%o\n",i);
  printf("%o\n",j);
}
```

程序的输出结果为：

```
10
177777
```

对于长整型数据可以用%lo的格式输出，同样也可以指定输出字段的宽度。

3）x格式符。以十六进制输出一个整数，同样不会出现负的十六进制数。

【例3-16】 用十六进制输出整数。

```
#include "stdio.h"
main()
{
  int i,j;
  i=16;
  j=-1;
  printf("%x\n",i);
  printf("%x\n",j);
}
```

程序的输出结果为：

```
10
ffff
```

同样，可以用%lx输出长整型，也可以指定输出字段的宽度。

4）u格式符。以十进制格式输出无符号数。对于一个有符号数，也可以用%u格式输出，如果有符号数是正数，可以按照实际的大小输出；如果有符号数是负数，则在输出时符号位会被看做是数值位，所以负数的补码会被看做是正数的补码（即正数的原码）。

【例3-17】 有符号数用无符号格式输出。

```
#include "stdio.h"
main()
{
  int i,j;
  i=1;
  j=-1;
  printf("%u\n",i);
  printf("%u\n",j);
}
```

程序的输出结果为：

```
1
65535
```

−1在内存中是以补码的形式存放的（在我所用的系统中，整型是16位的）：

```
1111 1111 1111 1111
```

所以程序会输出65535，即$2^{16}-1$。

同样，无符号数也可以按照%d的格式输出，但是如果一个数超过$2^{16}-1$，便会以负数形式输出。

5）c格式符。用来输出一个字符。如果一个整数的值在0～127之间，也可以用字符形式输出，系统会把整数值转换为相应的ASCII码，并输出相应的字符。

【例3-18】 字符的输出。

```
#include "stdio.h"
main()
{
  int j;
  char ch='b';
  j=97;
  printf("%c\n",ch);
  printf("%c\n",j);
}
```

程序的输出结果为：

```
b
a
```

同样，一个字符也能以整数的形式输出，还可指定输出字符的宽度。如果有“printf("%3c",ch);”，则输出“␣␣a”，即c变量输出占3列，前2列补空格。

【例3-19】用整数形式输出字符。

```
#include "stdio.h"
main()
{
  char ch1='a';
  char ch2='b';
  printf("%d\n",ch1);
  printf("%4c\n",ch2);
}
```

程序的输出结果为：

```
97
   b
```

6）s格式符。s格式符用来输出一个字符串。可以直接使用%s输出字符串或者字符串常量，也可以加修饰符。其中，%ms表示输出的字符串占m格，如果字符串的长度大于m，则将字符串全部输出；%−ms表示在字符串的长度小于m的情况下，字符串向左靠拢，右边补空格。%m.ns表示输出占m格，但是只取字符串中的n个字符，这n个字符输出在m个格的右侧，%−m.ns则表示这n个字符输出在m个格的左侧。

【例3-20】字符串的输出。

```
#include "stdio.h"
main()
{
  char ch[]="hello world";
  printf("%s\n",ch);
  printf("%12s\n",ch);
  printf("%-12s\n",ch);
  printf("%12.7s\n",ch);
  printf("%-12.7s\n",ch);
}
```

程序的输出结果为：

```
hello world
 hello world
hello world
     hello w
hello w
```

ch[]是字符数组，有关字符数组我们后面会讲到的，现在只要知道它保存的是一个字符串就行了。不要忘了空格也是一个字符。

7）f格式符。f格式符的作用是以小数格式输出浮点数。%f格式是整数部分全部输出，小数部分输出6位。%m.nf指定输出的数据共有m位，其中n位小数，如果数值长度小于m，则左端补空格；%−m.nf则表示右端补空格。

应注意并不是所有的数字都是有效数字。

【例3-21】浮点数的输出。

```
#include "stdio.h"
main()
{
  float f=123.456;
  printf("%f\n",f);
  printf("%7.2f\n",f);
  printf("%-7.2f\n",f);
}
```

程序的输出结果为：

```
123.456001
 123.46
123.46
```

可以看出123.456001中的001是无意义的输出。

8）e格式符。e格式符是以指数形式输出浮点数。%e格式是数据全部输出，不指定数据的宽度和小数的位数。%m.ne是以m位输出全部的数据，小数部分（尾数）占n位。

【例3-22】 用指数形式输出浮点数。

```
#include "stdio.h"
main()
{
  float f=123.456;
  printf("%e\n",f);
  printf("%7.2e\n",f);
}
```

程序的输出结果为：

```
1. 23456e+02
1. 2e+02
```

9）g格式符。输出浮点数时，根据数值的大小，自动选用f格式或者e格式，且不输出无意义的0。例如对于f=123.456：

```
printf("%f └┘ └┘ %e └┘ └┘ %g ",f,f,f);
```

则输出：

```
123.456000 └┘ └┘ 1.234560e+002 └┘ └┘ 123.456 └┘ └┘ └┘
```

用%f格式输出占10列，用%e格式输出占13列，用%g格式时，自动从上面两种格式中选择短者（此例中以%f格式为短），故占10列，并按%f格式用小数形式输出，最后3个小数位无意义的0，不输出，因此输出123.456，然后右补3个空格。%g格式用得较少。

使用printf函数的说明：

修饰符l和L与d、u和f等连用，用于输出长整型、短整型、无符号整型和双精度类型。

一般来说，如果变量定义成某一类型，那么输出格式就要匹配所定义的类型。如，定义成int，那么输出格式就要用%d，不能用其他的类型。如果某变量定义成double，那么输出格式就要用%lf，不能用%f，否则结果可能不正确。

2. 格式化输入函数scanf

scanf是读入任意类型的数据，并把它赋给指定的变量。它的一般格式为：

```
scanf("格式控制字符串",地址列表)
```

"格式控制字符串"的含义与printf函数相同，"地址列表"是指由若干个变量地址组成的列表。

【例3-23】 输入数据。

```
#include "stdio.h"
main()
{
  int  i,j;
  scanf("%d%d",&i,&j);
  printf("%d %d\n",i,j);
}
```

"&"是指地址运算符，&i就是取变量在内存中的地址。例如在运行程序时输入：

```
1 2↙
```

在屏幕上就会看到它的输出。

与printf一样，scanf函数也可以有格式字符，表3-8列出了这些格式字符。

表3-8 scanf函数的格式符

格式字符	说 明
d	用来输入有符号的十进制数
u	用来输入无符号的十进制数
o	用来输入无符号的八进制数
x，X	用来输入无符号的十六进制数
c	用来输入单个字符
s	用来输入字符串，将字符串保存到一个字符数组中
f	用来输入浮点数，可以以小数格式或者指数格式
e，E，g，G	与f作用相同

scanf函数的附加格式说明符如表3-9所示。

表3-9 scanf的附加格式说明符

字 符	说 明
l	用于输入长整型及double型数据
域宽	指定输入所占宽度，域宽应为正整数
*	表示输入项在读入后不赋给相应的变量

有关scanf应注意的问题：

1）scanf函数不需要包括头文件"stdio.h"。

2）scanf函数中各格式控制符在个数和顺序及类型上与地址列表中的变量必须一一对应。

3）如果在格式控制字符串中除了格式控制符之外还有其他的字符，那么在输入数据时应输入相应的字符。例如：

```
scanf("%d,%d",&i,&j);
```

则在输入数据时应以下面的方式输入：

```
1,2↙
```

输入的数据之间不能是空格或者其他的字符。

如果两个格式控制符之间的空格多于一个，则在输入数据时应空至少等于格式控制符之间的空格数，例如：

```
scanf("%d  %d",&i,&j);
```

则在输入数据时应空2个或者更多的空格。比如：

```
1  2↙
```

或者

```
1    2↙
```

如果是其他的字符，则在输入时也应在数据之间加上其他的字符。

4）在用%c格式输入字符时，空格和转义字符都是有效的输入。例如：

```
scanf("%c%c",&ch1,&ch2);
```

如果输入：

```
a b
```

则字符a被赋给变量ch1，但是字符a后面的空格赋给了变量ch2，而不是字符b赋给变量ch2。所以在使用%c输入时一定要仔细，否则会出错。

5）格式符%s是读入字符串的格式说明，在输入字符串时必须以空白字符结束。而地址列表中必须是字符数组或者字符指针，并且在使用字符数组名或者指针名时，前面不必加&字符，因为数组名就是数组的起始地址，指针内存放的也是地址。

6）输入时不能指定数据的精度。

7）输入长整型时，必须用%ld，输入double型时，必须用%lf，否则得不到正确的结果。

8）输入的数据少于scanf要求的数据时，这时将等待输入，直到满足要求或遇到非法字符为止。相反，输入字符多于要求的数据时，多余的数据将留在缓冲区作为下一次输入操作的输入数据。

C语言的格式化输入输出的内容比较烦琐，使用不当便得不到预期的输出。但是不必把过多的精力用在熟悉格式化输入输出上，只要多上机练习，就会自然而然地掌握这部分的内容。

3.5 顺序结构程序设计实例

我们已经知道顺序结构是最简单的一种基本结构。在语言中，顺序结构主要使用的是简单语句、空语句和复合语句。

1. 简单语句

（1）表达式语句

由表达式组成的语句称为表达式语句，即在表达式后加上分号就成为表达式语句。例如：

```
i++;
--j;
```

（2）赋值语句

赋值语句就是赋值表达式后加上分号。例如：

```
x=x+a;
y=a+b*x;
```

（3）函数调用语句

函数调用语句由函数名和实参表加上分号组成，它的形式如下：

```
函数名(实际参数列表);
```

例如：

```
scanf("%d",&x);
printf("x=%d",x);
```

有时候调用函数并不是为了得到函数的返回值，而只是为了完成某个功能。调用这类函数时，可直接用函数调用语句。

2. 空语句

只有一个分号的语句称为空语句，空语句什么也不做，有时用作循环语句中的条件或循环体。

例如：

```
while(getchar()!='\0')
;
```

上面循环语句的功能是：只要从键盘输入的字符不是回车符，则一直循环让用户重新输入字符，直到输入回车符为止。

3. 复合语句

把多条语句用{}括起来称为复合语句。在程序中应把复合语句看成单条语句，即在语法上相当于一条语句。

复合语句的形式如下：

```
{
[数据说明]
语句1;
语句2;
...
}
```

注意：在复合语句内部“数据说明”中定义的变量是局部变量，只在复合语句内部有效。复合语句“}”之后不需要再加“；”。

例如：

```
{
 int x=3,y=7;
 x=x+y;
 printf("x=%d",x);
}
```

下面介绍几个简单的顺序结构程序设计的例子。

【例3-24】输入三角形三条边的边长，求三角形的面积。

```
#include "stdio.h"
#include "math.h"
main()
{
  double  a,b,c,s,area;
  printf("请输入三角形的三条边长\n");
  scanf("%lf %lf %lf",&a,&b,&c);
  s=1.0/2*(a+b+c);
  area=sqrt(s*(s-a)*(s-b)*(s-c));
  printf("%f %f %f\n",a,b,c);
  printf("area=%f\n",area);
}
```

【程序分析】知道三角形的三条边长，求三角形的面积，可以使用公式

$$area = \sqrt{s(s-a)(s-b)(s-c)}$$

其中，$s=(a+b+c)/2$。

sqrt()函数是求平方根的运算，它是数学函数库中的函数，需要在程序的开头包含头文件“math.h”。

当程序运行时，会提示需要输入三角形的边长，如果输入

```
3 4 6
```

程序的运行结果是：

```
3.000000  4.000000  6.000000
area=5.332682
```

注意：上面的程序并非是个实用程序，它没有检查输入的三个实数能否构成三角形。因此在运行上面的程序时，要确保输入的三条边长能够构成三角形（即满足两边之和大于第三边的条件）。

【例3-25】求$ax^2+bx+c=0$方程的根。a、b、c由键盘输入，设$b^2-4ac>0$。

```
#include "stdio.h"
#include "math.h"
main()
{
  double  a,b,c,disc,x1,x2,p,q;
  printf("请输入a,b,c的值\n");
  scanf("%lf %lf %lf",&a,&b,&c);
  disc=b*b-4*a*c;
  p=-b/(2*a);
  q=sqrt(disc)/(2*a);
  x1=p+q;
  x2=p-q;
  printf("%f %f %f\n",a,b,c);
  printf("x1=%5.2f\nx2=%5.2f\n",x1,x2);
}
```

【程序分析】一元二次方程的根是

$$x_1=\frac{-b+\sqrt{b^2-4ac}}{2a},\ x_2=\frac{-b-\sqrt{b^2-4ac}}{2a}$$

可以将上面的分式分成两项：

$$p=\frac{-b}{2a},\ q=\frac{\sqrt{b^2-4ac}}{2a}$$

$$x_1=p+q,\ x_2=p-q$$

同样在程序中我们使用了sqrt()函数，因此头文件中应包含“math.h”。

当程序提示输入a、b、c的值时，我们输入以下数值：

```
1 3 2↙
```

程序的输出为：

```
1.000000 3.000000 2.000000
x1=-1.00
x2=-2.00
```

【例3-26】从键盘输入一个大写字母，要求改用小写字母输出。

```
#include "stdio.h"
void main()
{
  char c1,c2;
  c1=getchar();
  printf("%c,%d\n",c1,c1);
  c2=c1+32;
  printf("%c,%d\n",c2,c2);
}
```

程序的运行结果如下：

```
A↙
A,65
a,97
```

用getchar函数得到从键盘上输入的字母'A'，赋给字符变量c1。将c1分别用字符形式（'A'）和整数形式（65）输出。再经过运算得到字母'a'，赋给字符变量c2，将c2分别用字符形式（'a'）和整数形式（97）输出。

本章小结

C语言中有丰富的数据类型，在本章中，我们介绍了几种比较常见的数据类型：整型、浮点型和字符型，另外还介绍了字符串常量。同时，C语言也提供了丰富的运算符，C语言的运算符构成了各种表达式。本章介绍了几种常用的运算符，包括赋值运算符、算术运算符、位运算符、条件运算符和长度测试运算符。C语言本身不提供输入输出语句，输入输出操作由函数来实现。printf()和scanf()是比较常用的输出和输入函数。本章还介绍了顺序结构的程序设计，使读者初步了解C程序的最简单的组成结构。

习题

一、选择题

1. 以下选项中合法的C语言字符常量是（　　）。

A) '\084'　　B) "A"　　C) 'ab'　　D) '\x43'

2. 以下选项中合法的C语言长整型常量是（　　）。

A) 0L　　B) 5712700　　C) 0.054838743　　D) 2.1869e10

3. 以下选项中正确的整型常量是（　　）。

A) 12.　　B) −20　　C) 1，000　　D）0458

4. 在C语言中，要求运算数必须是整型的运算符是（　　）。

A) %　　B) /　　C) <　　D) !

5. 以下选项中合法的C语言赋值语句为（　　）。

A) a=7+b+c=a+5;　　B) a=7+b++=a+5;　　C) int x=1,y=x;　　D) a=7+b,c=a+5;

6. 以下选项中合法的C语言赋值语句是（　　）。

A) a=b=58　　B) k=int(a+b);　　C) a=58，b=59　　D) −i;

7. 执行下列程序段后的输出结果是（　　）。

```
int x=-1;
printf("%d,%u,%o",x,x,x);
```

A) −1,−1,−1　　B) −1,32767,−177777　　C) −1,32768,177777　　D) −1,65535,177777

8. 以下选项中是不合法的C语言赋值语句的为（　　）。

A) ++a；　　B) n=(m=(p=0))；　　C) a=b==c；　　D) k=a+b=1；

9. 设有类型说明unsigned int a=65535，按%d格式输出a的值，结果为（　　）。

A) 65535　　B) −1　　C) 1　　D) −32768

10. 下述程序的输出结果是（　　）。

```
#include "stdio.h"
main()
{
  int  x=023;
```

```
  printf("%d",--x);
}
```

A) 17　　B) 18　　C) 23　　D) 24

11. 执行下述程序段后的输出结果是（　　）。

```
int x=5;
int y=2+(x+=x++,x+8,++x);
printf("%d",y);
```

A) 13　　B) 14　　C) 15　　D) 16

12. 在C语言中，函数的隐含存储类别是（　　）。

A) auto　　B) static　　C) extern　　D) 无存储类别

13. 设有说明语句“char a='\72'；”，则变量a（　　）。

A) 包含1个字符　　B) 包含2个字符　　C) 包含3个字符　　D) 说明不合法

14. 若有以下定义，则能使值为3的表达式是（　　）。

```
int k=7,x=12;
```

A) x%=(k%=5)　　B) x%=(k−k%5)　　C) x%=k−k%5　　D) (x%=k)−(k%=5)

15. 假设在程序中a、b、c均被定义成整型，并且已赋予大于1的值，则下列能正确表示代数式 $\frac{1}{abc}$ 的表达式是（　　）。

A) 1/a*b*c　　B) 1/(a*b*c)　　C) 1/a/b/(float)c　　D) 1.0/a/b/c

16. 表达式0x13^0x17的值是（　　）。

A) 0x04　　B) 0x13　　C) 0xE8　　D) 0x17

17. 已知各变量的类型如下：

```
int i=8,k,a,b;
unsigned long w=5;
double x=1.42,y=5.2;
```

则以下符合C语言语法的表达式是（　　）。

A) a+=a+2−=(b=4)*(a=3)　　B) a=a*3+2　　C) x%(−3)　　D) y=float(i)

18. 设x、y、z和k都是int型变量，则执行表达式“x=（y=4，z=16，k=32）”后，x的值为（　　）。

A) 4　　B) 16　　C) 32　　D) 52

19. 以下叙述中正确的是（　　）。

A) 输入项可以是一个实型常量，如“scanf("%f",3.5);”

B) 只有格式控制，没有输入项也能正确输入数据到内存，例如“scanf("a=%d,b=%d");”

C) 当输入一个实型数据时，格式控制部分不可以规定小数位数，例如“scanf("%4.2f",&f);”

D) 当输入数据时，必须指明变量地址，例如“scanf("%f", &f);”

20. 设x和y均为int型变量，则语句“x+=y；y=x−y；x−=y；”的功能是（　　）。

A) 把x和y按从大到小排列　　B) 把x和y按从小到大排列

C) 无确定结果　　D) 交换x和y中的值

21. 以下程序的输出结果是（　　）。

```
void main()
{  int   a=12,b=12;
    printf("%d  %d\n",--a,++b);
}
```

A) 10　10　　B) 12　12　　C) 11　10　　D) 11　13

22. 若变量已正确定义并赋值，下面符合C语言语法的表达式是（　）。

A) a:=b+1　　B) a=b=c+2　　C) int 18.5%3　　D) a=a+7=c+b

23. 若已定义x和y为double类型，则表达式“x=1，y=x+3/2”的值是（　）。

A) 1　　B) 2　　C) 2.0　　D) 2.5

24. 若变量a、i已正确定义，且i已正确赋值，则合法的语句是（　）。

A) a==1　　B) ++i;　　C) a=a++=5;　　D) a=int(i);

25. 若有以下程序段：

```
int c1=1,c2=2,c3;
c3=1.0/c2*c1;
```

则执行后，c3中的值是（　）。

A) 0　　B) 0.5　　C) 1　　D) 2

26. 若有如下程序：

```
main()
{ int y=3,x=3,z=1;
printf("%d %d\n",(++x,y++),z+2);
}
```

则运行该程序的输出结果是（　）。

A) 3 4　　B) 4 2　　C) 4 3　　D) 3 3

27. 设C语言中一个int型数据在内存中占2个字节，则unsigned int型数据的取值范围为（　）。

A) 0～255　　B) 0～32 767　　C) 0～65 535　　D) 0～2 147 483 647

28. 假设定义“int x = 3, y = 3;”，则复合赋值表达式x /= 1+y的值为（　）。

A) 0　　B) 0.75　　C) 6　　D) 以上都错

29. 语句“printf("%%d%d", 123);”将输出（　）。

A) %123%d　　B) %%d123　　C) %d123　　D)上述语句语法有错

(注意：“%%”格式表示输出一个“%”)

30. 如果 int i=16, j=23 ; 执行 printf("%x−−%o",i, j)后输出为（　）。

A) 10−−23　　B) 10−−27　　C) 16−−23　　D) 16−−27

31. 执行下列程序段后，a值为（　）。

```
int a, b;
a=15; b=12;
a=(a-- ==b++)? a%5 : a/5;
```

A) 0　　B) 2.8　　C) 4　　D) 2

32. 已知字符 'b' 的ASCII码值为 98，语句“printf ("%d,%c", 'b','b'+1) ;”的输出为（　）。

A) 98，b　　B) 语句不合法　　C) 98，99　　D) 98，c

33. 对于int a，则表达式 1<=a<=5值是（　）。

A) 0　　B) 1　　C) 不定　　D) 表达式语法有错

34. 已有如下定义和输入语句，若要求a1，a2，c1，c2的值分别为10，20，A和B，当从第一列开始输入数时，正确的数据输入方式是（　）。

```
int a1,a2; char c1,c2;
scanf("%d%c%d%c",&a1,&c1,&a2,&c2);
```

A) 10A 20B<CR>　　B) 10 A 20 B<CR>　　C) 10 A20B<CR>　　D) 10A20 B<CR>

35. 整型变量x和y的值相等，且为非0值，则以下选项中结果为0的表达式是（　）。

A) x||y　　B) x|y　　C) x&y　　D) x^y

36. 设有以下语句：

```
char a=3,b=6,c;
c=a^b<<2;
```

则c的二进制值是（　　）。

A) 00011011　　B) 00010100　　C) 00011100　　D) 00011000

二、填空题

1. a=b=c=5 表达式值为______，a,b,c均为______。
   a=5+(c=6) 表达式值为______，a为______，c为______。
   a=(b=4)+(c=6) 表达式值为______，a为______，b为______。c为______。
   a=(b=10)/(c=2) 表达式值为______，a为______，b为______。c为______。
2. 求下面算术表达式的值。
   （1）x+a%3*(int)(x+y)%2/4
   其中，x=2.5，a=7，y=4.7
   （2）(float)(a+b)/2+(int)x%(int)y
   其中，a=2，b=3，x=3.5，y=2.5
3. 若x和a均是int型变量，则计算表达式：x=(a=4,6*2) 后的x值为______。
4. 若有定义“int b=7;float a=2.5,c=4.7;”则下面表达式的值为______。

```
a+(int)(b/3*(int)(a+c)/2)%4
```

5. 若a是int型变量，则计算表达式a=25/3%3 后a 的值为______。
6. 假设所有变量均为整型，则表达式（a=2,b=5,a++,b++,a+b）的值为______。
7. 已知字母a的ASCII码为十进制数97，且设ch为字符型变量，则表达式ch='a'+'8'−'3'的值为______。
8. 若x和n均是整型变量，且x的初值为12，n的初值为5，则计算表达式x%=(n%=2)后x的值为______。
9. 表达式8/4*(int)2.5/(int)(1.25*(3.7+2.3))的值的数据类型为______。
10. 以下程序的运行结果是______。

```
#include <stdio.h>
main()
{   int x=1,y,z;
    x*=3+2;
    printf("%d\t",x);
    x*=y=z=5;
    printf("%d\t",x);
    x=y==z;
    printf("%d\n",x);
}
```

11. 若有定义“int a=10,b=9,c=8；”，则顺序执行下列语句后变量b中的值是______。

```
c=(a-=(b-5));
c=(a%11)+(b=3);
```

12. 表示“整数x的绝对值大于5”时值为“真”的C语言表达式是______。
13. 对于整型变量i，j执行“scanf("%d%*d%d",&i, &j);”，当输入2 3 4 5 6后i=______，j=______。

14. 假定w、x、y、z、m均为int型变量，有如下程序段：

```
    w=4; x=3; y=2; z=1;
    m=(w<x)?w : x;
m=(m<y)?m : y;
m=(m<z)?m : z;
```

则该程序运行后，m的值是______。

三、阅读程序题

1. 写出下列程序的运行结果。

```
main()
{
  char c1='a',c2='b',c3='c',c4='\101',c5='\116';
  printf("a%cb%c\tc%c\tabc\n",c1,c2,c3);
  printf("\tb%c%c",c4,c5);
}
```

2. 写出下列程序的运行结果。

```
main()
{
  int i,j,m,n;
  i=8;
  j=10;
  m=++i;
  n=j++;
  printf("%d,%d,%d,%d",i,j,m,n);
}
```

3. 写出下列程序的运行结果。

```
main()
{
  int a,b;
  scanf("%2d%*2s%2d",&a,&b);
  printf("%d\n",a+b);
}
```

执行时输入12345678。

4. 用下面的scanf函数输入数据，使a=3，b=7，x=8.5，y=71.82，c1='A'，c2='a'，在键盘上如何输入？

```
main()
{
  int a,b;
  float x,y;
  char c1,c2;
  scanf("a=%d  b=%d",&a,&b);
  scanf("  %f  %e",&x,&y);
  scanf("  %c  %c",&c1,&c2);
}
```

5. 写出下面程序的输出结果。

```
main ()
{ float x,y;
  int i,j,k,m,n,p,q,s,t;
  x=3.6;
```

```
    i=(int)x;
    y=(float)i;
    printf("1: [x=3.6,i=(int)x,y=(float)i]--x=%f  i=%d  y=%f\n",x,i,y);
    k=i;
    printf("2: [k=i]---k=%d\n",k);
    j=++i;
    printf("3: [j=++i]---j=%d\n",j);
    m=k++;
    printf("4: [m=k++]---m=%d   k=%d\n",m,k);
    p=m;
    printf("5: [p=m]---p=%d\n",p);
    n=(m++)+(m++)+(m++);
    printf("6: [n=(m++)+(m++)+(m++)]---m=%d   n=%d\n",m,n);
    q=(++p)+(++p)+(++p);
    printf("7: [q=(++p)+(++p)+(++p)]---p=%d   q=%d\n",p,q);
    s=q+++p;
    printf("8: [s=q+++p]---s=%d   p=%d   q=%d\n",s,p,q);
    printf("9: s=%d  s=%d   s=%d\n",s,s++,s--);
    t=s;
    printf("10: [t=s]---t=%d\n",t);
    t+=t-=t*t;
    printf("11: [t+=t-=t*t]---t=%d\n",t);
}
```

四、程序设计题

1. 输入一个华氏温度，要求输出摄氏温度，华氏、摄氏温度的转换公式为

$$c = \frac{5}{9}(F - 32)$$

2. 编程从键盘输入一个三位数，将它们逆序输出。例如123，输出321。
3. 输入三个双精度实数，分别求出它们的和、平均值、平方和以及平方和的开方。
4. 要将"China"译成密码，密码的规律是：用原字母后面第4个字母代替原字母。
   因此"China"应译为"Glmre"。请编一程序，用赋初值的方法使c1、c2、c3、c4、c5五个变量的值分别为'C'、'h'、'i'、'n'、'a'。经过运算，使c1、c2、c3、c4、c5分别变为'G'、'l'、'm'、'r'、'e'，并输出。
5. 由键盘输入三个学生的数学考试成绩，计算他们的平均分并且保留两位小数。

第4章　选择结构程序设计

我们已经知道选择结构（又称分支结构）是三种基本结构之一，在一般的程序中都会用到选择结构。在选择结构的条件表达式中含有关系运算和逻辑运算，下面首先介绍这两种运算，然后再介绍选择结构的程序设计。

4.1　关系运算符与关系表达式

关系运算的结果是得到一个逻辑值，逻辑值只有两个，在很多的高级语言中用“真”和“假”来表示逻辑值。在C语言中，没有专门的逻辑值，而是用0表示“假”，用非0表示“真”。这样，对于一个表达式，如果它的值是0，就表示表达式的值是“假”；如果它的的值是非0，无论是正数还是负数，都表示表达式的值为“真”。C语言的这种真假值的规定，给程序在判断条件的表达上带来了很大的灵活性，不再像其他高级语言那样仅仅局限于关系表达式和逻辑表达式，在C语言中，只要是合法的，任何类型的C表达式都可用作判定条件，这样就允许我们编写效率更高的各种程序。

关系运算是逻辑运算中比较简单的一种。所谓的关系运算，实际上是一种“比较运算”，就是将两个数进行比较，判断比较的结果是否符合给定的条件。如果符合给定的条件，表达式的值就是“真”；如果不满足给定的条件，表达式的值就是“假”。

4.1.1　关系运算符及其优先次序

C语言提供了6种关系运算符，如表4-1所示。

表4-1　关系运算符

C的关系运算符	数学的关系运算符	含　义
<	$<$	小于
>	$>$	大于
<=	$\leqslant$	小于等于
>=	$\geqslant$	大于等于
==	$=$	等于
!=	$\neq$	不等于

关系运算符的优先次序是不同的，前四种关系运算符（<、>、<=、>=）的优先级相同，后面两种运算符（==、!=）的优先级相同，且前面四种运算符的优先级高于后面两种运算符的。例如：

```
a>b==c          等效于          (a>b)==c
a==b<c          等效于          a==(b<c)
a==b>c          等效于          a==(b>c)
```

关系运算符的优先级低于算术运算符和移位运算符的，而高于位运算符和赋值运算符的。在运算时，先计算算术表达式的值，再进行关系判断。例如，a-b!=0，即先计算a-b的值，然后再判断a-b的值不等于0是否成立。如果不等于0，表示关系式成立，则表达式结果为真；如果等于0，表示关系式不成立，则表达式结果为假。

4.1.2 关系表达式

用关系运算符将两个表达式（可以是算术表达式或者关系表达式、逻辑表达式、赋值表达式、字符表达式）连接起来的式子，称为关系表达式。例如，下面是合法的表达式：

```
a>b,a+b>b+c,(a=3)>(b=5)
```

关系表达式的值是一个逻辑值，即真或者假。

要注意计算关系表达式的值与判断关系表达式的值时真假值表示的细微差别。在计算关系表达式的值时，如果关系表达式中的关系成立，则关系运算的结果为1，表示逻辑真；反之，如果关系表达式中的关系不成立，关系运算的结果为0，表示逻辑假。也就是说，在计算关系表达式的值时，关系成立用1表示，关系不成立用0表示。而判断关系表达式的值为真还是为假时，只要表达式的值为非0，就表示关系表达式成立，反之为0 则表示关系表达式不成立。正是由于C语言的这种逻辑值表示形式的特殊性，使得表达式书写形式常常可以简化，例如，n%2!=0可以简化为n%2，读者应逐渐习惯这种简化写法。

语法上合法的关系表达式，在逻辑上并不一定是正确的。例如，a=3，b=2，c=1，那么a>b>c就一定为真吗？答案是否定的。a>b>c在语法上并没有错，但是逻辑上却和数学中的表达式的含义不同，即a>b>c并不表示“a大于b，且b大于c”。对于这个表达式需要两个步骤进行分析。首先计算a>b>c的值，在a>b>c这个表达式中，有两个运算符，优先级相同，而关系运算符都是左结合的，所以先计算a>b的值，因为3>2成立结果用1表示，所以下一步是计算1>c是否成立，因为1>1不成立，所以结果用0表示。所以整个表达式的值为假。

对于这种描述多个量之间的关系的情况，该怎样来表达呢？这就要用到逻辑表达式。

4.2 逻辑运算符与逻辑表达式

用逻辑运算符将关系表达式或逻辑量连接起来的式子就是逻辑表达式。下面介绍C语言中的逻辑运算符和逻辑运算。

4.2.1 逻辑运算符及其优先次序

C语言中提供了三种逻辑运算符，如表4-2所示。

表4-2 逻辑运算符

逻辑运算符	含 义	优先级
&&	逻辑与	11
||	逻辑或	12
!	逻辑非	2

“&&”和“||”是“双目运算符”，它要求有两个操作数，如（a>b）&&(x>y)，（a>b）||(x>y)。!是单目运算符，它只需要一个操作数，而所有的单目运算符的优先级都高于算术运算符的优先级，在这三个运算符中，!是最高的。

逻辑与运算的特点是：只有两个操作数都为真时，结果才为真，只要一个为假，结果就为假。逻辑或运算的特点是：只要一个为真，结果就为真，只有两个操作数都为假时，结果才是假。

逻辑运算举例如下：

```
a&&b         若a,b为真,则a&&b为真
a||b         若a,b之一为真,则a||b为真
!a           若a为真,则!a为假
```

逻辑运算的规则如表4-3所示，这个表被称为逻辑运算的“真值表”，用它表示当A和B的值为不同组合时，各种逻辑运算所得到的值。

表4-3 逻辑运算的真假值表

A的取值	B的取值	!A	A&&B	A‖B
真	真	假	真	真
真	假	假	假	真
假	真	真	假	真
假	假	真	假	假

在一个逻辑表达式中可以包含多个逻辑运算符，如：

```
!a&&b||x>y&&c
```

其计算次序按以下优先级进行：

1）!（非）→&&（与）→‖（或），即“!”为三者中最高的。

2）逻辑运算符中的“&&”和“‖”的优先级低于关系运算符的，“!”的优先级高于算术运算符的。

4.2.2 逻辑表达式

逻辑表达式的值只有真和假两个，当逻辑表达式的值为真时，用1作为表达式的值，当逻辑表达式的值为假时，用0作为表达式的值。当判断一个逻辑表达式的结果时，则是根据逻辑表达式的整体值，为非0时，表示为真，为0时，表示为假。例如：

1）若a=4，则!a的值为0，因为a的值为非0，被认为是真，对它进行逻辑非运算，得到假，假以0表示。

2）若a=4，b=5，则a&&b的值为1，因为a和b均为非0，被认为是真，因此a&&b的值也为真，值为1。

3）a、b的值分别为4、5，a‖b的值为1。

4）a、b的值分别为4、5，!a‖b的值为1。

5）4&&0‖2的值为1。

通过这几个例子我们可以看出，由系统给出的逻辑运算的结果不是0就是1，不可能是其他的数值。因此我们可以将表4-3改成表4-4的形式。

实际上，逻辑运算符两侧的运算对象不但可以是0和1，或者是0和非0的整数，也可以是任何类型的数据，可以是字符型、实型或者指针类型等。系统最终是以0和非0 来判定它们属于真或者假的。

表4-4 逻辑运算的真假值表

A的取值	B的取值	!A	A&&B	A‖B
非0	非0	0	1	1
非0	0	0	0	1
0	非0	1	0	1
0	0	1	0	0

在逻辑表达式的求解中，并不是所有的逻辑运算符都被执行，只是在必须执行下一个逻辑运算符才能求出表达式的解时，才执行该运算符。举例如下：

1）a&&b&&c只有a为真（非0）时，才需要判别b的值，只有a和b都为真的情况下才需要判别c的值。只要a为假，就不必判别b和c（此时整个表达式已确定为假）。如果a为真，b为假，不必判别c。概括起来就是“一假则假”。

2）a||b||c只要a为真（非0），就不必判别b和c。只有a为假，才判别b。只有a和b都为假才要判别c。概括起来就是“一真则真”。

熟练掌握C语言的算术运算符、关系运算符和逻辑运算符之后，可以巧妙地用一个表达式表示实际应用中的一个复杂条件。例如，只要year满足下列条件之一就可以判断某一年是闰年：

1）能被4整除，但不能被100整除；

2）能被400整除。

用下面的表达式即可表示上述条件：

```
(year%4==0&&year%100!=0)||(year%400==0)
```

当year为某一整数值时，如果上述表达式值为真，则year为闰年；否则为非闰年。

可以加一个“!”用来判别非闰年：

```
!((year%4==0&&year%100!=0)||(year%400==0))
```

若此表达式值为真，year为非闰年。也可以用下面的逻辑表达式判别非闰年：

```
(year%4!=0)||(year%100==0&&year%4!=0)
```

若此表达式值为真，则year为非闰年，否则为闰年。注意，判别这种复杂的表达式时一定要注意运算优先次序。

4.3 if语句

选择结构通常是用if语句来实现的，if语句用来判定所给定的条件是否满足，根据判定的结果进而执行不同的程序段。

4.3.1 if语句的三种形式

C语言提供了如下三种形式的条件语句。

1. if形式

```
if(表达式)
 语句A
```

其作用是，如果表达式的值为真，则执行语句A，否则不做任何操作，直接去执行if语句后的语句。

if形式的条件语句的流程图如图4-1所示，这种不带else子句的if语句适合解决单分支选择问题。例如：

```
if(x>y)
printf("%d",x);
```

2. if-else形式

```
if(表达式)
    语句1
else
    语句2
```

其作用是，如果表达式的值为真，则执行语句1，否则执行语句2。这种带else子句的if语句适合解决双分支选择问题，其流程图如图4-2所示。

例如：

```
if(x>y)
```

```
printf("%d",x);
else
printf("%d",y);
```

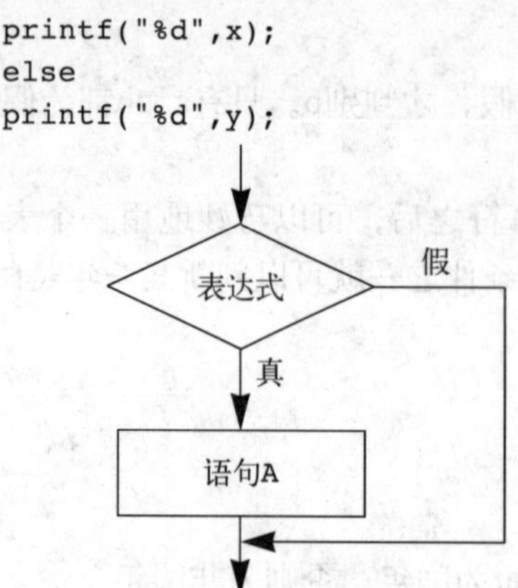

图4-1 if形式

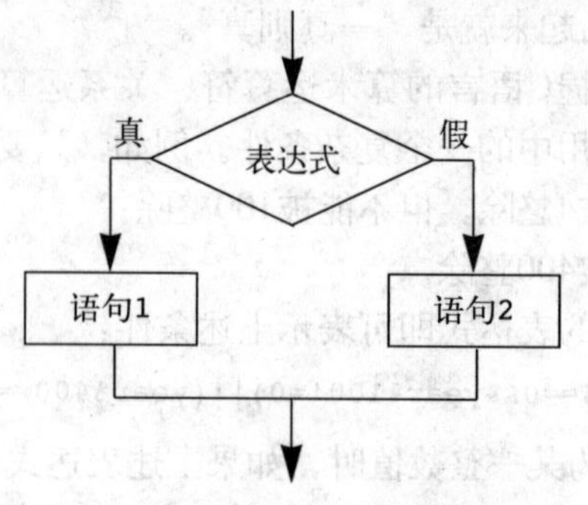

图4-2 if-else形式

请读者注意printf("%d",x)后面有一个分号。这是因为，从语法上讲，跟在if语句后面的语句总是以一个分号终结。

3. else-if形式

```
if(表达式1)语句1
else if(表达式2)语句2
...
else if(表达式n)语句n
else 语句n+1
```

其作用是，如果表达式1的值为真，则执行语句1，否则如果表达式2的值为真，则执行语句2，…，如果if后的表达式的值都不为真，则执行语句n+1。这是在else子句中嵌入if语句的形式，可用于解决多分支选择问题，n=3时的流程图如图4-3所示。

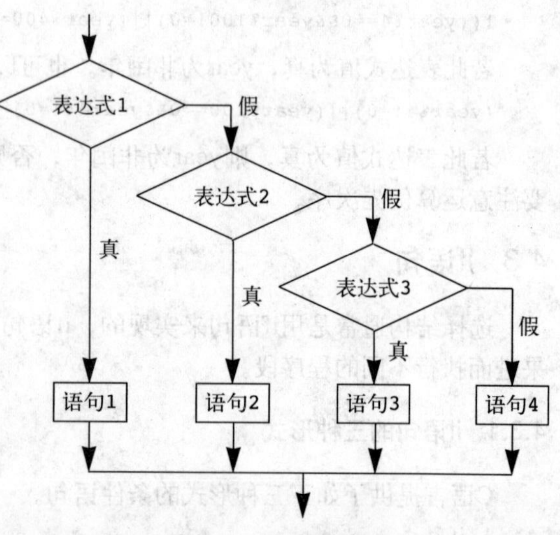

图4-3 else-if形式

三种形式的if语句在if的后面都有表达式，表达式可以是任何合法的C表达式，一般为逻辑表达式或者关系表达式。只要表达式的值为非0，就按“真”处理，若为0，则按“假”处理。需要注意的是，在表示相等的条件下，不要将关系运算符“==”误用作赋值运算符“=”。

第二、第三种形式的if语句中，在每个else前面有一个分号，整个语句的结束处有一个分号。分号是C语句中不可缺少的部分，没有分号的话，就会出现语法错误。

在if和else的后面只能有一个语句，不能有多个。如果需要有多个语句的话，就要用花括号“{}”括起来组成一个复合语句。

【例4-1】在例3-24中，根据三边长求三角形面积，我们并没有考虑输入的三个数不能构成三角形的情况。三角形要满足“两边之和大于第三边”，下面在例3-24的基础上做些改进，先判断输入的数据能否构成三角形。

源程序如下：

```
#include "stdio.h"
#include "math.h"
void main()
{
  double  a,b,c,area;
  printf("请输入三角形的三条边长\n");
```

```
    scanf("%lf %lf %lf",&a,&b,&c);
    printf("输入的三边长为: \n");
    printf("%f %f %f\n",a,b,c);
    if(a+b>c&&a+c>b&&c+b>a)
    {
       float s;
       s=1.0/2*(a+b+c);
       area=sqrt(s*(s-a)*(s-b)*(s-c));
    }
    else
    {   printf("输入的三边长不能构成三角形!\n");
     area=0;
    }
    printf("area=%f\n",area);
}
```

程序运行结果为：

```
请输入三角形的三条边长
1 2 4↙
输入的三边长为:
1.000000 2.000000 4.000000
输入的三边长不能构成三角形!
area=0.000000
```

【例4-2】 设计程序，把学生的百分制成绩转换成五分制成绩并输出。

```
#include "stdio.h"
main()
{
   int score;
   char grade;
   scanf("%d",&score);
   if(score>=90)
       grade='5';
   else if (score>=80)
       grade='4';
   else if (score>=70)
       grade='3';
   else if (score>=60)
       grade='2';
   else grade='1';
   printf("%c\n",grade);
}
```

该程序是划分学生成绩的等级。假设成绩的范围是[0,100]，成绩在[90,100]之间的等级为5，[80,89]的为4，[70,79]的为3，[60,69]的为2，[0,59]的为1。例如当输入

```
62↙
```

程序输出

```
2
```

【例4-3】 输入两个实数，按代数值由小到大的顺序输出这两个数。

这个问题的算法很简单，只需要做一次比较即可。对这样简单的问题可以不必先写出算法或画流程图，而直接编写程序。或者说，算法在编程者的脑子里，就像在算术运算中对简单的问题可以“心算”而不必在纸上写出来一样。

```
#include "stdio.h"
main()
{
  float a,b,t;
  scanf("%f,%f",&a,&b);
  if(a>b)
   {
     t=a;
     a=b;
     b=t;
   }/*变量a和b的值互换*/
  printf("%5.2f,%5.2f\n",a,b);
}
```

程序的运行结果为：

```
3.2,-3.6↙
-3.60, ␣ 3.20
```

【例4-4】输入三个整数，按从小到大的顺序输出。

```
#include "stdio.h"
main()
{
  int a,b,c,t;
  scanf("%d %d %d",&a,&b,&c);
  if(a>b)
  {
    t=a;a=b;b=t;
  }
  if(a>c)
  {
    t=a;a=c;c=t;
  }
  if(b>c)
  {
  t=b;b=c;c=t;
  }
  printf("%d,%d,%d\n",a,b,c);
}
```

【程序分析】该程序是对三个数两两进行比较判断，比如对a和b，如果a大于b的话，就交换两个数的值。经过三次比较操作后，三个变量a、b、c就按从小到大的顺序排列好了，最后按照此顺序输出三个数即可。例如，输入下面三个数：

```
3 2 5↙
```

程序输出：

```
2,3,5
```

4.3.2 if语句的嵌套

在if语句中还可以包含一个或者多个if语句，称为if语句的嵌套。if语句嵌套的一般形式为：

```
if(表达式)
     if(表达式) 语句1
      else 语句2
else
     if(表达式) 语句3
      else 语句4
```

这种语句的流程图如图4-4所示。

在使用if语句嵌套的时候，应当注意if与else的配对关系，例如对于下面的形式：

```
if(表达式)
        if(表达式) 语句1
else
        if(表达式) 语句2
        else 语句3
```

程序设计者希望else与第一个if对应，但实际上else总是与它前面最近的未配对的if配对，因此else是与第二个if配对的，因为它们相距最近。内嵌的if语句也包含else部分，如果if与else的数目不能一致，为实现程序设计者的意图，可以加花括号来确定配对关系。例如：

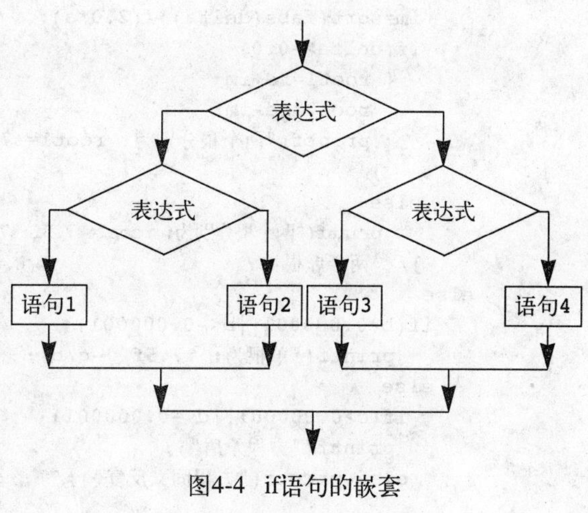

图4-4 if语句的嵌套

```
if(表达式)
   {if(表达式)语句1}
else 语句2
```

例如在下列语句中：

```
if(n>0)
   if(a>b)
    z=a;
   else
    z=b;
```

else与嵌套在里面的if匹配，正如缩进的那样，如果这不是我们所期望的，那么应该使用花括号来使该部分与所希望的if强制匹配：

```
if(n>0)
   {if(a>b)
    z=a;}
else
   z=b;
```

为了避免歧义，建议在使用嵌套时尽量使用花括号强制匹配。

【例4-5】在例3-25中，我们假设$b^2-4ac>0$，没有考虑其他情况，实际上，应考虑以下几种情况：

1）$a\neq0$。方程有两个根。

2）$a=0$，$b\neq0$。方程退化为$bx+c=0$，方程的根为$-c/b$。

3）$a=0$，$b=0$。方程为同义反复（$c=0$），或者为矛盾（$c\neq0$）。

源程序如下：

```
#include "stdio.h"
#include "math.h"
void main()
{
  float  a,b,c,delta,re,im,root1,root2;
  printf("请依次输入a,b,c的值：\n");
  scanf("%f%f%f",&a,&b,&c);
  if(a>0.000001||a<-0.000001)/* 判断a≠0的条件 */
    {
```

```
        delta=b*b-4.0*a*c;
        re=(-b)/(2.0*a);
        im=sqrt(fabs(delta))/(2.0*a);
        if(delta>=0.0)
          { root1=re+im;
            root2=re-im;
            printf("两个根分别为: root1=%7.5f,root2=%7.5f",root1,root2);
           }
        else
           printf("两个根分别为: root1=%7.5f+%7.5fi,root2=%7.5f-%7.5fi",re,fabs(im),re,fabs(im));
        }/* 两个虚根 */
    else
       if(b>0.000001||b<-0.000001)
         printf("单根为: %7.5f",-c/b);
       else
         if(c>0.000001||c<-0.000001)
          printf("方程矛盾");
         else printf("方程同义反复");
}
```

程序运行的结果为：

```
请依次输入a,b,c的值:
0 0 0.0000001↙
方程同义反复          //注意不是方程矛盾
```

再次运行程序：

```
请依次输入a,b,c的值:
3.5 5 1.2
两个根分别为: root1=-0.30521,root2=-1.12337
```

说明：由于a、b、c均定义为float型，float型不精确，所以不能直接与0比较，需要一个范围。

【例4-6】写出下列函数的if-else的嵌套表示。

$$y=\begin{cases}1 & x>0\\ 0 & x=0\\ -1 & x<0\end{cases}$$

【分析】如果if语句中的表达式为x>=0，则内层if语句中还要进一步判断是大于0还是等于0，因而程序段可以写成：

```
if(x>=0)
  if(x>0)
    y=1;
  else
    y=0;
else
  y=-1;
```

当然程序段也可写成：

```
if(x>0)
  y=1;
else
  if(x==0)
    y=0;
  else
    y=-1;
```

程序段还可以写成：

```
y=0;
  if(x>=0)
    if(x>0) y=1;
  else y=-1;
```

【例4-7】体形判断。可根据身高与体重计算出的“体指数”来判断某人是否属于肥胖：

体指数t=体重w/(身高h)^2（w的单位是kg，h的单位是m）

当t<18时，为低体重；

当18≤t<25时，为正常体重；

当25≤t<27时，为超重体重；

当t≥27时，为肥胖。

程序如下：

```
#include "stdio.h"
main()
{
    double h,w,t;
    printf("请输入体重w和身高h\n");
    scanf("%lf %lf",&w,&h);
    t=w/(h*h);
    if(t<27)
    {
        if(t<25)
        {
            if(t<18)
                printf("t=%f\t低体重\n",t);
            else
                printf("t=%f\t正常体重\n",t);
        }
        else
            printf("t=%f\t超重体重\n",t);
    }
    else
        printf("t=%f\t肥胖\n",t);
}
```

运行程序，当输入：

```
62 1.70
```

程序输出为：

```
t=21.453287        正常体重
```

4.4 switch语句

当对问题需要分析的情况较多时，常用switch语句代替if语句来简化程序的设计。switch语句就像多路开关一样，使过程控制流形成多个分支，根据一个表达式可能产生不同的结果值，选择其中一个或者几个分支语句去执行，所以又称开关语句。

当然switch语句可以用嵌套的if语句来处理，但是如果分支较多，则嵌套的if语句层数多，程序冗长而且可读性降低。C语言提供的switch语句可以直接处理多分支选择，它的一般形式如下：

```
switch(表达式)
```

```
{
   case 常量1: 语句1;
   case 常量2: 语句2;
   ...
   case 常量n: 语句n;
   default: 语句n+1;
}
```

该语句的流程图如图4-5所示。

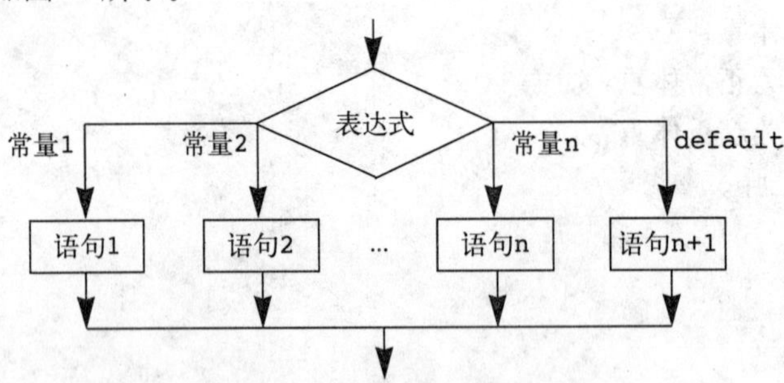

图4-5 switch语句的流程图

【例4-8】根据天气情况安排活动。

```
#include "stdio.h"
void main()
{
   int w;
   printf("请输入天气状况: (1.晴天2.阴天3.下雨)\n");
   scanf("%d",&w);
   switch(w)
    {
       case 1:printf("上街购物!\n");
       case 2:printf("去打球!\n");
       case 3:printf("在家看书!\n");
       default:printf("错误选择!\n");
    }
}
```

运行程序，当输入：

```
2↙
```

程序输出结果为：

```
去打球!
在家看书!
错误选择!
```

可以看出这个结果并不是我们想要的，这是因为case语句之后没加break语句，这样就不能是互斥选择。输入数字与2匹配，因此进入case 2，从此语句开始执行。由于没有遇到跳出语句序列的语句，因此执行将穿过case 3和default（不再进行判断），而顺序执行这些语句，就产生了以上的输出结果。

【例4-9】根据输入的百分制成绩，转换成相应的等级。

```
#include "stdio.h"
main()
{
   int score,mark;
```

```
    printf("请输入成绩\n");
    scanf("%d",&score);
    mark=score/10;
    switch(mark)
    {
      case 10:
      case 9: printf("%d-----A\n",score);break;
      case 8: printf("%d-----B\n",score);break;
      case 7: printf("%d-----C\n",score);break;
      case 6: printf("%d-----D\n",score);break;
      case 5:
      case 4:
      case 3:
      case 2:
      case 1:
      case 0: printf("%d-----E\n",score);break;
    }
}
```

执行程序，当提示输入成绩时，输入

```
85↙
```

程序输出：

```
85-----B
```

对于switch语句使用的几点说明：

1）switch后括号内的表达式的值一般为整型、字符型或者枚举型，并且每个case后的常量表达式的类型应该与switch后括号内的表达式的类型一致。

2）当表达式的值与某一个case后面的常量表达式的值相等时，就执行此case后面的语句，若所有的case中的常量表达式的值都没有与表达式的值匹配的，就执行default后面的语句。

3）若case后的语句省略不写，则表示它与后续的case语句执行相同的语句。

4）每个case后的常量只起语句标号的作用，所以，case后常量的值必须不同，否则会出现相互矛盾的现象。

5）switch语句中的表达式如果和case后的常量相匹配，就执行此case后的语句，而不需再执行其他的case语句，所以在每个case后应加上一个break语句。break语句的作用就是让程序跳出switch结构，终止switch语句的执行。case常量表达式只是起到一个标号的作用，并不是在此进行条件判断，如果不加break语句，当和某个case中的常量匹配时，后面的语句都会被执行。例如对于上面程序的switch部分，如果我们写成下面的形式：

```
switch(mark)
   {
   case 10:
   case 9: printf("%d-----A\n",score);
   case 8: printf("%d-----B\n",score);
   case 7: printf("%d-----C\n",score);
   case 6: printf("%d-----D\n",score);
   case 5:
   case 4:
   case 3:
   case 2:
   case 1:
   case 0: printf("%d-----E\n",score);
   }
```

那么，当我们再次输入：

```
85↙
```

这时程序的输出会变为：

```
85-----B
85-----C
85-----D
85-----E
```

6）每个case后的常量出现的次序发生改变时，不影响程序的运行结果，从执行效率的角度考虑，一般把发生频率高的放在前面。

7）case后的常量表达式不能用一个区间表示，也不能出现任何运算符。

switch语句非常适合菜单的编程。

【例4-10】 在显示器上显示一个菜单的模型。

```
#include "stdio.h"
main()
{
    char ch;
    void empty();/* 调用空函数,即无操作的函数 */
    printf("1.输入记录\n");
    printf("2.记录列表\n");
    printf("3.删除记录\n");
    printf("4.修改记录\n");
    printf("请选择: \n");
    ch=getchar();
    switch(ch)
    {
        case '1':printf("1.输入记录\n");
                 empty(); break;
        case  '2':printf("2.记录列表\n");
                 empty(); break;
        case '3':printf("3.删除记录\n");
                 empty(); break;
        case  '4':printf("4.修改记录\n");
                 empty(); break;
        default:  printf("选择错误\n");
    }
}
void empty()
{ }
```

empty()是一个空函数，在实际应用中可以换成有意义的函数。

【例4-11】 输入一个0到6之间的数字，判断并输出是周几。

```
#include "stdio.h"
void main()
{
  int day;
  printf("请输入一个0到6之间的数字: ");
  scanf("%d",&day);
  switch(day)
    {
        case  0: printf("今天是周日\n"); break;
        case  1: printf("今天是周一\n"); break;
        case  2: printf("今天是周二\n"); break;
```

```
        case  3: printf("今天是周三\n"); break;
        case  4: printf("今天是周四\n"); break;
        case  5: printf("今天是周五\n"); break;
        case  6: printf("今天是周六\n"); break;
        default:  printf("输入错误,请输入0到6之间的数字\n");
    }
}
```

运行程序时，如果输入：

```
5↙
```

则输出：

```
今天是周五
```

【例4-12】输入某年某月某日，判断这一天是这一年的第几天。

程序分析：以3月5日为例，应该先把前两个月的天数加起来，然后再加上5天即本年的第几天。特殊情况，即闰年且输入月份大于3时需考虑多加一天，此例中先不考虑这一点。闰年的情况请读者自己完成。

程序源代码如下：

```
#include "stdio.h"
main()
{
  int day,month,sum,leap;
  printf("\nplease input,month,day\n");
  scanf("%d,%d" ,&month,&day);
  switch(month)/*先计算某月以前月份的总天数*/
  {
    case 1:sum=0;break;
    case 2:sum=31;break;
    case 3:sum=59;break;
    case 4:sum=90;break;
    case 5:sum=120;break;
    case 6:sum=151;break;
    case 7:sum=181;break;
    case 8:sum=212;break;
    case 9:sum=243;break;
    case 10:sum=273;break;
    case 11:sum=304;break;
    case 12:sum=334;break;
    default:printf("data error");break;
  }
  sum=sum+day; /*再加上某天的天数*/
  printf("It is the %dth day.",sum);
}
```

在VC中运行此程序，如果输入

```
2,23↙
```

则输出：

```
It is the 54th day.
```

输入

```
5,12↙
```

则输出：

```
It is the 132th day.
```

由于switch语句中不允许实型表达式，当需要实型表达式做选择控制时，要把实型表达式的值映射到一个较小范围的整型。下面的例子说明了这样的应用。

【例4-13】已知x，按以下公式计算y的值。

$$y(x)=\begin{cases}\sin(x) & 0.5\leqslant x<1.5\\ \log(x) & 1.5\leqslant x<4.5\\ \exp(x) & 4.5\leqslant x<7.5\end{cases}$$

程序如下：

```
#include "stdio.h"
#include "math.h"
void  main()
{
  float x,y;
  printf("请输入实数x:\n");
  scanf("%f",&x);
  switch((int)(x+0.5))
    {
        case 1: y=sin(x);
                printf("sin(%f)=%f",x,y);
                break;
        case 2:
        case 3:
        case 4:  y=log(x);
                 printf("log(%f)=%f",x,y);
                 break;
        case 5:
        case 6:
        case 7:  y=exp(x);
                 printf("exp(%f)=%f",x,y);
                 break;
        default: printf("自变量超出范围!");
                 break;
        }
}
```

程序运行结果为：

```
请输入实数x：
3↙
log(3)=1.098612
```

【程序分析】为了能用switch语句描述$y(x)$的计算，要把实型变量x的值映射到整型，即对于x的每一个区间用一个或多个整型表示。例如，将x+0.5之后，让区间[0.5,1.5)映射到1，区间[1.5,4.5)映射到2、3、4，区间[4.5,7.5)映射到5、6、7。当然，对于这个例子来说，完全可以不用switch语句来编程，直接用if语句来编程更简洁。

4.5 选择结构程序设计实例

【例4-14】求一点所在的象限。

```
#include "stdio.h"
void main()
{
```

```
    float x,y;
    printf("Input the coordinate of point:\n");
    printf("x=");
    scanf("%f",&x);
    printf("y=");
    scanf("%f",&y);
    if(x>0)
        if(y>0)
            printf("The point is in 1st quadrant.\n");
        else
            printf("The point is in 4st quadrant.\n");
    else
        if(y>0)
            printf("The point is in 2st quadrant.\n");
        else
            printf("The point is in 3st quadrant.\n");
}
```

程序运行结果为：

```
Input the coordinate of point:
x=2↙
y=4↙
The point is in 1st quadrant.
```

再次运行程序，结果为：

```
Input the coordinate of point:
x=-3↙
y=4↙
The point is in 2st quadrant.
```

【例4-15】编写程序判断某一年是否是闰年。

```
#include "stdio.h"
main()
{
    int year,leap;
    scanf("%d",&year);
    if(!(year%4))
    {
        if(!(year%100))
        {
            if(!(year%400))
                 leap=1;
            else leap=0;
        }
        else leap=1;
    }
    else leap=0;
    if(leap)
        printf("%d is ",year);
    else
        printf("%d is not ",year);
    printf("a leap year.\n");
}
```

【程序分析】闰年的判定条件是：

1）能被4整除不能被100整除的都是闰年。

2）能被100整除又能被400整除的也是闰年。

我们在这里用leap代表是否是闰年，如果是闰年，则leap为1；否则leap为0。然后根据leap输出是否是闰年。

当输入：

```
1995↙
```

程序输出：

```
1995 is not a leap year.
```

当输入：

```
2000↙
```

程序输出：

```
2000 is a leap year.
```

【例4-16】 有一个圆，圆心坐标为（0,0），半径r=4.5，任意输入一个点的坐标，判断这个点是在圆内、圆外还是圆上。

```
#include "stdio.h"
#include "math.h"
void main()
{
    float x,y,d,r;
    printf("Input the radius of point:\n");
    printf("r=");
    scanf("%f",&r);
    printf("Input the coordinate of point:\n");
    printf("x=");
    scanf("%f",&x);
    printf("y=");
    scanf("%f",&y);
    d=sqrt(x*x+y*y);/* 求点(x,y)到圆心(0,0)的距离 */
    if(d>r)
        printf("点在圆外!");
    else
        if(d=r)
            printf("点在圆上!");
        else
            printf("点在圆内!");
}
```

程序运行结果如下：

```
Input the radius of point:
4.5↙
Input the coordinate of point:
x=4.2↙
y=3↙
点在圆外!
```

【程序分析】 判断点在圆内、圆上还是圆外，即判断点到圆心的距离d与半径r的关系。当d>r时，点在圆外；当d<r时，点在圆内；当d=r时，点在圆上。

【例4-17】 编写简单的计算器程序。用户输入运算数和四则运算符，输出计算结果。

```
#include "stdio.h"
void main()
{
```

```
    float a,b,s;
    char c;
    printf("input expression: a+(-,*,/)b \n");
    scanf("%f%c%f",&a,&c,&b);
    switch(c)
    {
        case '+': printf("%f\n",a+b);break;
        case '-': printf("%f\n",a-b);break;
        case '*': printf("%f\n",a*b);break;
        case '/': printf("%f\n",a/b);break;
        default: printf("input error\n");
    }
}
```

当输入：

23*8↙

则输出：

184.000000

当输入：

14&3

则输出：

input error

【例4-18】编写程序，实现如下功能。

输入一个实数后，屏幕显示如下菜单：

```
1,输出相反数
2,输出平方数
3,输出平方根
4,退出
```

根据用户的选择，不断地进行相应的计算并输出计算结果，直到用户选择退出为止。

程序代码如下：

```
#include "stdio.h"
#include "math.h"
void main()
{
   int i,c;
   float m;
   printf("请输入任意一个实数:\n");
   scanf("%f",&m);
   printf("***************************\n");
   printf("1,输出相反数\n");
   printf("2,输出平方数\n");
   printf("3,输出平方根\n");
   printf("4,退出\n");
   printf("***************************\n");
   while(1)
       {   printf("请输入一个1到4之间的整数:\n");
           scanf("%d",&c);
           switch(c)
           {
               case  1: printf("输出相反数:%f\n",-m); break;
               case  2: printf("输出平方数:%f\n",m*m); break;
               case  3: printf("输出平方根:%f\n",sqrt(m)); break;
```

```
            case  4: break;
            default:  printf("输入错误,请输入1到4之间的数字\n");
        }
    }
}
```

程序运行结果为:

```
请输入任意一个实数:
4.5↙
***************************
1,输出相反数
2,输出平方数
3,输出平方根
4,退出
***************************
请输入一个1到4之间的整数:
1↙
输出相反数: -4.500000
请输入一个1到4之间的整数:
2↙
输出相反数: 20.250000
请输入一个1到4之间的整数:
3↙
输出相反数: 2.121320
若输入4,则退出程序。
```

本章小结

选择结构是结构化程序设计的三种基本结构之一，在许多实际问题中都要用到选择结构。选择结构一般是根据关系表达式或者逻辑表达式的真假来决定程序的流向。在C语言中没有专门的逻辑值，是由非0表示“真”，0表示“假”。选择结构通常由if语句来实现，在多分支选择中，也可以使用switch语句。

习题

一、选择题

1. 能正确表示逻辑关系“a≥10或a≤0”的C语言表达式是（ ）。

A) a>=10 or a<=0　　B) a>=0|a<=10　　C) a>=10 &&a<=0　　D) a>=10||a<=0

2. 设有如下定义：

```
int   a=1,b=2,c=3,d=4,m=2,n=2;
```

则执行表达式（m=a>b）&&(n=c>d)后，n的值为（ ）。

A) 1　　B) 2　　C) 3　　D) 0

3. 有如下程序段：

```
int a=14,b=15,x;
char c='A';
x=(a&&b)&&(c<'B');
```

执行该程序段后，x的值为（ ）。

A) true　　B) false　　C) 0　　D) 1

4. 当a=1，b=3，c=5，d=4时，执行下面一段程序后x的值为（ ）。

```
if(a<b)
  if(c<d) x=1;
  else
    if(a<c)
      if(b<d) x=2;
      else x=3;
    else x=6;
else x=7;
```

A) 1　　B) 2　　C) 3　　D) 6

5. 以下程序的输出结果是（　　）。

A) 7　　B) 6　　C) 5　　D) 4

```
main()
{ int  m=5;
 if(m++>5)printf("%d\n",m);
   else  printf("%d\n",m--);
}
```

6. 有如下程序：

```
main()
{
 float x=2.0,y;
 if(x<0.0) y=0.0;
 else if(x<10.0) y=1.0/x;
          else y=1.0;
 printf("%f\n",y);
}
```

该程序的输出结果是（　　）。

A) 0.000000　　B) 0.250000　　C) 0.500000　　D) 1.000000

7. 有如下程序：

```
main()
{
  int a=2,b=-1,c=2;
  if(a) if(b<0) c=0;
  else c++;
  printf("%d\n",c);
}
```

该程序的输出结果是（　　）。

A) 0　　B) 1　　C) 2　　D) 3

8. 有如下程序：

```
main( )
{
  int x=1,a=0,b=0;
  switch(x)
  {
    case 0: b++;
    case 1: a++;
    case 2: a++;b++;
  }
  printf("a=%d,b=%d\n",a,b);
}
```

该程序的输出结果是（　　）。

A) a=2,b=1　B) a=1,b=1　C) a=1,b=0　D) a=2,b=2

9. 判断字符变量c的值为数字('0'———'9')则返回1，否则返回0，可用表达式（　）。

A) '0'<=c<='9'　B) '0'<=c && c<='9'　C) '0'<=c || c<= '9'　D) 以上均不是

10. 表达式3>5 && −1 || 6 < 3 − !−1的值是（　）。

A) 0　B) 1　C) 表达式不合法　D) 均不对

11. 判断整型变量i，j可同时被2整除的表达式是（　）。

A) !(i%2)||!(j%2)　B) !(i%2)&&!(j%2)　C) (i%2)&&(j%2)　D) (i%2)||(j%2)

12. 语句“if (3/4 > 1/2) a=1; else a=0;”运行后，a的值是（　）。

A) 1　B) 0　C) 与机器有关　D) 语法有错

13. 执行下列程序段后，a值为（　）。

```
a=1; b=0;
if ((a++>++b)?a++:b--) a += b;
```

A) 2　B) 3　C) 4　D) 5

14. 对于“int x, y;”，语句“if (x<0) y= −1; else if (!x) y=0; else y=1;”等价于（　）。

A) y=0; if (x>=0) if (x) y=1; else y= −1;

B) if (x!=0) if (x>0) y=1; else y= −1; else y=0;

C) if (x<0) y= −1; if (x!=0) y=1; else y=0;

D) y= −1; if (x!=0) if (x>0) y=1; else y=0;

15. 假设已有说明语句“int a, b, k;”，语句“if (a>b) k=0; else k=1;”等价于（　）。

A) k=(a>b)?1:0;　B) k=a>b;　C) k=a<=b;　D) 以上均不是

16. 对于以下程序段，运行后i值为（　）。

```
int i=0,  a=1;
switch (a) {
   case 1: i+=1;
   case 2: i+=2;  break;
   default: i+=3;
}
```

A) 1　B) 3　C) 6　D) 上述程序有语法错误

17. 以下语句不正确的是（　）。

A)
```
if(a=b)
printf("a=b");
else
printf("a!=b");
```

B)
```
if(a==b)
printf("a=b");
else
printf("a!=b");
```

C)
```
float x;
...
switch(x)
{
  case 1.0: printf("*\n");
  case 2.0: printf("*\n");
}
```

D)
```
int a,b;
...
switch(a+b)
{
  case 1: printf("*\n");
  case 2: printf("*\n");
}
```

18. 假定所有变量均已正确说明，下列程序段运行后x的值是（　）。

```
a=b=c=0;
x=35;
if(!a)
x--;
else if(b);
```

```
if(c)
x=3;
else
x=4;
```

A) 34　　B) 4　　C) 35　　D) 3

二、填空题

1. 根据下列要求写出表达式______。

（1）ch 是小写英文字母。

（2）x 为零。

（3）x 不为零。

（4）x 和 y 不同时为零。

（5）year 是闰年，即 year 能被 4 整除但不能被 100 整除，或 year 能被 400 整除。

2. 定义int x=10，y=7，z=5，求下列表达式的值______。

（1）`z>x>y&&z||!y/z`

（2）`(++z>=y--)?++z:y--`

（3）`z+=(x<y?x++:y++)`

3. 判断一个字符是否是字母或数字的逻辑判断语句是______。

4. 设i、j、k均为 int 型变量，则执行完下面的 for 循环后，k 的值为______。

```
for(i=0,j=10; i<=j; i++,j--)
k=i+j;
```

5. 以下程序实现输出x，y，z三个数中的最大者，请在______内填入正确内容。

```
#include <stdio.h>
main()
{
      int x=4,y=6,z=7;
      int______;
      if(______) u=x;
      else u=y;
      if(______) v=u;
      else v=z;
      printf("v=%d",v);
}
```

6. 已知A=7.5，B=2，C=3.6，表达式A>B&&C>A||A<B&&!C>B的值是______。

7. 设a=3，b=4，c=5。下面各逻辑表达式的值为______。

（1）`a+b>c&&b==c)`

（2）`a||b+c&&b-c`

（3）`!(a>b)&&!c||1`

（4）`!(x=a)&&(y=b)&&0)`

（5）`!(a+b)+c-1&&b+c/2)`

8. 下列程序的输出结果是______。

```
#include "stdio.h"
void main()
{
   int x=100,a=20,b=10;
   int v1=5,v2=0;
```

```
   if(a<b)
     if(b!=15)
          if(!v1)
               x=1;
     else
          if(v2)
               x=10;
   x=-1;
   printf("%d",x);
}
```

三、阅读程序题

1. 写出下列程序的输出结果。

```
main()
{
  int a=-1,b=4,k;
  k=(a++<=0)&&(!(b--<=0));
  printf("%d  %d  %d  %d\n",k,a,b);
}
```

2. 写出下列程序段的输出值。

```
d=241;
a=d/100%9;
b=(-1)&&(-1);
printf("%d,%d\n",a,b);
```

3. 写出下列程序段的输出结果。

```
int a,b,c;
int x=5,y=10;
a=(--y==x++)?-y:++x;
b=y++;
c=++x;
printf("\na=%d,b=%d,c=%d",a,b,c);
```

4. 写出下列程序段的输出结果。

```
int a=0,b=0,c=0;
if(++a>0||++b>0)
++c;
printf("\na=%d,b=%d,c=%d",a,b,c);
```

5. 写出下列程序的输出结果。

```
#include "stdio.h"
void main()
{
int i=10;
switch(i)
     {
     case 9:i++;
     case 10:i++;
     case 11:i++;
     default:i++;
}
printf("%d",i);
}
```

四、程序设计题

1. 有一函数：

$$y=\begin{cases}x & (x<1)\\ 2x-1 & (1\leqslant x<10)\\ 3x-11 & (x\geqslant 10)\end{cases}$$

写一程序，输入x，输出y。

2. 编写程序，要求输入4个数，按从小到大的顺序输出。
3. 任意输入3个字母，按字母表的顺序输出这3个字母。
4. 根据输入的三角形的边长，判断是否能组成三角形，若可以，则输出它的面积和三角形的类型（等腰，等边，直角，普通）。
5. 有4个圆塔，圆心分别为（2，2），（－2，2），（－2，－2），（2，－2），圆半径为1。这4个塔的高度分别为5m，7m，10m，18m，塔外无建筑物，编写程序，输入一点的坐标，输出高度。
6. 给出一个5位数，判断它是不是回文数。如12321是回文数，个位与万位相同，十位与千位相同。
7. 从键盘输入年号和月号，计算这一年的这个月共有几天。
8. 从键盘输入年月，打印该月的天数。
9. 编写给学生打评语的程序。若学生成绩在60～79，打印“pass”；若成绩在80～89，则打印“good”；若成绩在90～100，打印“excellent”；59分以下打印“fail”。
10. 企业根据利润发放奖金。利润(I)低于或等于10万元时，奖金可提10%；利润高于10万元，低于20万元时，低于10万元的部分按10%提成，高于10万元的部分可提成7.5%；20万到40万之间时，高于20万元的部分，可提成5%；40万到60万之间时，高于40万元的部分可提成3%；60万到100万之间时，高于60万元的部分可提成1.5%；高于100万元时，超过100万元的部分按1%提成。从键盘输入当月利润I，求应发放的奖金总数。

    要求：

    （1）用if语句编程序。

    （2）用switch语句编程序。
11. 某单位组织献血，编写程序判断每个人的献血量。要求如下：对于男性，体重大于65公斤的献血400毫升，体重低于65公斤的献血200毫升；对于女性，体重大于55公斤的献血400毫升，体重低于55公斤的献血200毫升。
12. 某商场进行打折促销活动，消费金额（p）越高，折扣（d）越大，标准如下：

消费金额	折扣
$p<100$	0%
$100\leqslant p<200$	5%
$200\leqslant p<500$	10%
$500\leqslant p<1000$	15%
$p\geqslant 1000$	20%

编程实现：输入消费额，输出折扣率和实付金额（f）。要求：

（1）用if语句实现。

（2）用switch语句实现。

13. 编写一个计算员工收入的程序。公司按照规定工时的工资10元/小时付给每个员工160个工时的薪水，按3倍的工资率付给160小时以外的工资。输入员工的工时数，输出员工的收入。
14. 编写一个C程序，判断一个百货商店的顾客的账单是否超过了他的信用限额。每个顾客的以下数据是已知的：账号、月初的结算额、本月的所有支出、本月的存入额、信用限额。
    程序要能够输入这些数据，计算出新的结算额（等于月初的结算额+本月支出−本月存入），判断新的结算额是否超出了该顾客的信用限额。对于那些超出信用限额的顾客，输出顾客的账号、信用限额、新的结算额以及提示“Credit limit exceed!”。

第5章　循环结构程序设计

C语言是结构化程序设计语言，它强调用模块化、积木式来构建程序。采用结构化程序设计方法，可使程序的逻辑结构清晰、层次分明、可读性好、可靠性强，从而提高程序的开发效率，保证程序质量。

结构化程序是由三种基本结构表示的，即顺序结构、选择结构和循环结构。本章着重讨论C语言程序结构中的循环控制结构，介绍相应的语句、语法特点以及应用实例。

5.1　循环结构的应用场合

实际应用中的许多问题，需要对同一个程序段进行多次执行，如级数求和、方程的迭代求解、统计报表打印、全校学生成绩的输入等，这时我们就需要用到结构化程序设计的另外一种基本结构——循环结构。有时需要重复执行的次数是已知的，有时重复执行的次数是未知的。例如：

1）计算1+2+3+…+n，这是一个循环累加的问题，每次循环，累加一个正整数，总共需要执行n次，从而得到这个数列之和。

2）计算n！=1×2×3×…×n，这是一个循环累乘的问题，每次循环，累乘一个数，共需要n次，得到n的阶乘。

3）计算e的近似值，$e=1+\frac{1}{1!}+\frac{1}{2!}+\frac{1}{3!}+\text{L}+\frac{1}{n!}$，直到满足精度要求，一般当最后一项的绝对值小于$10^{-5}$时认为是满足精度要求。这是一个事先循环次数未知的问题，需要根据给定的条件来判断循环是否终止。

4）以二维形式打印乘法九九表，这个问题仅靠单重循环是不能解决的，需要用双重循环，用外循环控制行的打印，而用内循环控制列的打印。

类似的，含有重复处理内容的问题也必须编写循环语句来实现。其实，循环语句不只是在数学运算这类问题中发挥作用，联合使用条件语句和循环语句还可以设计出许多有趣味性的程序，如智力测试、游戏程序等。

C语言支持循环结构的语句有for、while和do-while语句。循环语句可以和break、continue及goto语句联合，以提前结束整个循环或本次循环。下面我们将详细讲解这些知识。

5.2　while语句

while语句是当型循环，它首先判定循环条件，为真时将执行循环体，进行循环；否则结束循环。当型循环的一般格式为：

```
while(测试表达式)
      循环体语句;
```

while循环执行的步骤如下：

1）计算测试表达式，若为非0，执行2)，否则执行4)；

2）执行循环体语句；

3）执行完循环体语句后转向执行1)；

4）执行while循环后面的语句，即退出while循环。

while语句的控制流程图如图5-1所示。

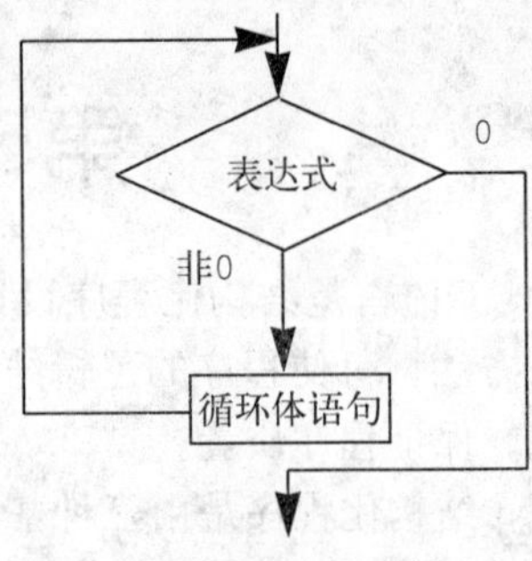

图5-1 while语句的控制流程图

【例5-1】使用while语句求 $\sum_{n=1}^{100} n$ 。

```
#include "stdio.h"
main()
{
    int i,sum;
    i=1;/*设置循环初始值*/
    sum=0; /*设置求和的初始值*/
    while(i<=100) /*当条件满足时,执行累加操作*/
     {
         sum+=i;
         i++;
     }
     printf("%d\n",sum);
}
```

执行程序，输出结果为：

```
5050
```

【例5-2】从键盘连续输入字符，直到输入字符0为止，统计输入的字符个数。

```
#include "stdio.h"
main()
{
    char ch;
    int len=0;
    printf("请输入字符串:\n");
    while((ch=getchar())!='0') /*判定输入的字符是否是字符0,若不是,就继续输入*/
    {
         putchar(ch); /*输出字符*/
         len++;/*计数器加1*/
    }
    printf("字符个数为: %d\n",len);
}
```

运行程序，当输入

```
hello0
```

程序输出：

```
hello字符个数为: 5
```

【例5-3】猴子吃桃问题。猴子第1天摘下若干个桃子，当即吃了一半，还不过瘾，又多吃了一个。第2天早上又将剩下的桃子吃掉一半，又多吃了一个。以后每天早上都吃了前一天剩下的一半零一个，直到第10天早上只剩下一个桃子。求第1天共摘了多少个桃子。

```
#include "stdio.h"
void main()
{
    int day,x1,x2;
    day=9;
    x2=1;
    while(day>0)
     {
         x1=(x2+1)*2;/*前一天的桃子数是后一天的桃子数加1的2倍*/
```

```
        x2=x1;
        day--;
    }
    printf("the total is %d\n",x1);
}
```

输出结果为：

```
The total is 1534
```

【程序分析】本例题采用逆向思维，从后向前推很容易就解决了问题。因为前一天的桃子数是后一天的桃子数加1的2倍。第10天的桃子只有1个，那么第9天的桃子数就是（1+1）×2个。知道了第9天的桃子数，就可以算出第8天的桃子数（t9+1）*2个（t9表示第9天所拥有的桃子数，递推公式为ti=(ti+1+1）*2)，以此类推，就可以推算出第1天的桃子个数。在编程中我们有时需要变换思维方式，不能老用定式思维，这样就可避免进入某种误区。以上解法的要点在于逆推还原。

关于while的用法有以下几点值得注意：

1）while后面的表达式可以是任何类型的表达式，结果要么是非0，要么是0，语句可以是用花括号括起的复合语句。

2）应该对循环控制变量进行初始化，比如sum=0，否则执行的结果将毫无意义。

3）如果表达式的值一开始就是假，即为0，则循环体一次也不执行，直接执行while语句的下一条语句。

4）在循环体里应该改变循环控制变量的值，使得循环可以趋于结束。

5）对于sum=sum+i，应注意“=”为赋值运算符而非数学上的等号，要区别赋值运算符左右两边sum代表的当前值。

5.3 do-while语句

do-while语句的一般形式如下：

```
do
{
  循环体语句;
}while(测试表达式);
```

do-while语句的执行过程是：先执行循环体，然后判断表达式的值，若表达式的值为真，则再次执行循环体，如此反复，直到表达式的值为假时才退出循环。

do-while语句的控制流程图如图5-2所示。

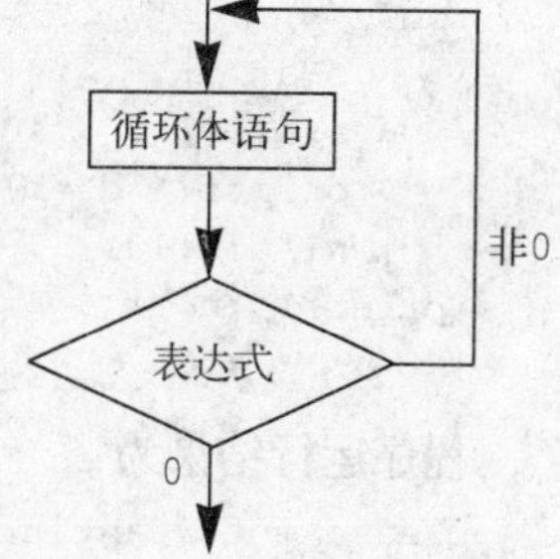

图5-2 do-while语句的控制流程图

使用do-while语句应注意以下几个问题：

1）do-while语句的特点是“先执行，后判断”。因此，无论一开始表达式的值为真还是假，循环体至少被执行一次。

2）若do-while语句的循环体部分由多个语句组成，必须用花括号括起来，使其形成复合语句。

3）C语言中的do-while语句是在表达式的值为真时重复执行循环体的，这一点同别的语言中的类似语句有区别，在程序设计中应引起注意。

4）do-while和while语句相互替换时，要注意修改循环控制条件。

5）在if语句、while语句中，表达式后面都不加分号，而在do-while语句中，表达式后面一定要加分号。

【例5-4】用do-while语句求 $\sum_{n=1}^{100} n$ 。

```
#include "stdio.h"
main()
{
    int i,sum;
    i=1;
    sum=0;
    do
    {
        sum+=i;
        i++;
    }while(i<=100);  /*满足条件,则继续循环,进行累加操作*/
    printf("%d\n",sum);
}
```

程序的运行结果为：

```
5050
```

可以看到，对同一个问题，既可以用while语句，也可以用do-while语句进行编程。它们的效果是一样的，同时，while语句和do-while语句也可以相互转换。

一般情况下，无论是用while语句还是用do-while语句，都可以达到同样的目的。但是，这两种循环语句还是有区别的。while语句是先判断条件，如果条件为真的话，再执行循环体语句，如果条件一开始就是假的，则while语句不会执行循环体内的语句。而do-while语句是先执行循环体，再进行判断，也就是说，不管一开始的条件的真假，循环体至少应被执行一次。

【例5-5】从键盘输入一个整数，在屏幕上将其逆序输出。例如输入8743，输出3478。

```
#include "stdio.h"
void main()
{
 int a,b;
 printf("please enter an integer:\n");
 scanf("%d",&a);
 do{
    b=a%10;
    a=a/10;
    printf("%d",b);
   }while(a!=0);
 printf("\n");
}
```

程序运行结果为：

```
please enter an integer:
1234
4321
```

【例5-6】while语句与do-while语句的比较。

程序1：

```
#include "stdio.h"
main()
{
    int i,sum;
    sum=0;
```

```
    scanf("%d",&i);
    do
    {
        sum+=i;
        i++;
    }while(i<=10);
    printf("sum=%d\n",sum);
}
```

程序2：

```
#include "stdio.h"
main()
{
    int i,sum;
    sum=0;
    scanf("%d",&i);
    while(i<=10)
    {
        sum+=i;
        i++;
    }
    printf("sum=%d\n",sum);
}
```

对于程序1和程序2，如果循环体都被执行的话，那么它们的结果是一样的。例如，我们在两个程序中都输入：

```
1
```

则程序1和程序2都会输出：

```
sum=55
```

但是，当我们输入：

```
11
```

程序1的输出为：

```
sum=11
```

而程序2的输出为：

```
sum=0
```

我们看到两个程序的输出不一致，原因就在于：对于程序1，循环体被执行了一次，即sum+=i;，从而使sum的值加上了i的值。而对于程序2，循环体没有被执行，sum的值仍然是0。

【例5-7】查找一个最小整数，要求该整数满足以下条件：被3除余2，被5除余3，被7除余4。

程序1：

```
#include "stdio.h"
void main()
{
   int i=2;
   do i++;
   while(!(i%3==2&&i%5==3&&i%7==4));
   printf("被3除余2,被5除余3,被7除余4的最小整数是%d\n",i);
}
```

运行程序的结果为：

```
被3除余2，被5除余3，被7除余4的最小整数是53
```

程序2：

```
#include "stdio.h"
void main()
{
 int i=2;
 do i=i+3; while(i%5!=3);
 printf("被3除余2,被5除余3的最小整数是: %d\n",i);
 while (i%7!=4)i=i+15;
 printf("被3除余2,被5除余3,被7除余4的最小整数是%d\n",i);
}
```

运行程序的结果为：

```
被3除余2，被5除余3的最小整数是8
被3除余2，被5除余3，被7除余4的最小整数是53
```

【程序分析】：程序1是最直观的解法，即穷举法，让变量从初值2开始，测试解的条件是否满足，不满足的情况下，重复让变量加1，直至变量的值满足条件结束循环。程序2采用分阶段的方法，先让变量在保证满足被3除余2的情况下，查找被5除余3的解；接着在保证被3除余2、被5除余3的情况下，查找被7除余4的解。这样做能够提高解题速度。

采用分阶段解题是程序设计中经常用的方法。虽然在本例中并未显示出其优势，但对于较复杂的问题来说，通常很难直接求解，这时就要将求解的过程分成多个阶段，每一个阶段完成一部分要求，后续阶段在前一阶段所得结果的基础上进一步查找，最后找到符合要求的解。作为一名合格的程序员，我们应该学会这种程序设计的思想。

5.4 for语句

C语言中的for语句最为灵活、紧凑，使用也最多，它可以用于循环次数已知的情况，也可以使用表达式控制循环，它可以代替while语句，是一种比while循环功能更强的循环语句。

for语句的一般形式如下：

```
for(表达式1;表达式2;表达式3)
循环体语句;
```

其执行过程是：

1）首先求解表达式1。

2）然后求解表达式2，若值为真，则执行循环体中的语句，然后执行第3步；若为假，则结束循环，转至第5步。

3）求解表达式3。

4）转至第2步重复执行。

5）执行for循环语句的下一个语句，即退出for循环。

for语句的控制流程图如图5-3所示。

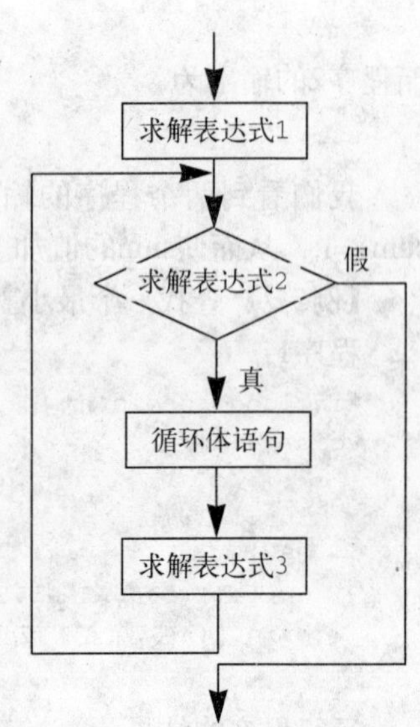

图5-3 for语句的控制流程图

for语句的功能可用while语句实现：

```
表达式1;
while(表达式2)
{
    循环体语句
    表达式3;
}
```

我们可以看出，for循环可以用下面的形式描述：

```
for（循环变量赋初值；循环条件；循环变量增值） 循环语句
```

例如：

```
for(i=1,sum=0;i<=50;i++) sum+=i;
```

它相当于下面的语句：

```
sum=0;
i=1;
while(i<=50)
{
   sum+=i;
   i++;
}
```

使用for语句时，需要注意以下几个问题：

1）for语句的任何一个表达式都可以省略，但是其中的分号一定要保留。如果省略了表达式1，此时应在for语句之前给循环变量赋初值。如果省略了表达式2，那么循环条件总是真，相当于无限循环，例如：

```
for(i=1; ;i++)sum+=i;
```

它相当于下面的语句：

```
i=1;
while(1)
{
    sum+=i;
    i++;
}
```

这时应该在循环体的内部设置语句来结束循环。如果省略了表达式3，则应在循环体中设置变量的增值。例如：

```
for(i=0;i<=100;)
{
  sum+=i;
  i++;
}
```

2）for语句中的表达式1和表达式3，既可以是一个简单表达式，也可以由逗号运算符将多个表达式连接起来，例如：

```
for(i=0,sum=0;i<=100;i++,i++)
sum+=i;
```

逗号表达式内按自左向右的顺序求解，整个逗号表达式的值为其中最右边的表达式的值，所以上式等价于：

```
for(i=0,sum=0;i<=100;i=i+2)
sum+=i;
```

3）表达式2一般是关系表达式或者逻辑表达式，但是也可以是数值表达式或者字符表达式，只要其值为非0，就执行循环体。例如：

```
for(i=0;(ch=getchar())! ='\n';i+=c)
;
```

注意此循环体为空语句，把本来要在循环体内处理的内容放在表达式3中，效果是一样的，但是这种方式因为可读性差而不宜采用。

【例5-8】计算1至50中是7的倍数的数值的和。

```
#include "stdio.h"
main()
{
    int i,sum;
    sum=0;
    for(i=1;i<=50;i++)
      if(!(i%7)) sum+=i;
    printf("sum=%d\n",sum);
}
```

运行结果为：

```
sum=196
```

【例5-9】编写程序，实现输入n个整数，输出最大的数并输出是第几个数。

```
#include "stdio.h"
void main()
{
    int i,num,n,max,index;
    printf("请输入n的值：");
    scanf("%d",&n);
    for(i=1;i<=n;i++)
    {   printf("请输入第%d个整数：",i);
        scanf("%d",&num);
        if(n==1)
        {
            max=num;index=1;
            continue;/*回到循环的判断表达式,继续运行*/
        }
        if(num>max)
        {
            max=num;index=i;
        }
    }
    printf("最大的数是%d,它是第%d个数\n",max,index);
}
```

运行程序：

```
请输入n的值：5
请输入第1个数：4
请输入第2个数：3
请输入第3个数：7
请输入第4个数：9
请输入第5个数：2
最大的数是9,它是第4个数
```

【例5-10】循环打印随机数。

```
#include "stdio.h"
#include "time.h"
#include "stdlib.h"
void main()
{
   int i,j;
   srand((int)time(0));
   for(i=0;i<10;i++)
   {
    j=1+(int)(10.0*rand()/(RAND_MAX+1.0));
```

```
        printf(" %d ",j);
    }
}
```

运行程序：

```
2 3 4 9 6 7 8 4 10 8
```

再次运行程序：

```
2 3 2 1 7 3 2 2 4 10
```

【例5-11】一个球从100米高度自由落下，每次落地后反弹回原高度的一半，再落下。求它在第10次落地时，共弹跳多少米？第10次反弹多高？

```
#include "stdio.h"
void main()
{
    float sn=100.0,hn=sn/2;
    int n;
    for(n=2;n<=10;n++)
      {
       sn=sn+hn*2;/*第n次落下共弹跳的米数*/
       hn=hn/2;    /*第n次落下弹起的高度*/
      }
    printf("the total of road is %f\n",sn);
    printf("the tenth is %f meter\n",hn);
}
```

在VC中运行此程序，输出结果为：

```
the total of road is 299.609375
the tenth is 0.097656 meter
```

【程序分析】读者利用画图的方法分析本例题将一目了然。程序中有一个for循环，for循环执行的时间依赖于n的值，而程序执行时间很大程度上取决于for循环，所以本程序的时间复杂度为$O(n)$。

for语句的功能强大，而且还可以把循环体和一些与循环控制无关的操作也表示为表达式1或者表达式3，这样程序可以短小简洁。但是过分地利用这一点就会使for语句显得杂乱，可读性降低，所以最好不要把与循环控制无关的内容放在for语句中。

5.5 多重循环

当一个循环体又包含另一个完整的循环结构时，称为多重循环或者循环嵌套，其循环结构可以是上面三种的任意一种。例如：

1）
```
while()
   {...
    while()
      {...}
   }
```

2）
```
for(;;)
{ ...
  do
    {
      ...
    }while();
}
```

当然还有其他的组合形式，在此不一一列举。不过，在书写程序时，一定要注意对于内层循环要采用缩进的方式，以便于增加程序的可读性。循环嵌套使用时，内层循环完全包含在外层循环中，二者不能使用相同的循环变量。循环嵌套的层数没有限制，但层数太多，可读性变差。

【例5-12】输出九九表。

```
#include "stdio.h"
main()
{
    int i,j;
    for(i=1;i<10;i++)
        printf("%4d",i);
    printf("\n--------------------------------\n");
    for(i=1;i<10;i++)
        for(j=1;j<10;j++)
           printf((j==9)?"%4d\n":"%4d",i*j);
}
```

程序输出为：

```
1   2   3   4   5   6   7   8   9
-----------------------------------------
1   2   3   4   5   6   7   8   9
2   4   6   8  10  12  14  16  18
3   6   9  12  15  18  21  24  27
4   8  12  16  20  24  28  32  36
5  10  15  20  25  30  35  40  45
6  12  18  24  30  36  42  48  54
7  14  21  28  35  42  49  56  63
8  16  24  32  40  48  56  64  72
9  18  27  36  45  54  63  72  81
```

【程序分析】本程序中有两个for循环，为嵌套关系，外层循环执行n次，每次执行时内层循环又执行n次，所以本程序的时间复杂度为$O(n^2)$。程序中的最后一条输出函数中包含条件表达式，每当遇到j等于9时，将输出一个回车换行，否则不换行。

【例5-13】编写程序输出1到1000之内的完备数。完备数是特殊的自然数，它所有的真因子（即除自身之外的约数）的和，恰好等于它本身，如6=1+2+3。

```
#include "stdio.h"
int main()
{
  int i,j,sum;
    /*定义三个变量,i是被除数,j是除数,sum是记录因子的和*/
  printf("The result is ");
  for(i = 1 ; i <= 1000 ; i++)
    {                                       /*被除数的范围*/
       sum = 0 ;                            /*因子的和每次开始都为0*/
       for(j = 1 ; j < i ; j++)             /*除数的范围*/
          if(i % j == 0)                    /*求i的真因子j*/
            sum += j ;                      /*如i能被j整除,将其放入sum中*/
       if(sum == i)
            printf("%d  " , sum) ;          /*若因子的和与i相同就输出*/
    }
return 0 ;
}
```

在VC中运行此程序，输出结果为：

```
The result is 6  28  496
```

【程序分析】本程序有两个嵌套的for循环，时间复杂度为$O(n^2)$。算法的思想是穷举法，即从给定的数值范围中挨个判断寻找。

5.6 几种循环语句的比较

1）四种循环都可以用来处理同一问题，一般情况下它们可互相代替。但一般不提倡用goto型循环（goto语句与if语句构成的循环，将在5.7节介绍）。

2）while和do-while循环，都在while后面指定循环条件，在循环体中应包含使循环趋于结束的语句（如i++或i=i+1等）。

for循环可以在表达式3中包含使循环趋于结束的操作，甚至可以将循环体中的操作全部放到表达式3中。因此for语句的功能更强,凡用while循环能完成的，用for循环都能实现。

3）用while和do-while循环时，循环变量初始化的操作应在while和do-while语句之前完成。而for语句可以在表达式1中实现循环变量的初始化。

4）while循环、do-while循环和for循环，可以用break语句跳出循环，用continue语句结束本次循环。而对用goto语句和if语句构成的循环，不能用break语句和continue语句进行控制。

5.7 转移控制语句

5.7.1 break语句

在循环体语句执行过程中，除了通过测试从循环体的顶部或底部正常退出外，还可以从循环体内部直接退出来、这有时显得更为方便些。break语句通常用在循环语句和开关语句中，可用于从for、while与do-while语句中提前退出来，正如它可用于从switch语句中提前退出来一样。当break用于开关语句switch中时，可使程序跳出switch而执行switch以后的语句。break在switch中的用法已在前面4.4节介绍开关语句时碰到过，这里不再举例。break语句的一般形式为：

```
break;
```

当break语句用于do-while、for、while循环语句中时，可使程序终止循环而执行循环后面的语句，通常break语句总是与if语句联在一起，即满足条件时便跳出循环。

【例5-14】break语句的应用。

```
#include "stdio.h"
void main()
{
  int i=0; char c;
  while(1)                                /*设置循环*/
   { c='\0';                              /*变量赋初值*/
     while(c!=10&&c!=27)                  /*键盘接收字符直到按回车或Esc键*/
       {  c=getchar();
          printf("%c\n", c);
          i++;
          printf("i=%d\n",i);             /*最后一次循环会产生一个空行*/
       }
    printf("c=%d\n",c);
    if(c==10)
       break;                             /*判断若按Esc键则退出循环*/
   }
```

```
  printf("The No. is %d\n", i);
  printf("The end!\n");
}
```

程序运行结果为：

```
hello
h
i=1
e
i=2
l
i=3
l
i=4
o
i=5

i=6
c=10
The No. is 6
The end!
```

break语句不能用于循环语句和switch语句之外的任何其他语句中。另外，在多层循环中，一个break语句只向外跳一层。

5.7.2 continue语句

continue语句与break语句相关，但较少用到。continue语句只能用在循环中。break是跳出循环体，从而使程序执行循环体以后的下条语句；而continue语句是结束本次循环，即跳过循环体中下面尚未执行的语句，接着进行下一次是否执行循环的判断。形象地说，continue是将它后面的循环体部分“短路”。

其一般形式为：

```
continue;
```

例如，下面这个程序段用于处理数组a中的非负元素。如果某个元素的值为负，那么跳过不处理。

```
for (i=0;i<n;i++)
{
    if(a[i]<0)      /*跳过负元素*/
    continue;
...                 /*处理正元素*/
}
```

【例5-15】把100到150之间不能被3整除的数输出。

```
#include "stdio.h"
main()
{
    int n,i=0;
    for(n=100;n<=150;n++)
    {
        if(n%3==0)
           continue;
        printf("%4d",n);
        i++;
```

```
        if(i%10==0) printf("\n");/*每输出10个数换行*/
    }
}
```

当n能被3整除时，执行continue语句，结束本次循环，只有n不能被3 整除时才执行printf函数，程序输出为：

```
100  101  103  104  106  107  109  110  112  113
115  116  118  119  121  122  124  125  127  128
130  131  134  136  137  139  140  140  142  143
145 146  148  149
```

5.7.3 goto语句

goto语句为无条件转向语句，它的一般形式为：

```
goto  语句标号;
```

语句标号用标识符表示，它的命名规则与变量名相同，即由字母、数字和下划线组成，并且第一个字符必须是字母或者下划线。不能用整数来做标号。标号可以用在任何语句的前面，但要与相应的goto语句位于同一函数中。标号的作用域是整个函数。例如：

```
goto L1;
```

是合法的，而

```
goto 65;
```

是不合法的。

在结构化程序设计方法中，应尽量避免goto语句的使用，因为在结构化程序设计中，三种基本结构可以设计出各种复杂的程序，完成各种功能，goto语句不是必需的，而且，使用goto语句还会使程序无规律地跳转，使程序的可读性降低。但也不是绝对禁止使用goto语句，一般来说，有两种情况可以使用：

1）与if语句一起构成循环结构。

2）从循环中跳转到循环体外，不过在C语言中可以使用break语句和continue语句跳出本层循环和结束本次循环。

【例5-16】 if语句和goto语句构成循环，求 $\sum_{n=1}^{100} n$。

```
#include "stdio.h"
main()
{
    int i,sum;
    i=1;
    sum=0;
    loop:if(i<=100)
         {
           sum+=i;
           i++;
           goto loop;
         }
    printf("%d\n",sum);
}
```

程序运行结果为：

```
5050
```

5.8 循环结构程序设计实例

【例5-17】用公式 $\frac{\pi}{4}=1-\frac{1}{3}+\frac{1}{5}-\frac{1}{7}+\text{L}$ 近似求π的值，直到最后一项的绝对值小于10^{-6}为止。

```
#include "stdio.h"
#include "math.h"
main()
{
    int s;
    double n=1.0,t=1.0,pi=0;
    s=1;
    while(fabs(t)>=1e-6) /*控制精度,若不满足精度要求,则继续循环*/
     {
       pi+=t;
       n+=2;
       s=-s;
       t=s/n;
     }
    pi*=4;
    printf("pi=%10.6lf\n",pi);
}
```

fabs()是求绝对值的函数，运行程序，输出结果为：

```
pi=3.141591
```

【例5-18】从键盘输入一个大于2的整数n，判断n是不是素数。

```
#include "stdio.h"
#include "math.h"
main()
{
     int n,k,i,flag;
     printf("请输入一个大于2的正整数\n");
     scanf("%d",&n);
     k=sqrt(double(n+1)); /*加1是为了避免计算时出现的误差*/
     flag=1;
     for(i=2;i<=k;i++)
         if(n%i==0)
         {
             flag=0;
             break; /*如果有一个数能整除,则n不是素数,就不再循环*/
         }
     if(flag)
         printf("%d 是素数\n",n);
     else
         printf("%d 不是素数\n",n);
}
```

【程序分析】只能被1和它本身整除的数是素数。我们的算法是这样的，让n被2到 $\sqrt{n}$ 除，如果n能被2～ $\sqrt{n}$ 之间的任何一个数整除，则结束循环，n不是素数；否则，n是素数。

【例5-19】求Fibonacci数列的前40个数。Fibonacci数列的特点是，第一个和第二个数都是1，从第三个数开始，该数是前两个数之和，即

$$F_1 = 1 \qquad (n=1)$$
$$F_2 = 1 \qquad (n=2)$$
$$F_n = F_{n-1} + F_{n-2} \qquad (n\geqslant 3)$$

这是一个有趣的古典数学问题：有一对兔子，从出生后第3个月起每个月都生一对兔子，小兔子长到第3个月后每个月又生一对兔子。假设所有的兔子都不死，问每个月的兔子总数是多少？

每个月的兔子总数就对应于Fibonacci数列，也就是说F_i就对应于第i个月的兔子总数。

程序如下：

```
#include "stdio.h"
main()
{
    long int f1,f2;
    int i;
    f1=1;
    f2=1;
    for(i=1;i<=20;i++)
    {
        printf("%12ld %12ld",f1,f2);
        if(i%2==0) printf("\n");
        f1+=f2;
        f2+=f1;
    }
}
```

if语句的作用是程序输出4个数后换行，i是循环变量，当i为偶数时换行，而i每增加1，就要计算和输出两个数，因此i每隔2换一次行，相当于每输出4个数后换行。程序输出为：

```
         1            1            2            3
         5            8           13           21
        34           55           89          144
       233          377          610          987
      1597         2584         4181         6765
     10946        17711        28657        46368
     75025       121393       196418       317811
    514229       832040      1346269      2178309
   3524578      5702887      9227465     14930352
  24157817     39088169     63245986    102334155
```

本章小结

循环结构也是结构化程序设计的基本结构之一。计算机最大的优势就是不厌其烦而又快速地执行指令，所以我们可以利用循环解决许多问题。在C语言中，goto是无条件转向语句，但是由于它不符合结构化程序设计思想，所以应尽量少用。C语言中其他三种循环语句是while语句、do-while语句和for语句。它们相互之间还可以组成循环嵌套。特别要注意while语句与do-while语句的异同。在本章的最后还介绍了循环结构程序设计的实例。这些程序设计的实例，对读者学习编程很重要，读者应高度重视编程技巧的学习，并要多多练习，勤于实践。

习题

一、选择题

1. 当执行以下程序段时，下列说法正确的是（　　）。

```
x=-1;
do  { x=x*x;} while(! x);
```

A) 循环体将执行一次　　　　B) 循环体将执行两次

C) 循环体将执行无限次　　D) 系统将提示有语法错误

2. 执行以下程序后，输出的结果是（　）。

```
main()
 {
   int  y=10;
   do {y--;}  while(--y);
   printf("%d\n",y--);
  }
```

A) −1　　B) 1　　C) 8　　D) 0

3. 执行语句“for(i=1; i++<4;);”后变量i的值是（　）。

A) 3　　B) 4　　C) 5　　D) 不定

4. 有如下程序：

```
main()
{
  int i,sum;
  for(i=1;i<=3;sum++) sum+=i;
  printf("%d\n",sum);
}
```

该程序的执行结果是（　）。

A) 6　　B) 3　　C) 死循环　　D) 0

5. 下述循环的循环次数是（　）。

```
int k=2;
while(k=0)
printf("%d",k);
k--;
printf("\n");
```

A) 无限次　　B) 0次　　C) 1次　　D) 2次

6. 对于下面①②两个循环语句，（　）是正确的描述。

①while(1);

②for(; ;);

A) ①②都是无限循环　　B) ①是无限循环，②错误

C) ①循环一次，②错误　　D) ①②皆错误

7. 对于下述for循环语句，说法正确的是（　）。

```
int i,k;
for(i=0,k=-1;k=1;i++,k++)
printf("***");
```

A) 判断循环结束的条件非法　　B) 是无限循环

C) 只循环一次　　D) 一次也不循环

8. 如下程序的执行结果是（　）。

```
main()
{
  int x=23;
  do
  {
    printf("%d",x--);
  }while(!x);
}
```

A) 321　　B) 23　　C) 不输出任何内容　　D) 陷入死循环

9. 若i、j已定义为int类型，则以下程序段中内循环体的总执行次数是（　　）。

```
for(i=5;i;i--)
  for(j=0;j<4;j++)
```

A) 20　　B) 24　　C) 25　　D) 30

10. 对于下述循环语句，说法正确的是（　　）。

```
for(a=0,b=0;a<3&&b!=3;a++);
```

A) 是无限循环　　B) 循环次数不定　　C) 循环3次　　D) 循环4次

11. 下述语句执行后，变量k的值是（　　）。

```
int k=1;
while(k++<10);
```

A) 10　　B) 11　　C) 9　　D) 此为无限循环，值不定

12. 如下程序段的输出结果是（　　）。

```
main()
 {
  int n=9;
  while(n>6) {n--;printf("%d",n);}
 }
```

A) 987　　B) 876　　C) 8765　　D) 9876

13. 以下程序的输出结果是（　　）。

```
main()
{
    int   i,j,x=0;
    for (i=0,i<2;i++)
    {
      x++;
      for(j=0;j<3;j++)
      {
       if(j%2)
       continue;
       x++;
       }
      x++;
    }
   printf("x=%d\n",x);
}
```

A) x=4　　B) x=8　　C) x=6　　D) x=12

14. 下面程序的功能是将从键盘输入的一对数，由小到大排序输出，当输入一对相等数时结束循环，这时空白处应选择填写（　　）。

```
#include <stdio.h>
main()
  {
     int a,b,t;
     scanf("%d%d",&a,&b);
     while( ____________ )
      {
        if(a>b)
        {t=a;a=b;b=t;}
```

```
        printf("%d,%d\n",a,b);
        scanf("%d%d",&a,&b);
      }
}
```

A) !a=b　　B) a!=b　　C) a==b　　D) a=b

15. 循环语句“for(i=0, j=5; ++i!=--j;) printf("%d %d", i, j);”将执行（　）。

A) 6次　　B) 3次　　C) 0次　　D) 无限次

16. 下列程序段执行后s值为（　）。

```
int i=5, s=0;
do  if (i%2) continue; else s+=i; while (--i);
```

A) 15　　B) 9　　C) 6　　D) 以上均不是

17. 下列程序段执行后s值为（　）。

```
int i=1, s=0;
do { if (!(i%2)) continue;  s+=i; } while (++i<10);
```

A) 1　　B) 45　　C) 25　　D) 以上均不是

18. 设有以下程序段：

```
int x=0,s=0;
while(!x!=0) s+=++x;
printf("%d",s);
```

则下述叙述正确的是（　）。

A) 运行程序段后输出0　　B) 运行程序段后输出1

C) 程序段中的控制表达式是非法的　　D) 程序段执行无限次

19. 假定a和b为int型变量，则执行以下语句后b的值为（　）。

```
a=1; b=10;
do
{
  b-=a;
  a++;
}
while (b--<0);
```

A) 9　　B) −2　　C) −1　　D) 8

20. 在C语言中，下面的说法正确的是（　）。

A) 不能使用do-while语句构成的循环

B) do-while语句构成的循环必须用break语句才能退出

C) do-while语句构成的循环，当while语句中的表达式值为非0时结束循环

D) do-while语句构成的循环，当while语句中的表达式值为0时结束循环

21. 以下程序的输出结果是（　）。

```
#include <stdio.h>
main()
 {
 int i;
 for(i=1;i<=5;i++)
  {
  if(i%2)
   printf("*");
  else
```

```
continue;
printf("#");
}
printf("$\n");
}
```

A) *#*#*#$ B) #*#*#*$ C) *#*#$ D) #*#*$

22. 对于以下程序，若运行时从键盘上输入“3.6，2.4 ”，则输出的结果是（ ）。

```
#include <math.h>
#include <stdio.h>
main()
{
float x,y,a;
scanf("%f,%f",&x,&y);
z=x/y;
while(1)
{
if(fabs(z)>1.0)
{x=y;y=z;z=x/y;}
else
break;
}
printf("%f",y);
}
```

A) 1.500000 B) 1.600000 C) 2.000000 D) 2.400000

23. 下述程序的输出结果是（ ）。

```
#include <stdio.h>
void main()
 {
   int y=9;
   for(y=9;y>0;y--)
   {
     if(y%3==0)
     {
       printf("%d",--y);
        continue;
     }
   }
}
```

A) 741 B) 852 C) 963 D) 875421

24. 以下程序的输出结果是（ ）。

```
#include <stdio.h>
void main()
{
 int a=0,i;
 for(i=1;i<5;i++)
 {
  switch(i)
   {
     case 0:
     case 3: a+=2;
     case 1:
     case 2: a+=3;
     default: a+=5;
```

```
    }
  }
  printf("%d\n",a);
}
```

A) 31　　B) 13　　C) 10　　D) 20

25. 有以下程序段：

```
int k=0;
while(k=1)
k++;
```

则while循环执行的次数是（　　）。

A) 无限次　　B) 有语法错，不能执行
C) 一次也不执行　　D) 执行1次

26. 以下程序执行后sum的值是（　　）。

```
main()
 {
 int i,sum;
 for(i=1;i<6;i++)
    sum+=i;
 printf("%d\n",sum);
}
```

A) 15　　B) 14　　C) 不确定　　D) 0

27. 以下程序的输出结果是（　　）。

```
#include <stdio.h>
main()
{
int i=0,a=0;
while(i<20)
{
  for( ; ; )
  {
     if((i%10)==0)
       break;
     else
     i--;
  }
 i+=11;
 a+=i;
 }
printf("%d\n",a);
}
```

A) 21　　B) 32　　C) 33　　D) 11

二、填空题

1. 设有程序段：

```
int k=10;
while(k=0) k=k-1;
```

则循环体语句执行______次。

2. 要使以下程序段输出10个整数，请填入一个整数。

```
for(i=0;i<=______;printf("%d\n",i+=2));
```

3. 函数pi的功能是根据以下近似公式求π值：

$$(\pi*\pi)/6=1+1/(2*2)+1/(3*3)+...+1/(n*n)$$

现在请你在下面的函数中填空，完成求π值的功能。

```
#include "math.h"
double pi(long n)
{ double s=0.0; long i;
  for(i=1;i<=n;i++)s=s+______;
  return(sqrt(6*s));
}
```

4. 用下列for循环将大写字母逆序输出（即从Z到A），其语句应为:

```
for (i=0; i<26; i++) ________________________________________;
```

5. 用for循环打印 1 4 7 10 13 16 19 22 25，其语句应为:

```
for (i=1; i<=9; i++) printf("%3d", ___);
```

6. 用for循环打印 0 1 2 0 1 2 0 1 2，其语句应为：

```
for( i=1; i<=9; i++ ) printf("%2d", ______);
```

7. 以下循环

```
int i=0, s=0;
while (i<n) s+=i++;
```

等价于

```
int i, s;
for(______;______;______);
```

8. 以下for循环的次数是______。

```
for(x=0,y=0;(y!=123)&&(x<4);x++);
```

9. 以下程序段的循环次数为______。

```
x=-1;
do
{
x=x*x;
}while(!x);
```

10. 下面程序段的运行结果是______。

```
i=1;s=3;
do{s+=i++;
   if(s%7==0)continue;
   else ++i;
  }while(s<15);
printf("%d",i);
```

11. 下面程序的功能是计算1到10之间奇数之和及偶数之和，请填空实现此功能。

```
#include <stdio.h>
main()
{ int a, b, c, i;
  a=c=0;
  for(i=0;i<=10;i+=2)
  { a+=i;
    ________________ ;
```

```
      c+=b;
    }
    printf(" 偶数之和 =%d\n",a);
    printf(" 奇数之和 =%d\n",c-11);
}
```

12. 下面程序的功能是输出100以内能被3整除且个位数为6的所有整数，请填空实现此功能。

```
#include <stdio.h>
main()
{
  int i, j;
  for(i=0; ____________ ; i++)
  { j=i*10+6;
    if( ____________ ) continue;
    printf("%d",j);
  }
}
```

13. 下面程序段的运行结果是______。

```
i=1;a=0;s=1;
do{a=a+s*i;s=-s;i++;}while(i<=10);
printf("a=%d",a);
```

14. 下面程序的功能是用公式 $\frac{\pi^2}{6}=\frac{1}{1^2}+\frac{1}{2^2}+\frac{1}{3^2}+\text{L}\ +\frac{1}{n^2}$ 求π的近似值，直到最后一项的值小于10^{-6}为止。请填空实现此功能。

```
#include <stdio.h>
#include <math.h>
main()
{long i=1;
____________pi=0;
while(i*i<=10e+6){pi=______________;i++;}
pi=sqrt(6.0*pi);
printf("pi=%10.6f\n",pi);
}
```

15. 下面程序的功能是从键盘输入10个整数，从中找出第一个能被7整除的数。若找到，打印此数后退出循环；若未找到，打印“not exist”。请填空实现此功能。

```
#include <stdio.h>
main()
{int  i,a;
 for(i=1;i<=10;i++)
  { scanf("%d",&a);
   if( a%7= =0 )
      {printf("%d",a) ; ______;  }
   }
 if(______) printf("not exist\n");  }
```

16. 以下程序的功能是输入10个整数，求出其中的正数和。请填空实现此功能。

```
main()
{ int i;
  float sum,a;
  for(sum=0,i=1;i<=10;i++)
     {scanf("%f",&a);
            if(a>0)____________; }
  printf("sum=%f",sum);
  }
```

17. 以下程序的功能是统计正整数的各位数字中零的个数，并求各位数字中的最大者。请填空实现此功能。

```
#include <stdio.h>
main()
{ int n,count,max,t;
    count=max=0;
    scanf("%d",&n);
    do { t=n%10  ;
         if(t==0) ++count;
         else if(max<t)____________;
         n/=10;
         }while(n);
    printf("count=%d,max=%d",count,max);
 }
```

三、阅读程序题

1. 写出下列程序的输出结果。

```
main()
{
  int y=9;
  for(;y>0;y--)
  if(y%3==0)
  {
  printf("%d",--y);
  continue;
  }
}
```

2. 写出以下程序段的输出结果。

```
int a,b;
for(a=2,b=1;a<=100;a++)
{
 if(b>=20)break;
 if(b%3==1)
 {
  b+=3;
  continue;
 }
 b=-5;
}
printf("%d\n",a);
```

3. 以下程序段输出“*”的个数是多少。

```
int i,j;
i=0;j=0;
while(i++<5)
{
  j=0;
  do
  {
  printf("*");
  }while(++j<4);
}
```

4. 写出下列程序的输出结果。

```
char ch;
int s=0;
```

```
for(ch='A';ch<'Z';++ch)
if(ch%2==0)s++;
printf("%d",s);
```

5. 写出下列程序的输出结果。

```
int count = 1;
    label:
      printf("%d ", count++);

      if (count <= 10)
         goto label;
```

6. 写出下列程序的输出结果。

```
int a=0,n=3;
do {
   printf("%d ",a*2);
   a++;
   }
while (--n);
```

7. 写出下列程序段的输出结果。

```
 main()
{  int a, b;
 for(a=1;b=1;a<=100;a++)
{ if(b>=20) break;
  if(b%3==1)
  {
  b+=3; continue;
  }
b-=5;
}
printf("%d\n",a);
}
```

8. 写出下述程序的输出结果。

```
#include <stdio.h>
void main()
{
int x=3,y=6,z=0;
     while(x++!=(y-=1))
     {
     z++;
     if(y<x)
     break;
     }
     printf("x=%d,y=%d,z=%d",x,y,z);
}
```

9. 设x和y均为int型变量，写出执行下面的循环后y的值。

```
for(y=1,x=1;y<=50;y++)
{
 if(x>=10) break;
 if(x%2==1)
 {
      x+=5;
      continue;
 }
 x-=3;
```

```
}
```

10. 写出以下程序的输出结果。

```
#include <stdio.h>
void main()
{
    int i,j;
    for(i=0;i<3;i++)
    {
      for(j=4;j>=0;j--)
      {
          if((j+i)%2)
         {
          j--;
          printf("%d,",j);
          continue;
         }
        --i;
        j--;
      printf("%d,",j);
      }
    }
}
```

四、程序设计题

1. 求水仙花数。如果一个三位数的个位数、十位数和百位数的立方和等于该数自身，则称该数为水仙花数。编程求出所有的水仙花数。
2. 编写程序，求出200～300之间的满足以下条件的数：它们三位数字之积为42，三位数字的和为12。
3. 求 $\sum_{k=1}^{100} k + \sum_{k=1}^{50} k^2 + \sum_{k=1}^{10} \frac{1}{k}$。
4. 翻译密码，密码规律为每个字母用其后第四个字母代替，26个字母循环排列。例如China!译为Glmre!。
5. 输入两个自然数a、b，求它们的最大公约数与最小公倍数。
6. 输入自然数n，分解为质因数连乘形式。如：输入36，则程序输出36=2*2*3*3。
7. 求Sn=a+aa+aaa+…+aa…aa（n个a）的值，例如Sn=2+22+222+2222+22222，其值应为24 690。
8. 打印以下图案：

```
      $
    $ $ $
  $ $ $ $ $
$ $ $ $ $ $ $
  $ $ $ $ $
    $ $ $
      $
```

9. 每个苹果0.8元，第一天买2个苹果，第二天开始，每天买前一天的2倍，直至购买的苹果个数达到不超过100的最大值。编写程序求每天平均花多少钱？
10. 试编写程序，求一个整数任意次方的最后三位数。即求x^y的最后三位数，要求x、y从键盘输入。
11. 编写程序，从键盘输入6名学生的5门成绩，分别统计出每个学生的平均成绩。

12. 用迭代法求 $x=\sqrt{a}$，求平方根的迭代公式为$x_n+1=1/2(x_n+a/x_n)$。
13. 两个乒乓球队进行比赛，各出三人。甲队为A、B、C三人，乙队为X、Y、Z三人。已抽签决定比赛名单。有人向队员打听比赛的名单，A说他不和X比，C说他不和X、Z比，请编程序找出三对赛手的名单。
14. 将一张面值为100元的人民币等值换成100张5元、1元和0.5元的零钞，要求每种零钞不少于1张，问有哪几种组合？
15. 输出如图所示的菱形图案。

```
       1
      222
     33333
    4444444
   555555555
  66666666666
 7777777777777
888888888888888
 7777777777777
  66666666666
   555555555
    4444444
     33333
      222
       1
```

16. 打印a&&!(b||c)的真值表。
17. 编写一个程序，把从键盘上输入的整数，用英文将该整数的每一位数字显示出来。例如，若用户输入392，那么程序显示three nine two。
18. 输出可大可小的正方形图案，最外圈是第一层，要求每层的数字与该层的层数相同。如设N=9时，输出的图案如图所示。

```
1  1  1  1  1  1  1  1  1
1  2  2  2  2  2  2  2  1
1  2  3  3  3  3  3  2  1
1  2  3  4  4  4  3  2  1
1  2  3  4  5  4  3  2  1
1  2  3  4  4  4  3  2  1
1  2  3  3  3  3  3  2  1
1  2  2  2  2  2  2  2  1
1  1  1  1  1  1  1  1  1
```

19. 有一分数序列：2/1，3/2，5/3，8/5，13/8，21/13，…，求出这个数列的前20项之和。
20. 求1+2!+3!+…+20!的和。
21. 分别输出0到100的奇数和偶数以及它们的个数。
22. 求1到100之间的奇数之和，偶数之积。

第6章 数　　组

前面章节介绍了C语言的基本数据类型（整型、实型和字符型），为了能更简洁方便、更自然地描述较复杂的数据，C语言提供了数组。本章将讲授C语言中的构造型数据类型——数组，讲述一维数组和多维数组的定义、初始化和使用方式，以及字符串与字符数组的概念。

6.1 概述

在用计算机解决实际问题时，经常会遇到对批量数据进行处理的情况，如对一组数据进行排序、求均值，在一组数据中查找某一值，矩阵计算，表格数据处理等。例如，要输入全年级学生的成绩，然后排出名次，显然对每个学生的成绩定义一个变量是不现实的。

在C语言中，我们通常都是用数组解决需要对类型相同的批量数据进行处理的问题。由若干个类型相同的相关数据按顺序存储在一起形成的一组同类型有序数据的集合，就称为数组。如果用一个统一的名称标识这组数据，那么这个名字就称为数组名，构成数组的每一个数据项称为数组的元素，同一数组中的元素必须具有相同的数据类型，而且这组数据在内存中将占据一段连续的存储单元。

与基本类型变量的使用方法一样，数组作为带有下标的变量，也应遵循“先定义后使用”的原则，数组定义的一般形式为：

```
类型　数组名[下标1][下标2]...[下标n]
```

其中，“类型”说明数组的基本类型，即数组中每个元素的类型；“数组名”用于标识该数组；“下标”的个数表明数组的维数。例如，下标个数为1，称为一维数组；下标个数为2时，称为二维数组；依次类推，下标个数为n时，称为n维数组。在C语言中用的最多的就是一维数组和二维数组。下标的值表示所在维的数组元素的个数，定义时这个值必须是整型常量或者整型常量的表达式，在C语言中不允许用变量下标形式来对数组进行动态定义，例如：

```
int a[10];
```

是合法的定义语句，而

```
int a[n];
```

是非法的，即使在数组的定义之前用赋值语句给n赋了值，上面这条语句仍然是非法的。与其他高级语言不同的是，C语言规定数组的下标都是从0开始的。例如：

```
int a[10];
```

它定义的是一个具有10个整型元素的一维数组，第一个元素的下标为0，最后一个元素的下标为9。再如：

```
int a[3][4];
```

定义的是一个具有三行四列共12个元素的二维数组，第一个元素为a[0][0],最后一个元素为a[2][3]。a是二维数组名，int是类型名，表示a数组的每个元素均为整型变量。每个元素有两个下标，第一个方括号中的下标代表行号，称行下标，也称为第一维下标；第二个方括号中的下标代表列号，称列下标，也称为第二维下标。例如元素a[0][1]的行下标为0，列下标为1，它的位置在第0行，第1列。

C语言的二维数组在内存中是按行存放的，即元素是一行一行地存放。

6.2 一维数组的定义、初始化和引用

6.2.1 一维数组的定义

一维数组的定义方式为：

```
类型说明符 数组名[常量表达式];
```

其中，“类型说明符”表明数组中的每个数据所具有共同的数据类型。“数组名”的命名规则和变量名相同，遵循标识符命名规则。“常量表达式”的值是数组的固定长度，即数组中所包含元素的个数。例如：

```
int a[10];
```

定义数组时，需要注意以下问题：

1）表示数组长度的常量表达式，必须是正的整型常量表达式。

2）相同类型的数组、变量可以在一个类型说明符下一起说明，相互之间用逗号隔开。例如：

```
int a[10],b[4],i;
```

3）数组名后是用方括号括起来的常量表达式，不能用圆括号，例如：

```
int (10);
```

是不对的。

4）在定义数组时，需要指定数组中元素的个数，方括号中的常量表达式用来表示元素的个数，即数组长度。常量表达式中可以包括常量和符号常量，不能包含变量。也就是说，C语言不允许对数组的大小做动态定义，即数组的大小不依赖于程序运行过程中变量的值。例如，下面这样定义数组是错误的：

```
int n;
scanf("%d",&n);
int a[n];
```

6.2.2 一维数组的初始化

可以在程序运行后用赋值语句或者输入函数给数组中的元素赋值，也可以在程序运行以前就给数组赋初值，后者称为数组的初始化。

对数组元素的初始化可以用以下的方法实现：

1）在定义数组时对数组元素赋初值。例如：

```
int a[10]={0,1,2,3,4,5,6,7,8,9};
```

将数组元素的初值依次放在一对花括弧内。经过上面的定义和初始化之后。a[0]=0，a[1]=1，a[2]=2，a[3]=3，a[4]=4，a[5]=5，a[6]=6，a[7]=7，a[8]=8，a[9]=9。

2）可以只给一部分元素赋值。例如：

```
int a[10]={0,1,2,3,4};
```

定义 a 数组有10个元素，但花括弧内只提供了5个初值，这表示只给前面5个元素赋初值，后5个元素值为0。

3）如果想使一个数组中全部元素值为0，可以写成：

```
int a[10]={0,0,0,0,0,0,0,0,0,0};
```

或

```
a[10]={0};
```

不能写成

```
int a[10]=[0*10];
```

这是与FORTRAN语言不同的，不能给数组整体赋初值。

4）对全部数组元素赋初值，可以不指定数组长度。例如：

```
int a[5]={1,2,3,4,5};
```

可以写成

```
int a[]={1,2,3,4,5};
```

在第二种写法中，花括弧中有5个数，系统就会据此自动定义a数组的长度为5。但若被定义的数组长度与提供初值的个数不相同，则数组长度不能省略。例如，想定义数组长度为10，就不能省略数组长度的定义，而必须写成

```
int a[10]={1,2,3,4,5};
```

它只能初始化前5个元素，后5个元素为0。

一维数组是按下标递增的顺序连续存放的，即数组占有连续的存储空间。对于

```
int a[5];
```

它在内存中的存储形式如下所示：

a[0]	a[1]	a[2]	a[3]	a[4]

6.2.3　一维数组的引用

数组和变量一样，必须是先定义，后使用。同时C语言规定：只能逐个引用数组元素，而不能一次引用整个数组。

数组元素的引用方式如下：

```
数组名[下标表达式]
```

下标表达式可以是整型常量或者整型表达式。例如：

```
a[0]=a[5]+a[7]-a[2*3]
```

需要注意的是，C语言中的下标是从0开始的，如果数组的长度为n时，下标取值范围是0，1，...，n−1。

【例6-1】 数组元素的引用。

```
#include "stdio.h"
main()
  {
   int i,a[10];
   for(i=0;i<10;i++)
       a[i]=i;
   for(i=0;i<10;i++)
       printf("%d ",a[i]);
}
```

运行程序，输出结果为：

```
0 1 2 3 4 5 6 7 8 9
```

6.2.4 一维数组程序举例

【例6-2】从键盘输入15个数，并检查整数10是否包含在这些数据中，若是的话，它是第几个被输入的。

```
#include "stdio.h"
main()
{
    int i,flag,data[15];
    flag=0;
    printf("Input numbers: \n");
    for(i=0;i<15;i++)
        scanf("%d",&data[i]);
     for(i=0;i<15;i++)
        if(data[i]==10)
        {
            printf("10 is inputted the position %d.\n",i+1);
            flag=1;
            break;
        }
    if(!flag) printf("10 is not in numbers");
}
```

运行程序，输入以下的数据：

```
5 6 2 10 65 35 56 6 7 9 32 45 19 65 78↙
```

程序输出为：

```
10 is inputted in the position 4.
```

【例6-3】用冒泡法对10个数进行排序（关于排序见本书第12章）。

```
#include "stdio.h"
main()
{
    int i,j,n,a[11];
    printf("input 10 numbers:\n");
    for(i=1;i<11;i++)
        scanf("%d",&a[i]);
    printf("\n");
    for(j=1;j<10;j++)
        for(i=1;i<10-j+1;i++)
            if(a[i]>a[i+1])
            {n=a[i];a[i]=a[i+1];a[i+1]=n;}
    printf("the sorted numbers:\n");
    for(i=1;i<11;i++)
        printf("%d ",a[i]);
}
```

【程序分析】冒泡法排序的主要思想是，在第一趟循环中先将相邻的两个数依次进行比较，如果前一个数比后一个数大，则交换两数的位置；否则继续后面的比较。第一趟循环完毕，则最大的数就“沉”到了最下面，即确定了最大数所处的位置。在第二趟循环中，对剩余的数继续按上面的方法进行比较，当第二趟循环完毕，第二大的数则排在了最大数的上面，即确定了第二大数的位置。然后再对余下的数进行第三趟的比较，直到所有的数按照从小到大的顺序排列为止。很明显，共进行了$n-1$趟的循环，每循环一趟，就确定一个数的位置，共确定了$n-1$个数的位置，从而将n个数按从小到大的顺序排列。

分析冒泡排序的效率，容易看出，若初始序列为“正序”序列，则只需进行一趟排序，在排序过程中进行$n-1$次关键字间的比较，且不移动记录；反之，若初始序列为“逆序”序列，则需进行$n-1$趟排序，需进行 $\sum_{i=n}^{2} = n(n-1)/2$ 次比较，并做等数量级的记录移动。因此总的时间复杂度为$O(n^2)$。

我们在程序中定义数组长度为11，对a[0]不用，以符合人们的习惯。

运行程序：

```
input 10 numbers:
1 0 4 8 12 65 -76 100 -45 123↙
the sorted numbers:
-76 -45 0 1 4 8 12 65 100 123
```

【例6-4】用选择法对10个数进行排序。

```
#include "stdio.h"
void main()
{
  int a[10];
  int i,j,temp;
  printf("input 10 numbers:\n");
  for(i=0;i<10;i++)
  scanf("%d,",&a[i]);
  for(i=0;i<9;i++)
    for(j=i+1;j<10;j++)
      if(a[j]<a[i])
        { temp=a[j];
          a[j]=a[i];
          a[i]=temp;
        }
    printf("the sorted numbers:\n")
    for(i=0;i<10;i++)
        printf("%d,",a[i]);
}
```

运行程序：

```
input 10 numbers:
1,0,4,8,12,65,-76,100,-45,123↙
the sorted nnumbers:
-76 -45 0 1 4 8 12 65 100 123
```

【程序分析】选择排序的基本思想是，每一趟排序在n−i+1（i=1,2,···,n−1）个记录中选取关键字最大或最小的记录作为有序序列中第i个记录。假设需要对10个数进行排序，那么首先找出10个数里面的最小数，并和这10个数的第一个（下标0）交换位置，剩下9个数（这9个数都比刚才选出来的那个数大），再选出这9个数中最小的数，和第二个位置的数（下标1）交换，于是还剩8个数（这8个数都比刚才选出来的数大），依次类推，当还剩两个数时，选出两个数的最小者放在第9个位置（下标8），于是就只剩下一个数了。这个数已经在最后一位（下标9），不用再选择了。所以10个数排序，一共需要选择9次（n个数排序就需要选择n−1次）。可以看出，无论初始序列的顺序如何，所需关键字之间的比较次数均为n(n−1)/2。因此总的时间复杂度为$O(n^2)$。

【例6-5】编写程序，输入一个三位正整数，输出由这个数的各个数位组成的最大数和最小数。如：输入769，输出最大数976，最小数679。

```
#include "stdio.h"
```

```
void main()
{
  int x,max,min,a[3], int temp,i,j;
  printf("please enter a num:");
  scanf("%d",&x);
  printf("x=%d\n",x);
  a[0]=x/100;
  a[1]=(x-a[0]*100)/10;
  a[2]=x-a[0]*100-a[1]*10;
  printf("%d,%d,%d\n",a[0],a[1],a[2]);
  for(i=0;i<2;i++) /*对三位数字进行从大到小的排序*/
     for(j=1;j<=2-i;j++)
       if(a[j]>a[j-1])
       {
            temp=a[j];
            a[j]=a[j-1];
            a[j-1]=temp;
       }
  printf("%d,%d,%d\n",a[0],a[1],a[2]);
  max=a[0]*100+a[1]*10+a[2];/*构造最大数*/
  min=a[2]*100+a[1]*10+a[0];/*构造最小数*/
  printf("max=%d,min=%d\n",max,min);
}
```

运行程序：

```
please enter a num:563
5,6,3
6,5,3
max=653,min=356
```

【例6-6】 编写程序，打印杨辉三角形。

所谓杨辉三角形就是二次项的系数。

```
1
1  1
1  2  1
1  3  3  1
1  4  6  4  1
⋮
```

编一个程序来求解它们，并以上面的形式输出。杨辉三角形的头一行是容易生成的，只需简单地赋值就可以了。那么对于任意一行呢？我们可以看到，第一列和最后一列总是1，而其他数是上面一行中本列和前一列元素之和，例如，对于行

```
1  4  6  4  1
```

其中

```
4=3+1
6=3+3
4=1+3
```

这样我们可以利用一个数组，每次倒着生成数组中的各元素，如

```
yanghui[4]= yanghui[4]+ yanghui[3]
yanghui[3]= yanghui[3]+ yanghui[2]
yanghui[2]= yanghui[2]+ yanghui[1]
```

程序代码如下：

```
#include "stdio.h"
#define LASTROW 10
void main()
{
  int yanghui[LASTROW+1],row,col;
  yanghui[0]=1;
  printf("%4d\n",yanghui[0]);
  for(row=1;row<=LASTROW;row++)
    {
      yanghui[row]=1;
      for(col=row-1;col>0;col--)
        yanghui[col]=yanghui[col]+yanghui[col-1];
      for(col=0;col<=row;col++)
        printf("%4d",yanghui[col]);
      printf("\n");
    }
}
```

运行结果如下：

```
1
1   1
1   2   1
1   3   3   1
1   4   6   4   1
1   5  10  10   5   1
1   6  15  20  15   6   1
1   7  21  35  35  21   7   1
1   8  28  56  70  56  28   8   1
1   9  36  84 126 126  84  36   9   1
1  10  45 120 210 252 210 120  45  10   1
```

【例6-7】求出斐波那契数列的前20项存入数组中，并按每行5个输出。

```
#include "stdio.h"
void main()
{
  int i,a[20];
  a[0]=a[1]=1;
  for(i=2;i<20;i++)
    a[i]=a[i-1]+a[i-2];
  for(i=0;i<20;i++)
    { printf("%-6d",a[i]);
      if((i+1)%5==0) printf("\n");
    }
}
```

运行程序：

```
1     1     2     3     5
8     13    21    34    55
89    144   233   377   610
987   1597  2584  4181  6765
```

【例6-8】从一个数组中找出出现次数最多的元素及出现的次数。

```
#include "stdio.h"
#define N 20
void main()
```

```
{
  int i,j,count,n,a[N],index;
  for(i=0;i<N;i++)
  scanf("%d",&a[i]);
  n=1;index=0;
  for(i=0;i<N;i++)
  {
     count=1;
     for(j=i+1;j<N;j++)
       if(a[i]==a[j])
          count++;
       if(count>n)
         {n=count;index=i;} /*记录重复出现的数字的次数及所在位置*/
  }
  printf("n=%d\n",n);
  printf("出现次数最多的数字是%d",a[index]);
}
```

运行程序：

```
1 2 7 1 6 3 11 2 6 8 6 9 8 10 12 20 16 12 9 7↙
n=3
出现次数最多的数字是6
```

6.3 二维数组的定义、初始化和引用

6.3.1 二维数组的定义

二维数组定义的一般形式为：

```
类型说明符 数组名[常量表达式][常量表达式]
```

例如：

```
int a[3][2];
```

上面的定义表示数组a是一个3行2列的数组，共有6个元素，每个元素都是int型。注意不要写成如下形式：

```
int[3,2];
```

C语言对二维数组的定义方式，使我们可以把二维数组看做是一种特殊的一维数组：它的元素又是一个一维数组。例如，我们可以把数组a看做是一个一维数组，它有3个元素：a[0]、a[1]、a[2]，而每个元素又是包含2个元素的一维数组，如图6-1所示。因此可以把a[0]、a[1]、a[2]看做是三个一维数组的名字。上面定义的二维数组就可理解为定义了三个一维数组，即相当于：

```
int a[0][2],a[1][2],a[2][2];
```

```
    ┌ a[0]——a[0][0]  a[0][1]
  a ┤ a[1]——a[1][0]  a[1][1]
    └ a[2]——a[2][0]  a[2][1]
```

图6-1 二维数组a[3][2]

C语言这种处理方法在数组初始化和用指针表示时显得特别方便，这一点我们在以后的学习过程中可进一步体会到。

C语言中，二维数组的元素是按行存放的，即在内存中先顺序地存放第一行的元素，然后再存放第二行的元素。

如此类推，我们不难掌握多维数组的定义及存放顺序。简单地讲，多维数组存放时，各元素仍然是连续的，而且是按行存放。

6.3.2 二维数组的初始化

可以用下面的方法对二维数组初始化：

1）分行给二维数组赋初值。如：

```
int a[3][4]={{1,2,3,4},{5,6,7,8},{9,10,11,12}};
```

这种赋初值方法比较直观，把第1个花括弧内的数据赋给第1行的元素，第2个花括弧内的数据赋给第2行的元素……即按行赋初值。

2）可以将所有数据写在一个花括弧内，按数组排列的顺序对各元素赋初值。如：

```
int a[3][4]={1,2,3,4,5,6,7,8,9,10,11,12};
```

这种方式效果与前面相同，但以第1种方法为好，一行对一行，界限清楚。用第2种方法如果数据多，写成一大片，容易遗漏，也不易检查。

3）可以对部分元素赋初值。如：

```
int a[3][4]={{1},{5},{9}};
```

它的作用是只对各行第1列的元素赋初值，其余元素值自动为0。赋初值后数组各元素为：

$$\begin{bmatrix} 1 & 0 & 0 & 0 \\ 5 & 0 & 0 & 0 \\ 9 & 0 & 0 & 0 \end{bmatrix}$$

也可以对各行中的某些元素赋初值，例如：

```
int[3][4]={{1},{0,6},{0,0,11}};
```

初始化后的数组元素如下：

$$\begin{bmatrix} 1 & 0 & 0 & 0 \\ 0 & 6 & 0 & 0 \\ 0 & 0 & 11 & 0 \end{bmatrix}$$

这种方法对非0元素少时比较方便，不必将所有的0都写出来，只需输入少量数据。也可以对某几行元素赋初值，如：

```
int a[3][4]={{1},{5,6}};
```

数组元素为：

$$\begin{bmatrix} 1 & 0 & 0 & 0 \\ 5 & 6 & 0 & 0 \\ 0 & 0 & 0 & 0 \end{bmatrix}$$

第三行不赋初值。

也可以对第二行不赋初值，如：

```
Int a[3][4]={{1},{},{9}};
```

数组元素为：

$$\begin{bmatrix} 1 & 0 & 0 & 0 \\ 0 & 0 & 0 & 0 \\ 9 & 0 & 0 & 0 \end{bmatrix}$$

4）如果对全部元素都赋初值（即提供全部初始数据），则定义数组时对第一维的长度可以不指定，但第二维的长度不能省。如：

```
int a[3][4]={1,2,3,4,5,6,7,8,9,10,11,12};
```

与下面的定义等价：

```
int a[][4]={1,2,3,4,5,6,7,8,9,10,11,12};
```

系统会根据数据总个数分配存储空间，一共12个数据。每行4列，所以可确定为3行。在定义时也可以只对部分元素赋初值而省略第一维的长度，但应分行赋初值。如：

```
int a[][4]={{0,0,3},{},{0,10}};
```

这样的写法能通知编译系统，数组共三行，数组元素为：

$$\begin{bmatrix} 1 & 0 & 3 & 0 \\ 0 & 0 & 0 & 0 \\ 0 & 10 & 0 & 0 \end{bmatrix}$$

从本节的介绍中可以看到：C语言在定义数组和表示数组元素时采用a[][]这种两个方括号的方式，对数组初始化十分有用，它使概念清楚，使用方便，不易出错。

6.3.3 二维数组的引用

二维数组的引用和一维数组类似，其表现形式为：

```
数组名[下标表达式][下标表达式]
```

下标表达式可以是整型常量或者整型表达式。例如：

```
a[2][2],a[2-1][2*2-1]
```

不要写成如下形式：

```
a[2,3],a[2-1,2*2-1]
```

数组元素可以出现在表达式中，也可以被赋值，例如：

```
b[1][2]=a[2][3]/2;
```

在使用数组元素时，应注意下标值应在已定义的数组大小的范围内，常出现的错误如：

```
int a[3][2];
a[3][2]=3;
```

对于数组a，它可用的行下标最大为2，列下标最大为1。

请读者严格区分在定义数组时用的a[3][4]和引用元素时的a[3][4]的区别。前者用a[3][4]来定义数组的维数和各维的大小，后者a[3][4]中的3和4是数组元素的下标值，a[3][4]代表行序号为3、列序号为4的元素（行序号和列序号均从0起算）。

6.3.4 二维数组程序举例

【例6-9】从键盘输入一个4×4的数组，并将每一行的最小值显示出来。

```
#include "stdio.h"
main()
{
    int a[4][4],m[4],i,j;
    printf("input numbers:\n");
    for(i=0;i<4;i++)    /*输入a[4][4]的元素*/
       for(j=0;j<4;j++)
           scanf("%d",&a[i][j]);
    for(i=0;i<4;i++)   /*求数组a的每行数据中的最小值*/
    {
```

```
        m[i]=a[i][0];
        for(j=1;j<4;j++)
            if(m[i]>a[i][j]) m[i]=a[i][j];
    }
    printf("Min is:");
    for(i=0;i<4;i++)
        printf("%d, ",m[i]);
}
```

运行结果如下：

```
input numbers:
12 3 4 6↙
0 65 9 3↙
21 34 78 9↙
5 6 23 46↙
Min is: 3,0,9,5,
```

【程序分析】程序首先把4×4的数组元素输入到数组a中，用一维数组m[4]存放a数组的每行的最小元素。假设m[0]=a[0][0]为第0行的最小元素，用m[0]与第0行的其他元素进行比较，若发现比m[0]小的元素，则用该元素代替m[0]。这样就找到了第0行的最小值，并存放在m[0]中。m[1]、m[2]和m[3]的求法与m[0]类似。最后输出一维数组m[4]的值，即二维数组a的每行的最小值。

【例6-10】将一个二维数组行和列元素互换，存到另一个数组中。例如，数组a的行、列元素互换后变为数组b：

$$a=\begin{bmatrix}1 & 2 & 3\\4 & 5 & 6\end{bmatrix},\quad b=\begin{bmatrix}1 & 4\\2 & 5\\3 & 6\end{bmatrix}$$

```
#include "stdio.h"
main()
{
    int a[2][3]={{1,2,3},{4,5,6}};
    int b[3][2],i,j;
    printf("array a:\n");
    for(i=0;i<2;i++)
    {
        for(j=0;j<3;j++)
        {
            printf("%5d",a[i][j]);
            b[j][i]=a[i][j];
        }
            printf("\n");
    }
        printf("array b:\n");
        for(i=0;i<3;i++)
        {
            for(j=0;j<2;j++)
                printf("%5d",b[i][j]);
            printf("\n");
        }
}
```

运行结果如下：

```
array a:
1  2  3
```

```
4  5  6
array b:
1  4
2  5
3  6
```

【程序分析】程序的思想比较简单，即把矩阵中的元素所处的位置（行，列）置换成（列，行）位置。具体编程时，把源矩阵说明为a[2][3],目标矩阵说明为b[3][2]。采用双重循环，对矩阵中的每个元素执行赋值语句“b[j][i]=a[i][j];”，最后按行输出数组b[3][2]即可。

【例6-11】某学习小组有4名同学，学习了5门课程，求每个同学的平均分和每门课程的平均分。

```
#include "stdio.h"
void main()
{
  float a[5][6];
  float rsum[5],csum[5];/*rsum,csum分别表示行和与列和*/
  int i,j;
  for(i=0;i<4;i++)      /*输入成绩表*/
    for(j=0;j<5;j++)
      scanf("%f",&a[i][j]);
  for(i=0;i<4;i++)        /*求行平均数,即每个同学的平均分*/
    {
      rsum[i]=a[i][0];
      for(j=1;j<5;j++)
        rsum[i]=rsum[i]+a[i][j];
      a[i][5]=rsum[i]/5;
    }
  for(j=0;j<5;j++)     /*求列平均数,即每门课程的平均分*/
    {
    csum[j]=a[0][j];
    for(i=1;i<4;i++)
       csum[j]=csum[j]+a[i][j];
    a[4][j]=csum[j]/4;
   }
  a[4][5]=0;      /*把右下角没有用到的元素赋值0*/
  for(i=0;i<5;i++) /*打印数组*/
   {
      for(j=0;j<6;j++)
        printf("%f ",a[i][j]);
      printf("\n");
   }
}
```

运行程序时，输入

```
78.5 80 83 85 82
80 83 89.5 87 86
72 76 83 92.5 80
75 85.5 87 88.5 86
```

则输出：

```
78.500000 80.000000 83.000000 85.000000 82.000000 81.699997
80.000000 83.000000 89.500000 87.000000 86.000000 85.099998
72.000000 76.000000 83.000000 92.500000 80.000000 80.699997
75.000000 86.500000 87.000000 88.500000 86.000000 84.400002
76.375000 81.125000 85.625000 88.250000 83.500000 0.00000
```

【程序分析】定义一个二维数组a[5][6]（最后一行和最后一列存放平均数）；为数组赋值；求行平均数（即每个学生的平均成绩），把平均数存入a[i][5]中（i=0，1，2，3）；求列平均数（即每门课的平均成绩），把平均数存入a[4][j]中（j=0，1，2，3，4）；输出整个数组（由于a[4][5]没有用到，所以赋值0，否则系统会输出随机数）。

6.4 字符数组

字符数组就是类型为char的数组，它用来存放字符型数据，其中一个元素存放一个字符。

6.4.1 字符数组的定义

字符数组的定义与前面介绍的数组的定义类似，形式如下：

```
char 数组名[常量表达式];
```

例如：

```
char c[6];
```

定义c为字符数组，包含6个元素。字符数组的赋值方法和一般的数组是一样的。例如：

```
c[0]='i';c[1]='l';c[2]='a';c[3]='m';c[4]='y';c[5]='h';
```

该数组在内存中的状态如下所示：

i	l	a	m	y	h

需要说明的是，由于字符型与整型是互相通用的，故字符数组的处理基本上是与整型数组相通的，只不过每个元素的值都是小于255的整数而已。所以可以用整型数组来存放字符型数组，因此上面的定义可以改成：

```
int c[6];
```

6.4.2 字符数组的初始化

对数组的初始化，最容易理解的方式就是逐个字符赋给数组中各元素。例如：

```
char c[6]={'i','l','a','m','y','h'};
```

把6个字符分别赋给c[0]到c[5]6个元素。

如果在定义字符数组时不进行初始化，则数组中各元素的值是不可预料的。如果花括弧中提供的初值个数（即字符个数）大于数组长度，则按语法错误处理。如果初值个数小于数组长度，则只将这些字符赋给数组中前面那些元素，其余的元素自动定为空字符（'\0'）。例如：

```
char c[6]={'i','l','a','m','y'};
```

该数组在内存中的状态如下所示：

i	l	a	m	y	\0

如果提供的初值个数与预定的数组长度相同，在定义时可以省略数组长度，系统会自动根据初值个数确定数组长度。例如：

```
char c[]={'i','l','a','m','y','h'};
```

用这种方式可以不必人工去数字符的个数，尤其在赋初值的字符个数较多时，比较方便。

也可以定义和初始化一个二维字符数组，例如：

```
char c[5][5]={{' ',' ','*'},{' ','*',' ','*'},{'*',' ',' ',' ','*'},{' ','*',' ','*'},{' ',' ','*'}};
```

6.4.3 字符数组的引用

可以引用字符数组中的一个元素，得到一个字符。

【例6-12】字符数组的引用。

```
#include "stdio.h"
main()
  {
     char c[5]={'h','e','l','l','o'};
     int i;
     for(i=0;i<5;i++)
         printf("%c",c[i]);
     printf("\n");
  }
```

程序输出结果为：

```
hello
```

【例6-13】输出一个菱形图形。

```
#include "stdio.h"
main()
  {
     char c[5][5]={{' ',' ','*'},{' ','*',' ','*'},{'*',' ',' ',' ','*'},{' ','*',
         ' ','*'},{' ',' ','*'}};
     int i,j;
     for(i=0;i<5;i++)
     { for(j=0;j<5;j++)
         printf("%c",c[i][j]);
       printf("\n");
     }
  }
```

程序输出结果为：

```
  *
 * *
*   *
 * *
  *
```

6.4.4 字符串

字符串就是由若干个有效字符构成且以字符'\0'作为结束标志的一个字符序列，字符串常量是用一对双引号括起来的一串字符，如"China"。'\0'作为字符串的结束标志一般不显式写出，C编译系统会自动在其尾部添加字符'\0'。

在C语言中，没有字符串变量，字符串是作为一维字符数组来处理的。有了结束标志'\0'，字符数组的长度就显得不那么重要了。在程序中往往依靠检测'\0'的位置来判定字符串是否结束，而不是根据数组的长度来决定字符串长度。当然在定义字符数组时应估计字符串长度，保证数组长度始终大于字符串实际的长度。

为了方便处理字符数组，C语言还允许用一个简单的字符串常量来初始化一个字符数组，而不必使用一串单个字符。例如：

```
char c[]={"string"};
```

也可以省略括号：

```
char c[]="string";
```

不是用单个字符作为初值，而是用一个字符串作为初值。显然，这种方法直观、方便、符合人们的习惯。数组c的长度不是6，而是7，这点请注意。因为字符串常量的最后由系统加上了一个'\0'。

应注意字符串常量的最后由系统自动在末尾加上结束字符'\0'，如果对数组逐个元素初始化，则要显式地加上'\0'，也就是：

```
char c[]={'s','t','r','i','n','g','\0'};
```

需要说明的是，C语言并不要求所有的字符数组的最后一个字符一定是'\0'，但是为了处理上的方便，往往需要以'\0'作为字符串的结尾。同时C语言库函数中有许多字符串处理函数，一般都要求所处理的字符串必须以'\0'结尾，否则会出现错误。

6.4.5　字符数组的输入和输出

字符数组的输入和输出有两种形式：

1）采用“%c”格式符，逐个输入输出。例如：

```
printf("%c",c[2]);
```

输出结果为数组c的第3个元素。

2）采用“%s”格式符，整个字符串一次输入输出。例如：

```
printf("%s",c);
```

输出结果为string（假设有 char c[]="string"）。

使用“%s”格式输出时，应注意以下几个问题：

1）输出字符不包括结束符'\0'。

2）用“%s”格式符输出字符串时，printf函数中的输出项是字符数组名，而不是数组元素名。写成下面这样是错误的：

```
printf("%s",c[0]);
```

3）如果数组长度大于字符串实际长度，也只输出到遇'\0'即结束。如：

```
char c[10]={"China"};
printf("%s",c);
```

也只输出字符串的有效字符“China”，而不是输出10个字符。这就是用字符串结束标志的好处。

4）如果一个字符数组中包含一个以上'\0'，则遇第一个'\0'时输出就结束。

5）可以用scanf函数输入一个字符串。例如：

```
scanf("%s",c);
```

scanf函数中的输入项c是字符数组名，它应该是在使用前已被定义的。而且在使用数组名时不应加“&”（取地址运算符），因为数组名就代表数组的首地址。例如上面的语句不能写成：

```
scanf("%s",&c);
```

输入字符串时，串长度应小于已定义的字符数组的长度，因为系统在有效的字符后会自动添加字符串结束标志'\0'。

字符串的输入是以“空格”、“Tab”或者“回车”来结束输入的。通常，在利用scanf函数来同时输入多个字符串时，字符串之间以“空格”为间隔，最后按“回车”结束输入。例如语句：

```
scanf("%s%s%s",c1,c2,c3);
```

当我们输入c is fun时，其结果如图6-2所示。

c	\0		
i	s	\0	
f	u	n	\0

图6-2　输出结果

再如，对于下面的语句：

```
char str[13];
scanf("%s",str);
```

如果要输入以下的字符

```
How are you? ↙
```

实际上并不是把这12个字符加上'\0'送到数组str中，而是只将空格前的字符“How”送到str中，由于把“How”作为一个字符串来处理，因此在其后加上'\0'。

【例6-14】“%s”和“%c”格式的比较。

*程序*1：从键盘上输入“How are you?”，并在屏幕上显示。

```
#include "stdio.h"
void main()
{
   char c[12];
   int i;
   for(i=0;i<12;i++)
     scanf("%c",&c[i]);
   for(i=0;i<12;i++)
     printf("%c",c[i]);
}
```

运行程序，输入：

```
How are you?↙
```

输出结果显示：

```
How are you?
```

*程序*2：整个字符串的输入输出。

```
#include "stdio.h"
void main()
{
   char c[13];
   scanf("%s",c);
   printf("%s",c);
}
```

运行程序，输入：

```
How are you?↙
```

输出结果显示：

```
How
```

6.4.6　字符串处理函数

在C的函数库中有很多用来处理字符串的函数，这些函数大大地方便了字符串的处理。几乎所有版本的C都提供这些函数。下面介绍几种常用的字符串处理函数。

（1）gets字符串输入函数

调用形式：

```
gets(字符数组);
```

功能：从终端输入一个字符串数组，并且得到一个函数值，该函数的返回值是字符数组的起始地址。例如：

```
gets(c);
```

如果我们从键盘中输入：

```
hello↙
```

输入的字符串就会送入到字符数组c中，函数值就是字符数组c的起始地址。一般我们利用gets函数的目的就是输入一个字符串，而并不关心它的函数值。

注意：gets()函数与scanf()函数的区别，对于scanf()函数，“回车”或“空格”都是字符串结束的标志，而对于gets()函数，只有“回车”才是字符串结束的标志，“空格”是字符串的一部分。例如：

```
char c[20];
gets(c);
printf("%s",c)
```

输入数据“How are you?”，则将输出“How are you?”。

（2）puts字符串输出函数

调用形式：

```
puts(字符串);
```

功能：将一个字符串输出到终端。应当注意的是，字符串必须是以'\0'结尾的，当输出时，该字符串结束标志就转换成了'\n'，即输出后换行。

用puts输出的字符串也可以包含转义字符'\n'，即输出中进行换行。例如：

```
char c[]={"hello\nworld"};
puts(c);
```

输出为：

```
hello
world
```

注意：用puts和gets函数只能输出或输入一个字符串，不能写成

```
puts(str1,str2)
```

或

```
gets(str1,str2)
```

（3）strcmp 字符串比较函数

调用形式：

```
strcmp(字符串1,字符串2);
```

功能：将两个字符串从左到右逐个进行比较，直到出现不同字符或者遇到'\0'为止，比较的结果由数值返回。

函数值=0，则字符串1=字符串2；

函数值>0，则字符串1>字符串2；

函数值<0，则字符串1<字符串2。

例如：

```
strcmp("hello","happy");
```

字符串比较的规则与其他语言中的规则相同，即对两个字符串自左至右逐个字符相比，直

到出现不同的字符或遇到'\0'。如全部字符相同，则认为相等；若出现不相同的字符，则以第一个不相同的字符的比较结果为准。例如：

```
"A"<"B","a">"A","compare"<"computer"
```

如果参加比较的两个字符串都由英文字母组成，则有一个简单的规律：在英文字典中位置在后面的为“大”。

注意，对两个字符串比较，不能用以下形式：

```
if(str1>str2)
   printf("yes");
```

而只能用

```
if(strcmp(str1,str2)>0)
   printf("yes");
```

(4) strcpy字符串拷贝函数

调用形式：

```
strcpy(字符数组1,字符串2);
```

或者

```
strcpy(字符数组1,字符串2,n)
```

功能：将字符串2的内容拷贝到字符数组1中去。例如：

```
char str1[10]='',str2[]={"China"};
strcpy(str1,str2);
```

字符数组1必须定义得足够大，以便容纳被复制的字符串。字符数组的长度不应小于字符串2的长度。

在复制字符串时，结束标志也一同被复制到字符数组1中。

也可以用strcpy函数将字符串2前若干个字符拷贝到字符数组1中去。例如：

```
strcpy(c1,c2,3);
```

就是将c2中的前3个字符拷贝到c1中，然后再加一个'\0'。

说明：

1）“字符数组1”必须写成数组名形式（如str1），“字符串2”可以是字符数组名，也可以是一个字符串常量。例如：

```
strcpy(str1,"China");
```

的作用与前面相同。

2）如果在复制前未对str1数组赋值，则str1各字节中的内容是无法预知的，复制时将str2中的字符串和其后的'\0'一起复制到字符数组1中，取代字符数组1中的前面6个字符，最后4个字符并不一定是'\0'，而是str1中原有的最后4个字节的内容。

3）不能用赋值语句将一个字符串常量或字符数组直接给一个字符数组。如下面两行都是不合法的：

```
str1="China";
str1=str2;
```

而只能用strcpy函数将一个字符串复制到另一个字符数组中去。用赋值语句只能将一个字符赋给一个字符型变量或字符数组元素。如下面的语句是合法的：

```
char a[5],c1,c2;
c1='A';c2='B';
```

```
a[0]='C';a[1]='h';a[2]='i';a[3]='n';a[4]='a';
```

5）strcat字符串连接函数

调用形式：

```
strcat(字符数组1,字符数组2);
```

功能：将字符数组2中的字符连接到字符数组1中字符串的后面，结果放在字符数组1中，函数的返回值是字符数组1的地址。

需要注意的是，字符数组1必须足够大，以便能容纳字符数组2的所有字符。在连接时，字符数组1原来的结束标志'\0'会被删除，只是在连接后的新字符串中保留结束标志'\0'。例如：

```
char str1[30]={"People's Republic of"};
char str2[10]={"China"};
printf("%s",strcat(str1,str2));
```

输出结果为：

```
People's Republic of China
```

（6）strlen字符串长度测试函数

调用形式：

```
strlen(字符串);
```

功能：测试字符串的长度，函数的返回值为字符串的实际长度，其中不包括'\0'。也可以直接测试字符串常量的长度。例如：

```
char str[10]={"China"};
printf("%d",strlen(str));
```

输出结果不是10，也不是6，而是5。也可以直接测试字符串常量的长度，例如：

```
strlen("China");
```

（7）strlwr字符串转换函数

调用形式：

```
strlwr(字符串);
```

功能：将字符串中的大写字母转换成小写字母。

（8）strupr 字符串转换函数

调用形式：

```
strupr(字符串);
```

功能：将字符串中的小写字母转换成大写字母。

以上介绍了8种常用的字符串处理函数，应当说明的是，库函数并不是C语言的一部分，而是人们为了使用的方便编写的公共函数，每个系统提供的函数的数量、函数的功能都不尽相同，使用时最好去查一下函数手册。

6.4.7　字符数组应用举例

【例6-15】输入一行字符，统计其中有多少个单词，单词之间用空格隔开。

```
#include "stdio.h"
main()
  {
    char str[81];
    int i,num=0,word=0;
    char c;
```

```
    gets(str);
    for(i=0;(c=str[i])!='\0';i++)
        if(c==' ') word=0;
        else if (word==0)
          {
            word=1;
            num++;
          }
  printf("There are %d words in the line.\n",num);
}
```

【程序分析】程序中i作为循环变量，num用来统计单词的个数，word作为是否是单词的标志。单词的数目可以用出现的空格数目决定。如果某一个字符为空格，而且它前面的字符为非空格，则新的一个单词开始，num加1。如果当前的字符为非空格，而其前面的也是非空格，则还是原来的那个单词，num不应加1。前面字符是否是空格，可以从word中看出：若word=0，则表示前一个字符是空格；否则，则表示前一个字符为非空格。

运行程序如下：

```
I am a boy↙
There are 4 words in the line.
```

【例6-16】输入三个字符串，要求找出其中最大者。

```
#include "stdio.h"
#include "string.h"
main()
{
      char str[20],c[3][20];
      int i;
      for(i=0;i<3;i++)
          gets(c[i]);/* 输入三个字符串*/
      if(strcmp(c[0],c[1])>0)
          strcpy(str,c[0]);
          else strcpy(str,c[1]);
      if(strcmp(c[2],str)>0)
          strcpy(str,c[2]);
      printf("\nthe largest string is: %s\n",str);
}
```

运行结果如下：

```
CHINA
HOME
A CHINESE
the largest string is: HOME
```

本章小结

数组是为了方便处理相同类型的数据，把这些具有相同类型的数据组成一个“集合”。数组可以是任意维数，但在实际应用中，一维和二维数组最为普遍，我们重点介绍了这两种数组。按数组元素的类型不同，数组又可分为数值数组、字符数组、指针数组、结构型数组等各种类别。在C语言中只能逐个地使用下标变量，而不能一次引用整个数组。将数组与循环结合起来，可以有效地处理大批量的数据，大大提高了工作效率。本章介绍了C语言中如何定义和使用数组，并用实例加以阐述。

习题

一、选择题

1. 在C语言中，引用数组元素时，其数组下标的数据类型允许是（　　）。
   A) 整型常量　B) 整型表达式
   C) 整型常量或整型表达式　D) 任何类型的表达式
2. 以下对一维整型数组a的正确说明是（　　）。
   A) int a(10);　B) int n;scanf("%d",&n);int a[n];
   C) int n=10,a[n];　D) #define SIZE 10 int [SIZE];
3. 以下能对一维数组a进行正确初始化的语句是（　　）。
   A) int a[10]=(0,0,0,0,0);　B) int a [10]={};
   C) int a[]={10,12,56};　D) int a[]={'10*1'};
4. 以下对二维数组a的正确说明是（　　）。
   A) int a[3][];　B) float a (3,4);　C) double a[1][4];　D) float a(3)(4);
5. 若有说明“int a[3][4];”，则对a数组元素的正确引用是（　　）。
   A) a[2][4]　B) a[1,3]　C) a[1+1][0]　D) a(2)(1)
6. 若有说明“int a[3][4];”，则对a数组元素的非法引用是（　　）。
   A) a[0][2*1]　B) a[1][3]　C) a[4−2][0]　D、a[0][4]
7. 以下能对二维数组a进行正确初始化的语句是（　　）。
   A) int a[2][]={{1,0,1},{5,2,3}};　B) int a[][3]={{1,2,3},{4,5,6}};
   C) int a[2][4]={1,2,3},{4,5}{6}};　D) int a[][3]={{1,0,1}{},{1,1}};
8. 以下不能对二维数组a进行正确初始化的语句是（　　）。
   A) int a[2][3]={0};　B) int a[][3]={{1,2},{0}};
   C) int a[2][3]={{1,2},{3,4},{5,6}};　D) int a[][3]={1,2,3,4,5,6};
9. 若有说明“int a[3][4]={0};”，则下面正确的叙述是（　　）。
   A) 只有元素a[0][0]可得到初值0　B) 数组a中每个元素均可得到初值0
   C) 数组a中各元素都可得到初值，但不一定为0　D) 此说明语句不正确
10. 若有说明“int a[][4]={0,0};”，则下面不正确的叙述是（　　）。
    A) 数组a的每个元素都可得到初值0
    B) 二维数组a的第一维大小为1
    C) 因为二维数组a中第二维大小的值除以初值个数的商为1，故数组a的行数为1
    D) 只有元素a[0][0]和a[0][1]可得到初值0，其余元素均得不到初值0
11. 若二维数组a有m列，则计算任一元素a[i][j]在数组中位置的公式为（　　）。(假设a[0][0]位于数组的第一个位置上。)
    A) i*m+j　B) j*m+I　C) i*m+j−1　D) i*m+j+1
12. 对以下说明语句的正确理解是（　　）。

```
int a[10]={6,7,8,9,10};
```

    A) 将5个初值依次赋给a[1]至a[5]　B) 将5个初值依次赋给a[0]至a[4]
    C) 将5个初值依次赋给a[6]至a[10]　D) 因为数组长度与初值的个数不相同，所以此语句不正确
13. 若有说明“int a[][3]={1,2,3,4,5,6,7};”，则a数组第一维的大小是（　　）。
    A) 2　B) 3　C) 4　D) 无确定值

14. 定义如下变量和数组：

```
int k;
int a[3][3]={1,2,3,4,5,6,7,8,9};
```

则下面语句的输出结果是（　）。

```
for (k=0;k<3;k++)printf("%d",a[k][2-k]);
```

A) 3 5 7　　B) 3 6 9　　C) 1 5 9　　D) 1 4 7

15. 下面是对s的初始化，其中不正确的是（　）。

A) `char s[5]={"abc"};`　　B) `char s[5]={'a','b','c'};`

C) `char s[5]="";`　　D) `char s[5]="abcdef";`

16. 下面程序段的运行结果是（　）。

```
char c[5]={'a','b','\0','c','\0'};
printf("%s",c);}
```

A) 'a''b'　　B) ab　　C) ab__c　　D) ab （其中__表示空格）

17. 对两个数组a和b进行如下初始化：

```
char a[]="ABCDEF";
char b[]={'A','B','C','D','E','F'};
```

以下叙述正确的是（　）。

A) a与b数组完全相同　　B) a与b长度相同

C) a和b中都存放字符串　　D) a数组比b数组长度大

18. 有两个字符数组a、b，则以下正确的输入语句是（　）。

A) `gets(a,b);`　　B) `scanf("%s%s",a,b);`

C) `scanf("%s%s",&a,&b);`　　D) `gets("a"),gets("b");`

19. 有字符数组a[80]和b[80]，则正确的输出语句是（　）。

A) `puts(a,b);`　　B) `printf("%s,%s",a[],b[]);`

C) `putchar(a,b);`　　D) `puts(a),puts(b);`

20. 下面程序段的运行结果为（　）。

```
char a[3],b[]="China";
a=b;  printf("%s",a);
```

A) 运行后将输出China　　B) 运行后将输出Ch

C) 运行后将输出Chi　　D) 编译出错

21. 判断字符串a和b是否相等，应当使用（　）。

A) if(a= =b)　　B) if(a=b)　　C) if(strcpy(a,b))　　D) if(strcmp(a,b))

22. 判断字符串s1是否大于字符串s2，应当使用（　）。

A) if(s1>s2)　　B) if(strcmp(s1,s2))

C) if(srtcmp(s2,s1)>0)　　D) if(strcmp(s1,s2)>0)

23. 下述对C语言字符数组的描述中错误的是（　）。

A) 字符数组可以存放字符串

B) 字符数组的字符串可以整体输入、输出

C) 可以在赋值语句中通过赋值运算符“=”对字符数组整体赋值

D) 不可以用关系运算符对字符数组中的字符串进行比较

24. 以下程序段的输出结果是（　）。

```
char str[12]={'s','t','d','i','o'};
printf("%d\n",strlen(str));
```

A) 5　　B) 6　　C) 11　　D) 12

25. 若有定义“int t[3][2];”，能正确表示t数组元素地址的表达式是（　　）。

A) &t[3][2]　　B) t[3]　　C) t[1]　　D) t[2]

26. 如下程序的输出结果是（　　）。

```
main()
{ int n[5]={0,0,0},i,k=2;
   for(i=0;i<3;i++) k++;
    printf("%d\n",n[k]);
}
```

A) 不确定的值　　B) 2　　C) 1　　D) 0

27. 如下程序的输出结果是（　　）。

```
main()
{
int a[3][3]={{1,2},{3,4},{5,6}},i,j,s=0;
for(i=1;i<3;i++)
for(j=0;j<i;j++) s+=a[i][j];
printf("%d\n",s);
}
```

A) 18　　B) 14　　C) 20　　D) 21

28. 以下程序段给数组所有的元素输入数据，画线处应选择填入（　　）。

```
#include <stdio.h>
main()
{
    int a[10],i=0;
    while(i<10) scanf("%d", ______);
        ...
}
```

A) a+(i++)　　B) &a[i+1]　　C) a+i　　D) &a[i++]

29. 以下程序的输出结果是（　　）。

```
main()
{ int   y=18,i=0,j,a[8];
 do
  { a[i]=y%2;i++;
    y=y/2;
  }  while(y>1=1);
  for(j=i-1;j>=0;j--) printf("%d",a[j]);
  printf("\n");
}
```

A) 10000　　B) 10010　　C) 00110　　D) 10100

30. 运行以下程序后，如果从键盘上输入china#<回车>，则输出结果为（　　）。

```
#include "stdio.h"
main( )
{  int v1=0,v2=0;
   char ch;
    while((ch=getchar( ))!='#')
      switch(ch)
        { case 'a':
```

```
        case  'h':
        default :  v1++;
        case  '0':  v2++;
        }
printf("%d,%d\n",v1,v2);
}
```

A) 2，0　　B) 5，0　　C) 5，5　　D) 2，5

31. 如果char cc[]="12345"，执行sizeof(cc)后的返回值应为（　）。

A) 2　　B) 5　　C) 6　　D) 1

32. 对于“int i; char c, s[20];”，从输入序列123ab45efg中将123读入i；'ab'读入c；"45efg"读入s，则scanf语句应写为（　）。

A) `scanf("%da%c%s", i, c, s)`　　B) `scanf("%d%*c%c%s",&i, &c, s);`

C) `scanf("%da%c%s", &i,&c,&s)`　　D) `scanf("%d%c%c%s", &i, &c, s);`

33. 在下面的数组定义中，合法的是（　）。

A) `int a[]="string";`　　B) `int a[5]={0,1,2,3,4,5};`

C) `vhst s="string";`　　D) `char a[]={0,1,2,3,4,5};`

34. 若有定义和语句:

```
char s[10];
s="abcd";
printf("%s\n",s);
```

则结果是（以下k代表空格）（　）。

A) 输出abcd　　B) 输出a　　C) 输出abcdkkkkk　　D) 编译不通过

35. 下述对C语言字符数组的描述中错误的是（　）。

A) 字符数组可以存放字符串

B) 字符数组中的字符串可以整体输入、输出

C) 可以在赋值语句中通过赋值运算符“=”对字符数组整体赋值

D) 不可以用关系运算符对字符数组中的字符串进行比较

36. 定义如下变量和数组:

```
int i;
int x[3][3]={1,2,3,4,5,6,7,8,9};
```

则下面语句的输出结果是（　）。

```
for(i=0;i<3;i++)
    printf("%d",x[i][2-i]);
```

A) 1，5，9　　B) 1，4，7　　C) 3，5，7　　D) 3，6，9

二、填空题

1. 若输入字符串：abcde<回车>，则以下while循环体将执行______次。

```
while((ch=getchar())=='e') printf("*");
```

2. 以下程序的输出结果是______。

```
main()
{ int  arr[10],i,k = 0;
  for (i = 0;i < 10;i ++)   arr[i] = i;
  for (i = 0;i < 4;i ++)    k += arr[i] + i;
  printf ("%d\n",k);
}
```

3. 若有以下定义：

```
double w[10];
```

则数组元素下标的上限是______，下限是______。

4. 若输入3个整数3、2、1，则以下程序的输出结果是______。

```
#include "stdio.h"
   void main( )
   { int i,n,a[10]={0},t;
     scanf(%d%d%d",&n,&a[0],&a[1])
     for(i=1;i<n;i++)
     {  t=a[i--];
        t+=3*a[i];
        i++;
        if(t>=10)
         {  a[i++]=t/10;
            a[i]=t%10;
         }
        else  a[i]=t;
      }
     for(i=0;i<=n;i++)
        printf("%d",a[i]);
     printf("\n");
   }
```

三、程序填空题

1. 以下findmin返回数组s中最小元素的下标，数组中元素的个数由t传入，请填空。

```
findmin(int s[ ], int t)
{ int k, p;
  for(p=0,k=p; p<t;p++)
  if(____________) k=p ;
  return   k;
```

2. 以下fun函数的功能是将一个字符串的内容颠倒过来，请填空。

```
#include   "string.h"
void  fun ( char  str[] )
{  int  i, j, k;
   for ( i=0, j=____________; i<j; i++, ___________)
   {  k= str[i];  str[i] = str[j];   str[j] = k;  }
}
```

3. 下列程序判断字符串s是否对称，对称则返回1，否则返回0。如f("abcba")返回1，f("abab")返回0，请填空完成程序。

```
int f(char s[ ])
{
     int i=0,j=0;
     while(s[j]) j++;
     for ( j--; i<j && ________; i++, j--) ;
     return ________;
}
```

4. 下面是用二分法从数组v[n]中查找数x的函数，返回值为x所在下标（若找到）或−1（没找到），请填空。

```
binsearch(int x, int v[], int n)
```

```
{
    int low, high, mid;
    low=0;  high=n-1;
    while (low<=high)
    {
        mid = _______;
        if (x<v[mid]) high = mid -1;
        else if (x>v[mid]) low = mid +1;
        else return _______;
    }
    return -1;
}
```

5. 下列函数f(A, n, x)将正整数x插入已从小到大排序好的数组A中，数组A当前分量个数为n。例如，当A的前5个分量为（2,3,9,12,15），n=5时，调用f(A,n,10)后，n变为6，A的前6个分量为(2,3,9,10,12,15)。请填空。

```
void f(int A[], int n, int x)
{
  int t, i;
  i=n; A[n+1]=___________;
  while ((i>=0) && (___________))
  {
        t=A[i];
        A[i]=A[i+1];
        A[i+1]=t;
        i--;
  }
  n++;
}
```

6. 以下程序统计从终端输入的字符中每个大写字母的个数，num[0]统计字母A的个数，num[1]统计字母B的个数，其他依此类推，用#结束输入，请填空。

```
#include   "stdio.h"
#include   "ctype.h"
main( )
{ int  num[26] = {0}, i;
  char c;
  while (__________!= '# ')
      if ( isupper ( c ) )     num [ _____ ] += 1;
}
```

7. 以下程序统计从终端输入的字符中每个小写字母的个数，num[0]中统计字母a的个数，其他依次类推，用#号结束输入，请填空。

```
#include      "stdio.h"
#include   "ctype.h"
main()
{
   int  num[26]={0}, i;
   char  c;
   while((c=getchar())!='#')
   if(islower(c))  num[_____]+=1;
   for(i=0; i<26; i++)
   if(num[i])printf("%c : %d\n",i+'a',num[i]);
}
```

四、程序设计题

1. 编写一函数，判断N×N矩阵是否为上三角阵，所谓上三角阵，是指不含主对角线下半三角都是0的矩阵。
2. 编写一程序，将两个一维数组中的对应元素的值相减后显示出来。
3. 从键盘输入字符串a和b，并在a串中的最大的元素后面插入字符串b。
4. 已知A是一个3×4的矩阵，B是一个4×5的矩阵，编程求A×B得到的新矩阵C，并输出C。
5. 打印魔方阵，所谓魔方阵是指这样的方阵，它的每一行、每一列和对角线之和均相等。例如三阶魔方阵为

$$\begin{matrix} 8 & 1 & 6 \\ 3 & 5 & 7 \\ 4 & 9 & 2 \end{matrix}$$

   要求打印由1到n^2的自然数构成的魔方阵。
6. 找到一个二维数组中的鞍点，即该位置上的元素在该行上最大，该列上最小。也可能没有鞍点。
7. 输入一字符串，内有数字和非数字字符，如a123b456。将其中连续的数字作为一个整数，依次存放到一数组a中，例如123存放在a[0]，456存放在a[1]。
8. 输入一个字符串，将其中的数字串转换成数值送数组A。
9. 数组a包括10个整数，把a中所有的后项除以前项之商取整后存入数组b，并按每行3个元素的格式输出数组b。试编程。
10. 有一篇文章，共有3行文字，每行有80个字符。要求分别统计出其中英文大写字母、小写字母、数字、空格与其他字符的个数。
11. 使用字符数组编程判断一个字符串是否回文，回文是指一个字符串正读和反读都一样，如level等。
12. 编写程序将一个一维数组逆序输出。如输入a[5]={1,2,3,4,5}，则输出a[5]={5,4,3,2,1}。

第7章 指 针

指针是C语言中一个重要的概念，也是C语言的重要特色。指针类型是C语言的一种特殊的数据类型。正确而灵活地应用指针，可以有效地表示复杂的数据结构（例如队列、栈、链表、树、图等），能动态地分配内存，方便地使用字符串，有效而方便地使用数组，直接处理内存地址等。而且使用指针编写的程序比用其他方法效率更高，所以指针在C语言程序中用得非常多。可以说，没有指针，C语言和其他的高级语言相比就没有多少特色。

指针是C语言的精华所在，同时也是C语言的难点之一。学习指针应该充分地理解指针概念，并且多思考、多上机，在实践中掌握它。

7.1 地址与指针的概念

指针就是用来存放地址的变量。这个地址可以是变量的地址，也可以是数组、函数的起始地址，还可以是指针的地址。某个指针存放了哪个变量的地址，就可以说该指针指向了这个变量。为了便于说明，我们先介绍变量的指针。

为了真正理解什么是指针，必须弄清楚数据在内存中是怎样存放和读取的。以下简单地介绍一下个人计算机中存储器的情况。

计算机中CPU可以直接访问的、用来存储数据的记忆部件称为存储器，存储器由成千上万个顺序存储单元组成，每个单元由一个唯一的地址标识。给定计算机的存储器地址范围为从0到所安装的存储器数量的最大值。在计算机上所运行的每一个程序都要使用存储器，例如，操作系统要占据一定的存储空间，每个应用程序也要占用计算机存储空间。

如果在程序中定义了一个变量，在编译时就会给这个变量分配内存单元，系统根据程序中定义的变量类型，分配一定长度的空间。例如，一个int型变量占据的存储单元为两个字节或者4个字节，一个float型变量为4个字节，一个char型为一个字节等。变量所占据的内存单元的首地址就是变量的地址。

不要把内存单元的地址和内存单元中的内容相混淆。其实，内存单元的地址是标识某个单元在内存中的位置，而内存单元中的内容是内存单元所存放的数据。如图7-1所示，假设程序已定义了3个整型变量i、j、k，编译时系统分配2000和2001两个字节给变量i，2002和2003两个字节给j，2004和2005给k。在程序中一般是通过变量名来对内存单元进行存取操作的。其实程序经过编译以后已经将变量名转换为变量的地址，对变量值的存取是通过地址进行的。例如语句

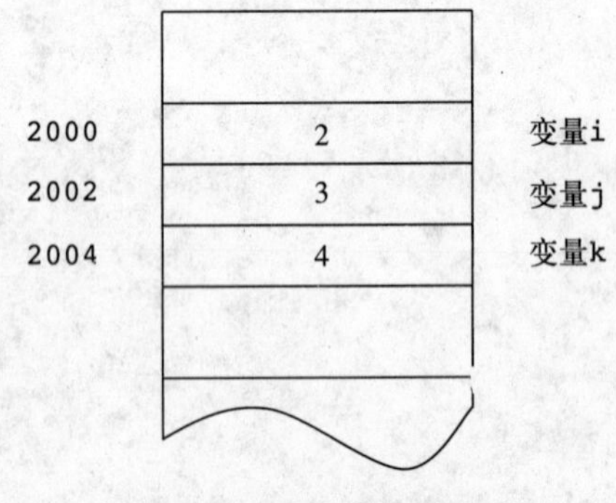

图7-1 变量的存储地址

```
printf("%d",i);
```

是这样执行的：根据变量名与地址的对应关系，找到变量i的地址2000，然后从由2000开始的两个字节中取出数据，即数值2，把它输出来。

我们把这种按变量名存取变量内容的访问方式称为直接寻址。

另外，由于通过地址能找到所需变量的单元，所以我们可以说地址就是“指向”该变量单元的。因此在C语言中，将地址形象化地称为“指针”。如果我们把2000保存在另外一个变量p中，那么这个变量p就是指针类型的，它是指向变量i的。这样，为了访问变量i，我们还可以通过先访问指针变量p获得变量i的地址，再到相应的地址中去访问变量i。这种通过指针变量来间接存取它所指向的变量的访问方式，称为间接寻址。假设我们定义了一个变量i_pointer用来存放整型变量的地址，为它分配3010、3011两个字节。可以通过下面语句将i的地址（2000）存放到i_pointer中。

```
i_pointer=&i;
```

这时，i_pointer的值就是2000，即变量i所占用单元的起始地址。要存取变量i的值，也可以采用间接方式：先找到存放i的地址的变量i_pointer，从中取出i的地址（2000），然后到2000、2001字节取出i的值（2）。

一定要注意，指针变量的值是它所指向的变量的地址，而不是该变量的值。

7.2 指针的定义与引用

7.2.1 指针的定义

如前所述，指针是一种存放地址的变量，像其他变量一样，它必须在使用前定义。指针变量的命名遵守与其他变量相同的命名规则，即必须是唯一的标识符。指针定义的格式如下：

```
类型名 *指针名;
```

其中“类型名”说明指针所指向变量的类型；星号（*）是一个指针运算符，说明指针名是一个“类型名”类型的指针而不是一个“类型名”类型的变量。指针可与非指针变量一起说明。例如：

```
char *p,ch;
```

上面的定义中，ch是一个char型的变量，而p是一个指向char型变量的指针。而定义

```
int *p1;
```

中，p1也是一个指针，它是指向int型变量的指针。虽然p、p1都是指针，它们存放的都是内存的地址，但是这并不意味着它们的类型相同。在使用中，p只能存放char类型的地址；而p1只能存放int类型的地址。既然指针变量是存放地址的，那么只需要指定其为“指针类型变量”即可，为什么还要指定类型呢？我们知道不同的数据类型在内存中占据的字节数是不同的，指针也是可以进行加1或者减1运算的，使指针加1就意味着使指针指向下一个位置，但是下一个位置并不是下一个内存中的位置，而是不同的数据类型需要移动不同的字节数，例如整型变量占两个字节，使指针加1就要让指针移动两个字节的位置。因此必须规定指针变量所指向的变量的类型。一个指针只能指向同一个类型的变量，不能忽而指向一个整型变量，忽而又指向一个字符型的变量。

星号（*）的位置可以是任意的，也就是说，星号（*）与类型名或者指针名之间可以有空格，也可以没有空格。例如下面的定义：

```
int *p;
int*p;
int  *  p;
int*  p;
```

都是合法的定义。在定义多个指针类型变量时，*不能省略。例如：

```
int*  p,i;
```

在上面的定义中，p是指向整型变量的指针；i是一整型变量，而不是指针类型，也就是说，不能把i的定义理解为“int*”类型。所以为了程序的可读性，我们在定义指针类型的变量时，一般使用上面第一种形式的定义。

指针的当前指向是使用指针时另一个需要特别注意的问题。程序员定义一个指针之后，一般要使指针有明确的指向，这一点可以通过对指针初始化或者赋值来完成。与常规的变量未赋初值相同，没有明确指向的指针不会引起编译器出错，但是对于指针可能导致无法预料或者隐藏的灾难性后果。

所以，在使用指针之前，一定要先使指针有明确的指向。那么怎样使一个指针指向另外一个变量呢？假设我们有如下的定义：

```
int i,j;
int *p1,*p2;
```

那么我们可以用下面的赋值语句使一个指针变量指向一个整型变量：

```
p1=&i;
p2=&j;
```

将变量i的地址存放到指针变量p1中，因此p1就指向了变量i。同样，将变量j的地址存放到指针变量p2中，p2就指向了j。

特别要注意的是，只有整型变量的地址才能放到指向整型变量的指针变量中去。下面的赋值是错误的：

```
float a;          /*定义a为float型变量*/
int *pointer_1;   /*定义pointer_1为类型名为int的指针变量*/
pointer_1=&a;     /*将float型变量的地址放到指向整型变量的指针变量中,错误*/
```

还有一点要注意，指针变量中只能存放地址，不能将一个整数（或任何其他非地址类型的数据）赋给一个指针变量。下面的赋值是不合法的：

```
*pointer_1=100;   /* pointer_1为指针变量,100为整数*/
```

7.2.2 指针有关的运算符

前面我们已经用到过这两个与指针有关的运算符，下面我们介绍它们。

&：取地址运算符。

*：指针运算符（或者称“间接访问”运算符）。取其指向的内容。

例如，&a为变量a的地址，*p为指针p所指向的内存单元的内容。

&运算符只能作用于变量，包括基本类型和数组的元素，不能作用于数组名和常量。例如：

```
int a[20],n;
```

表达式&n、&a[0]是合法的，&a是非法的。

单目运算符*是&的逆运算，它的操作对象是地址，*运算的结果是对象本身。单目运算符*称为间访运算符，“间访”就是通过变量的地址而不是变量名存取变量。例如有下面的语句：

```
char c;
char *pc;
pc=&c;
```

则表达式*（&c）和表达式*pc都是表示同一个字符对象c。因而下面的赋值语句：

```
*(&c)='a';
*pc='a';
c='a';
```

效果是一样的，都是将字符'a'存放在变量c中。

对于上面的定义，那么&*pc的含义是什么呢？“&”和“*”两个运算符的优先级相同，但是按自右向左方向结合，因此先进行*pc的运算，它就是变量c，再执行&运算，即变量c的地址。

(*pc）++相当于c++。注意括号是必需的，如果没有括号，就成为*pc++，而*和++是同一优先级，自右向左结合，因此相当于*（pc++)，由于++在pc的右侧，是先使用变量然后再加，因此先对pc的原值进行*运算，得到c的值，再使pc的值改变，这样pc就不再指向c了。

7.2.3 指针的引用

在定义了指针并明确了它的指向后，就可以使用指针了。

【例7-1】 通过指针变量访问整型变量。

```
#include "stdio.h"
main()
{
        int a,b;
        int *p1,*p2;
        a=10;b=20;
        p1=&a;
        p2=&b;
        printf("%d,%d\n",a,b);
        printf("%d,%d\n",*p1,*p2);
}
```

运行结果为：

```
10,20
10,20
```

【程序分析】在程序的开始分别定义了两个整型变量和两个指向整型变量的指针，定义指针时并没有明确的指向。然后给两个整型变量赋值，而指针分别指向了这两个整型变量，指针中保存的就是这两个整型变量的地址。

第1个输出函数中，使用的是变量名，就像我们以前在程序中使用的一样。第2个输出函数使用指针运算符，输出的就是该指针所指向的地址中的内容，即相应变量的值，所以它和使用变量名是一样的。

要注意的是，在程序中两次出现的*p1和*p2，它们有不同的含义。在定义中的*p1和*p2表示p1和p2是指针变量；在输出函数中的*p1和*p2则代表的是它们所指向的变量。

【例7-2】 输入a和b两个数，按大小顺序输出a和b。

```
#include "stdio.h"
main()
{
        int a,b;
        int *p1,*p2,*p;
        scanf("%d %d",&a,&b);
        p1=&a;
        p2=&b;
        if(a<b)
        {p=p1;p1=p2;p2=p;}
        printf("\na=%d,b=%d\n",a,b);
```

```
        printf("max=%d,min=%d\n",*p1,*p2);
}
```

运行结果为：

```
5  9↙
a=5,b=9
max=9,min=5
```

【程序分析】在程序中，a和b的值并没有改变，而是p1和p2的指向发生了变化，即p1指向了数值比较大的变量，p2指向了数值比较小的变量，如图7-2所示。

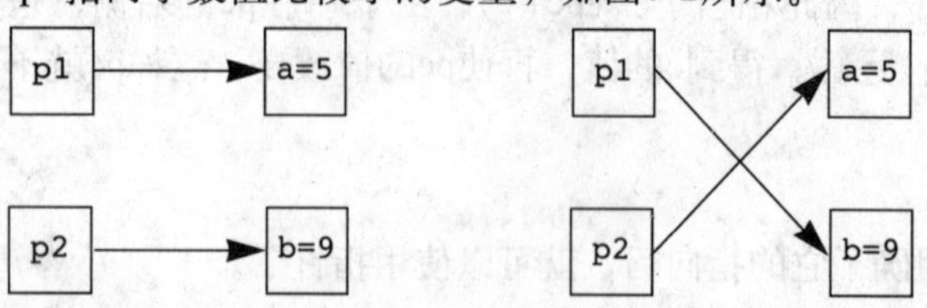

图7-2 指针与变量的关系

这样在输出*p1和*p2的时候实际上是分别输出了b和a的值。这个问题的算法是不交换整型变量的值，而是交换两个指针变量的值（即a和b的地址）。

7.3 指针与数组

一个变量在内存中有相应的地址，而数组包含多个元素，每个数组元素在内存中都占有一个内存地址，那么我们也可以定义一个指针指向这个地址。

其实，在C语言中，数组与指针有着密切的联系，在程序设计中我们完全可以用指针代替下标引用数组的元素，而且使用指针会使数组的使用更加灵活有效。

当我们定义一个数组时，编译系统会按照其类型和长度在内存中分配一块连续的存储单元。数组名成为符号常量，其值为数组在内存中所占用的单元的起始地址，也就是说数组名代表了数组的首地址。

指针是用来存放内存地址的变量，当我们定义一个指针，并且使这个指针存放数组中第一个元素的地址时，就可以说是该指针指向了这个数组，这样我们就可以通过这个指针来访问数组中的元素了。

7.3.1 指向一维数组的指针

我们首先定义一个长度为10的整型数组：

```
int a[10];
```

然后为了用指针表示a的元素，还需要定义一个指针变量：

```
int *p;
```

需要注意的是，如果数组为int类型，那么指针变量也应该是指向int类型的，也就是说指针变量的类型必须和它要指向的数组的类型相一致。然后就可以对指针赋初值：

```
p=&a[0];
```

上面的语句使指针指向了数组的第0个元素的地址，即数组的首地址。我们知道，数组名就代表数组元素的首地址，所以我们可以用下面的语句给指针变量赋初值：

```
p=a;
```

此语句与“p=&a[0];”等价。

注意在这里数组a不代表整个数组，上式的作用是“把数组a的首地址赋给指针变量p”，而不是“把数组a各个元素的值赋给p”。

当然在定义时也可以写成：

```
int *p=a;
```

我们现在看一下怎样通过指针来引用数组元素。

如果按照上面的定义，那么下面的语句

```
*p=1;
```

是什么意思呢？它就表示对p当前所指向的数组元素赋值为1。

如果数组名a的值为2000，也就是数组a在内存中的首地址为2000，当让指针p指向数组a的时候，我们就说数组a的首地址赋给了指针p，则p的值就是2000。那么p+1的的值是什么呢？按照C的规定：如果指针变量p已经指向了数组中的一个元素，则p+1指向同一数组中的下一个元素。所以p+1是数组中下一个元素的地址，而不是内存中的下一个地址，p+1的具体地址值和数组中元素的数据类型有关。例如，如果数组元素是整型，那么p+1的地址就是2002，因为整型在内存中占两个字节。系统会根据类型自动计算地址。

如果p的初值为数组的首地址，那么p+i和a+i就是a[i]的地址，它们指向数组a的第i个元素。这里需要说明的是a代表数组的首地址，a+i也是地址，它是第i+1个元素的地址。

(p+i)和(a+i)是p+i或者a+i所指向的数组元素，即a[i]。实际上，在编译时，对数组元素a[i]就是处理成*(a+i)，即按照数组首地址加上相对位移量得到要找的元素的地址，然后找出该单元的内容。

其实指向数组的指针变量也可以带下标，如p[i]与*(p+i)是等价的。

下面我们看一下数组元素的下标引用和指针引用的对应关系，假定p指向a[0]：

```
a[0]            *p              *a
a[1]            *(p+1)          *(a+1)
a[2]            *(p+2)          *(a+2)
 ⋮                ⋮                 ⋮
a[9]            *(p+9)          *(a+9)
```

数组元素的地址的对应关系如下：

```
&a[0]           p               a
&a[1]           p+1             a+1
&a[2]           p+2             a+2
 ⋮               ⋮                ⋮
&a[9]           p+9             a+9
```

当指针指向数组时，可通过数组名和指针两种方式来访问数组元素，因为指针是变量而数组名是常量，所以指针的值可以改变，而数组名的值在程序运行期间是固定不变的。这就需要特别注意指针的当前指向。如果已经指向了数组所占内存之外的地方，则一般会出现问题，这是指针使用中常出错的地方，也是指针使用最危险之处。

【例7-3】输出数组中的元素。

输出一个数组中的元素可以有三种方法：

1）下标法。

```
#include "stdio.h"
main()
{
```

```
    int a[10];
    int i;
    for(i=0;i<10;i++)
        scanf("%d",&a[i]);
    printf("\n");
    for(i=0;i<10;i++)
        printf("%d  ",a[i]);
    printf("\n");
}
```

2）通过数组名计算数组元素地址，找出元素的值。

```
#include "stdio.h"
main()
{
    int a[10];
    int i;
    for(i=0;i<10;i++)
        scanf("%d",&a[i]);
    printf("\n");
    for(i=0;i<10;i++)
        printf("%d  ",*(a+i));
    printf("\n");
}
```

3）通过指针变量找出元素的值。

```
#include "stdio.h"
main()
{
    int a[10];
    int i;
    int *p=a;
    for(i=0;i<10;i++)
        scanf("%d",&a[i]);
    printf("\n");
    for(i=0;i<10;i++)
    {
        printf("%d  ",*p);
        p++;
    }
    printf("\n");
}
```

运行结果为：

```
1 2 3 4 5 6 7 8 9 0↙
1   2   3   4   5   6   7   8   9   0
```

我们看到，这三种方法实现的效果是一样的，都输出了数组元素的值。但是它们的效率是不一样的。在程序执行时，编译系统是将a[i]转换成*(a+i)，所以第1）种方法和第2）种方法的执行效率是一样的。但是用指针变量指向元素时，不必每次都重新计算地址，像p++这样的操作是比较快的，所以第3）种方法的效率比前两种要高。但是用下标法比较直观，能直接知道是第几个元素。用地址法和指针变量的方法不太直观，很难判断出当前处理的是哪个元素，必须仔细分析变量p的指向，才能判断出当前输出的是第几个元素。

在使用指针时一定要注意不要使指针“悬空”，即不指向任何地方，也不要使指针的指向超越了数组的边界。

【例7-4】指针指向的越界。

```
#include "stdio.h"
main()
{
    int a[10];
    int i;
    int *p=a;
    for(i=0;i<10;i++)
        scanf("%d",p++);
    printf("\n");
    for(i=0;i<10;i++)
    {
        printf("%d  ",*p);
        p++;
    }
    printf("\n");
}
```

运行程序的结果如下（在不同的环境运行时结果可能与此不同）：

```
1 2 3 4 5 6 7 8 9 10↙
1245064  4199177  1  2953272  2953392  0  0  2147344384  0  0
```

上面的程序看起来是没有什么错误的，编译时也可以通过，当我们输入10个数据时，输出的却是10个不相关的数据，那么程序在什么地方出错了呢？

这个程序和上例中第3）个程序的不同之处就在于输入函数中使用的也是指针，当输入函数执行完毕后，指针实际上就是指向了数组边界之外的地方，此时它所指向的单元的内容是不确定的，所以我们得到了不正确的结果。

解决的办法就是重新对指针p赋值，使p重新指向数组的起始位置，这样运行结果就对了，程序如下：

```
#include "stdio.h"
main()
{
    int a[10];
    int i;
    int *p=a;
    for(i=0;i<10;i++)
        scanf("%d",p++);
    printf("\n");
    for(i=0,p=a;i<10;i++,p++)
        printf("%d  ",*p);
    printf("\n");
}
```

运行此程序，结果如下：

```
1 2 3 4 5 6 7 8 9 10↙
1  2  3  4  5  6  7  8  9  10
```

其实在C语言中，数组不做边界检查，指针变量p可以指向数组以后的内存单元，此时编译系统不会发生错误。假如引用数组元素a[10]，系统其实是把它按*(a+10)处理的，即先找出(a+10）的值，然后再取出此单元的内容。这样做虽然编译时不认为是非法的，但是得不到预期的结果，所以应该避免出现这样的情况。在使用指针变量指向数组元素时，应切实保证指向数组中有效的元素。

使用指针变量的运算时应十分小心，如果先使p指向数组a的首元素（p=a），请注意以下几点：

1）p++。使p指向下一元素，即a[1]。若再执行*p，则得到a[1]的值。

2）*p++。由于++和*同优先级，结合方向为自右至左，因此它等价于*(p++)。先得到*p，即a[0]，然后再使p的值加1。如例7-4中改写后的程序

```
for(i=0,p=a;i<10;i++,p++)
        printf("%d  ",*p);
```

相当于

```
for(i=0,p=a;i<10;i++,p)
        { printf("%d  ",*p);
          p++;}
```

3）*(p++)与*(++p)作用不同。前者是先取*p的值，然后使p加1。后者是先使p加1，再取*p。若p的初值为a，则*(p++)为a[0]，*(++p)为a[1]。

4）(*p)++表示p所指向的元素值加1，若p的初值为a，则(*p)++相当于a[0]++，即若a[0]=2，则(*p)++=3。注意是元素值加1，而不是指针值加1。

5）如果p指向a数组中第i个元素，则：

- (p−−)相当于a[i−−]，先对p作“*”运算，再使p自减。
- (++p)相当于a[++i]，先使p自加，再作“*”运算。
- (−−p)相当于a[−−i]，先使p自减，再作“*”运算。

将++和−−运算符用于指针变量十分方便有效，可以使指针变量自动向前或向后移动，指向下一个或上一个数组元素。例如，想输出a数组的100个元素，可以用下面的方法：

```
p=a;
while(p<a+100)
  printf("%d",*p++);
```

或

```
p=a;
while(p<a+100)
{ printf("%d",*p);p++;}
```

如果使用不当，很容易出错，读者可结合第3章自加自减运算符认真复习一下。

【例7-5】 有n个人围成一圈，顺序排号。从第一个人开始报数（从1到3报数），凡报到3的人退出圈子，问最后留下的是原来第几号。

```
#include "stdio.h"
#include"string.h"
#define nmax 50
main()
{
   int i,k,m,n,num[nmax],*p;
   printf("please input the total of numbers:");
   scanf("%d",&n); /*输入不大于50的n*/
   p=num;
   for(i=0;i<n;i++)                    /*对数组各元素赋值*/
     *(p+i)=i+1;
   i=0;
   k=0;
   m=0;
/*依次报数1,2,3,报到3的元素输出,并使之值为0,重复n-1 次*/
   while(m<n-1)
   {
      if(*(p+i)!=0) k++;
      if(k==3)
        { *(p+i)=0;
```

```
            k=0;
            m++;
        }
            i++;
            if(i==n) i=0;
        }
    while(*p==0) p++;
    printf("%d is left\n",*p);
}
```

运行程序的结果如下：

```
please input the total of numbers:50↙
11 is left
```

【程序分析】本例题是经典的约瑟夫环问题，本算法的思想是让n个人依次报数，报到3的则清零，即退出，然后下一个人继续从1开始报，报到3 的再退出，被清零的在下一次循环中直接跳过，这样一直循环下去，直到有n-1个人退出，最后剩下的则是游戏的赢家。约瑟夫环问题有多种算法，有兴趣的读者可以自己思考，提出其他的解法。

【例7-6】用指针变量的方式，从10个数中找出最大值和最小值以及它们在数组中的位置。

```
#include "stdio.h"
void  main()
{
    int a[10];
    int max,min,i,mk,nk;
    int *p1,*p2;
    mk=nk=0;
    p2=a+9;
    printf("请输入10个整数: \n");
    for(p1=a;p1<=p2;p1++)
        scanf("%d",p1);
    max=a[0];
    min=a[0];
    printf("输入的10个数为: \n");
    for(p1=a;p1<=p2;p1++)
        printf("%4d",*p1);
    for(p1=a,i=0;p1<=p2;p1++,i++)
        {  if(*p1>max)
             {max=*p1;mk=i;}
           if(*p1<min)
             {min=*p1;nk=i;}
        }
    printf("\n最大数是%d,在第%d个位置! \n",max,mk+1);
    printf("最小数是%d,在第%d个位置! \n",min,nk+1);
}
```

运行程序的结果如下：

```
请输入10个整数:
5 3 18 19 34 22 67 40 28 100↙
输入的10个数为:
   5   3  18  19  34  22  67  28 100
最大数是100,在第10个位置!
最小数是3,在第2个位置!
```

7.3.2 指向多维数组的指针

用指针变量可以指向一维数组，也可以指向多维数组。但是指向多维数组的指针要复杂得多。

其实在多维数组的问题中，我们可以将数组仅仅看做是C语言的一个构造类型，其元素可以是C语言的任何类型，包括数组本身。也就是说，数组可以作为另一个数组的数组元素。

现在以二维数组为例说明一下多维数组的指针。设有一个二维数组定义为：

```
int a[3][2]={{1,2},{3,4},{5,6}};
```

其实我们可以把数组a看做只有3个元素的一维数组，即a[0]、a[1]、a[2]，而每一个元素又是一个包含两个元素的一维数组。

数组在内存中是连续存储的，假设内存分配如图7-3所示。

数组元素	a[0][0]	a[0][1]	a[1][0]	a[1][1]	a[2][0]	a[2][1]
地址	2000	2002	2004	2006	2008	2010
元素值	1	2	3	4	5	6

图7-3 数组的内存分配

a是二维数组名，它应代表整个二维数组的首地址，也就是二维数组第0行的首地址，即2000。那么a+1就是我们把a看做一维数组时的下一个地址，即二维数组第1行的首地址，它的数值是2004。

数组a一旦有了以上的定义后，在C语言的程序中可用的与数组a有关的表示形式有很多。为了更清楚地说明，我们可以把二维数组a看做一个3行2列的形式，如图7-4所示。

2000 1	2002 2
2004 3	2006 4
2008 5	2010 6

图7-4 数组的矩阵形式

与数组a相关的地址表示形式如表7-1所示。

表7-1 数组a相关的地址

表示形式	含 义	地 址 值
&a	指向二维数组的指针	2000
a	二维数组名，第0行首地址	2000
a[0],*(a+0),*a	第0行第0列地址	2000
a+1,&a[1]	第1行首地址	2004
a[1],*(a+1)	第1行第0列元素地址	2004
a[1]+1,*(a+1)+1,&a[1][1]	第1行第1列元素地址	2006
(a[1]+1),(*(a+1)+1),a[1][1]	第1行第1列元素的值	元素值为4

说明：

1）a[0]、a[1]、a[2]既然是一维数组名，而在C语言中数组名代表数组的首地址，因此a[0]代表第0行一维数组中第0列元素的地址，即&a[0][0]，a[1]的值就是&a[1][0]，a[2]的值就是&a[2][0]。

2）既然a[0]是第0行的首地址，那么a[0]+1就是第0行第1列元素的地址了，即2002。其实这也很好理解，因为我们可以把a[0]看做是一个一维数组的首地址，那么a[0]+1自然就是这个一维数组的第2个元素的地址了。

3）我们已经知道，a[0]和*(a+0)等价，a[1]和*(a+1)等价，a[i]和*(a+i)等价。因此a[0]+1和*(a+0)+1的值都是&a[0][1]，即2002。既然如此，那么*(a[0]+1)和*(*(a+0)+1)就是a[0][1]中的值

了，也就是内存单元2002中的内容。请务必记住a[i]和*(a+i)是等价的。

4）a[i]从形式上可以认为是第i个元素。但是如果a是一个一维的数组名，那么a[i]实际上就是数组a第i个元素中的内容，在这里a[i]是有物理地址的，是占内存单元的。而如果a是一个二维数组，则a[i]是一个一维数组名，它本身并不占用内存单元，它只是一个地址，也就是这个二维数组第i+1行的首地址。同样的道理，a+1是地址，也就是a[1]。而*(a+1)的含义也是a[1]，我们知道，a[1]其实是一个一维数组名，数组名代表的是地址，这样a+1和*(a+1)都是地址，和a[1]等价，即2004。

请读者搞清楚指向行的指针与指向列的指针的区别。二维数组名（如a）是指向行的。因此“a+1”中的“1”则代表一行中所有元素所占的空间（在此是两个元素的字节数，即4个字节）。一维数组名（如a[0]、a[1]）是指向列元素的。“a[0]+1”中的“1”代表一个元素所占的字节数（即两个字节）。在指向行的指针前面加上一个“*”，就转换成了一个指向列的指针。例如a和a+1都是指向行的指针，在它们的前面分别加上一个“*”就变成了*a和*a+1，它们是指向列的指针。相反，如果在列指针前面加上一个“&”，则它们就成了指向行的指针。例如，a[0]是指向第0行0列元素的指针，在它前面加一个“&”，得&a[0]，由于a[0]与*(a+0)等价，在它们前面分别加上一个“&”，即&a[0]和&*(a+0)也等价，也就是&a[0]与a等价，而a指向二维数组的第0行，所以&a[0]也指向行。

有的读者可能会把&a[i]理解为a[i]单元的物理地址。这种理解是错误的，因为并不存在a[i]这样一个实际的变量。它只是一种地址的计算方法，能得到第i行的首地址，&a[i]和a[i]的值是一样的但是含义不同，其中&a[i]是指向行的，而a[i]是指向列的。当列下标j为0时，&a[i]和a[i]（即a[i]+j）值相等，即它们具有相同的地址值。

(a+i)只是a[i]的另一种表现形式，不要简单地认为(a+i)是“a+i所指单元的内容”。在一维数组中a+i所指的是一个数组元素的存储单元，在该单元中有具体值，这种理解是正确的，但是在二维数组中，a+i指向的不是具体存储单元而是行。在二维数组中a+i、a[i]、*(a+i)、&a[i]、&a[i][0]的值相同，即它们是同一个地址值，但是要注意区分含义的差别，这一点需要读者仔细琢磨。

【例7-7】输出二维数组相关的值，加深对地址和指针的理解。

```
#include "stdio.h"
void main()
{
  int a[3][4]={1,3,5,7,9,11,13,15,17,19,21,23};
  printf("%d,%d\n",a,*a);
  printf("%d,%d\n",a[0],*(a+0));
  printf("%d,%d\n",&a[0],&a[0][0]);
  printf("%d,%d\n",a[1],a+1);
  printf("%d,%d\n",&a[1][0],*(a+1)+0);
  printf("%d,%d\n",a[2],*(a+2));
  printf("%d,%d\n",&a[2],a+2);
  printf("%d,%d\n",a[1][0],*(*(a+1)+0));
}
```

在VC6.0中运行程序，结果如下：

```
1244952,1244952
1244952,1244952
1244952,1244952
1244968,1244968
1244968,1244968
```

```
1244984,1244984
1244984,1244984
9,9
```

注意：在TC2.0中的运行结果与此不同，因为在TC中为整型分配两个字节的空间，在VC6.0中是4个字节。

【例7-8】多维数组的输出。

```
#include "stdio.h"
main()
{
    int a[3][4]={{1,2,3,4},{5,6,7,8},{9,10,11,12}};
    int *p;
    for(p=a[0];p<a[0]+12;p++)
    {
        if((p-a[0])%4==0)printf("\n");
        printf("%4d",*p);
    }
}
```

运行结果为：

```
1   2   3   4
5   6   7   8
9   10  11  12
```

在上面的程序中，我们把程序的第6行中的“p=a[0]”替换成“p=a”可不可以呢？虽然a和a[0]的值相同，但是它们的类型不相同，所以这样是不合法的。在编写有关二维数组的程序时应特别注意。

那么怎样使一个指针指向二维数组呢？我们可以使用指向一维数组的指针。

【例7-9】输出二维数组任意一行一列的元素值。

```
#include "stdio.h"
main()
{
    int a[3][4]={{1,2,3,4},{5,6,7,8},{9,10,11,12}};
    int (*p)[4],i,j;
    p=a;
    scanf("%d %d",&i,&j);
    printf("a[%d][%d]=%d\n",i,j,*(*(p+i)+j));
}
```

运行结果为：

```
1 2↙
a[1][2]=7
```

程序中的“int (*p)[4]”即表示p是一个指针变量，它指向包含4个元素的一维数组。注意不要遗漏了括号，如果写成int *p[4]，那么就成了指针数组了，有关指针数组我们后面会讲到。在这里*p有4个元素，每个元素是整型。读者可以对比一下int a[4]的定义。p所指向的对象是有4个整型元素的数组，即p是行指针。此时p只能指向一个包含4个元素的一维数组，p的值就是该一维数组的首地址。p不能指向一维数组中的第i个元素。

那么我们怎样在一个二维数组中输出一个指定的元素呢？首先应知道起始位置，即数组的首地址，然后计算该元素在数组中的相对位置，计算a[i][j]在数组中的相对位置的公式是（假设二维数组的列数为m）：

```
i*m+j
```

C语言规定数组下标从0开始，所以在计算相对位置时比较方便，只要知道i和j的值，就可以直接利用上式。

【例7-10】有30个学生，每个学生有5门课。编写程序，输入所有学生的成绩，然后求出每个学生的平均成绩。

```
#include "stdio.h"
main()
{
        int a[30][5];
        double b[30];
        int (*pa)[5],i,j,sum;
        double *p;
        pa=a;
        for(i=0;i<30;i++)
            for(j=0;j<5;j++)
                scanf("%d",*(pa+i)+j);
        pa=a;p=b;
        for(i=0;i<30;i++,p++)
        {
            for(j=0,sum=0;j<5;j++)
                sum+=*(*(pa+i)+j);
            *p=(double)sum/5;
        }
        for(i=0,p=b;i<30;i++,p++)
            printf("%lf ",*p);
}
```

【程序分析】首先建立了一个辅助数组，用以存放学生的平均成绩，最后统一输出。这个程序综合了以上所述，读者可以仔细分析并试着运行一下。

7.4 字符串的指针

在C语言中，字符串指的是在内存中存放的一串以'\0'结尾的若干个字符。我们已经知道可以用数组来表达一个字符串。

【例7-11】用字符数组存放一个字符串，然后输出。

```
#include "stdio.h"
main()
{
        char string[]="hello world";
        printf("%s\n",string);
}
```

程序输出为：

```
hello world
```

需要说明的是，这里的string是数组名，同时代表字符数组的首地址，和前面介绍的数组的属性一样。

利用指针也可以表达字符串，而且比用字符数组更为方便灵活。用字符指针指向字符串中的字符。

【例7-12】用字符指针指向一个字符串。

```
#include "stdio.h"
main()
{
```

```
    char *str="hello world";
    printf("%s\n",str);
}
```

程序输出为：

```
hello world
```

这里的str是指向字符串“hello world”的指针，即字符串的首地址赋给了字符指针，因此使一个字符指针指向了一个字符串。C语言对字符串常量是按字符数组处理的，在内存中开辟了一个字符数组用来存放字符串常量。所以定义str的部分

```
char *str="hello world";
```

等价于下面两行：

```
char *str;
 str="hello world";
```

可以看到str被定义为一个指向字符型数据的指针变量，需要注意的是，它只能指向一个字符变量或者其他字符类型数据，不能同时指向多个字符数据。所以，在指向字符串时，并不是把字符串的所有字符存放到str中，也不是把字符串赋给*str，只是把字符串的首地址赋给字符指针。

所以下面的情况是不允许的：

```
char *str;
scanf("%s",str);
```

因为指针没有明确的指向，其值是任意的，也许所指向的区域不是用户可以访问的内存区域，或者是根本不存在的地方。

输出一个字符串时，系统先输出字符指针所指向的一个字符数据，然后自动使str加1，指向下一个字符，直到遇到字符串结束标志'\0'为止。注意，在内存中，字符串的最后被自动加了一个'\0'，因此在输出时能确定字符串的终止位置。

虽然字符数组和字符指针都可以用来表达字符串，但是它们还是有不同之处，例如：

```
char string[]="hello world";
char *str="hello world";
```

string和str的值都是字符串“hello world”的首地址，但是string是一个字符数组，名字本身是一个地址常量，而str是指向字符串首地址的字符指针，因而str可以被赋值，而string不能。

若定义了一个指针变量，并使它指向一个字符串，就可以用下标形式引用指针变量所指向的字符串中的字符，如下例所示。

【例7-13】字符串的输出。

```
#include "stdio.h"
main()
{
    char *a="hello world";
    int i;
    printf("The fifth charcter is %c\n",a[4]);
    for(i=0;a[i]!='\0';i++)
        printf("%c",a[i]);
    printf("\n");
}
```

运行程序，结果如下：

```
The fifth charcter is o
```

```
hello world
```

程序中并未定义数组a，但字符串在内存中是以字符数组形式存放的。a[4]按*(a+4)执行，即从a当前所指向的元素下移5个元素位置，取出其单元中的值。

通过字符数组名或者字符指针变量可以输出一个字符串，而对一个数值型数组来说，是不能用数组名输出它的全部元素的。

【例7-14】 将字符串a复制给字符串b。

```
#include "stdio.h"
main()
{
      char a[]="hello world",b[20];
      int i;
      for(i=0;*(a+i)!='\0';i++)
          *(b+i)=*(a+i);
      *(b+i)='\0';                    /*添加字符串的结束符*/
      printf("string a is:%s\n",a);
      printf("string b is:");
      for(i=0;b[i]!='\0';i++)
          printf("%c",b[i]);
      printf("\n");
}
```

程序输出为：

```
string a is: hello world
string b is: hello world
```

也可以用指针变量实现上面的字符串之间的复制。

【例7-15】 用指针变量实现字符串的复制。

```
#include "stdio.h"
main()
{
      char a[]="hello world",b[20];
      char *pa,*pb;
      int i;
      pa=a;pb=b;
      for(;*pa!='\0';pa++,pb++)
          *pb=*pa;
      *pb='\0';
      printf("string a is:%s\n",a);
      printf("string b is:");
      for(i=0;b[i]!='\0';i++)
          printf("%c",b[i]);
      printf("\n");
}
```

运行程序可以看到，结果和上面的一样。需要注意的是，程序必须保证指针pa和指针pb同步移动。

【例7-16】 用指针变量实现两个有序字符串（即字符串的字符按字母表顺序排列）的合并。合并后仍按字母表顺序排列。

```
#include "stdio.h"
#include "string.h"
void main()
{
```

```
    char a[]="acegikm";
    char b[]="bdfhjlnpq";
    char c[80],*p;
    int i=0,j=0,k=0;
    while(a[i]!='\0'&&b[j]!='\0')
       {  if (a[i]<b[j])
             { c[k]=a[i];i++;}
          else
             c[k]=b[j++];
          k++;
       }
    c[k]='\0';
    if(a[i]=='\0')
       p=b+j;
    else
       p=a+i;
    strcat(c,p);
    puts(c);
}
```

【程序分析】本程序的思想是分别从两个字符串的首个字符开始依次比较大小，将小的赋给字符串c的第k个字符，依次比较下去直到某一个字符串的末尾，然后把另外没到末尾的字符串的剩余字符添加到字符串c的后面。

运行程序，结果如下：

```
abcdefghijklmnpq
```

7.5 指针数组和数组指针

7.5.1 指针数组

指针变量可以同其他变量一样作为数组的元素，如果一个数组的元素是由指针变量组成，那么这个数组称为指针数组。

指针数组的定义形式为：

```
类型名  *数组名[常量表达式];
```

例如：

```
int *a[10];
```

此定义说明a是一个指针数组，每个数组元素是一个指向int型变量的指针。该数组由10个元素组成，即a[0]，a[1]，a[2]，...，a[9]，它们均为指针变量。a为该指针数组名，和数组一样，a是常量，不能对它进行增量运算。a为指针数组元素a[0]的地址，a+i为a[i]的地址，*a就是a[0]，*(a+i)就是a[i]。

我们以前说过，int *a[3]不同于int(*a)[3]，后者说明a是一个指向有3个int型元素的数组的指针。

为什么要定义和使用指针数组呢？主要是由于指针数组对处理字符串提供了更大的方便性和灵活性。使用二维数组对处理长度不等的正文效率低，而指针数组由于其中每个元素都为指针变量，因此通过地址运算来操作正文行是十分方便的。

如果我们用数组来存储这些长度不等的字符串，那么必须设定数组的长度可以容纳字符串中最长的字符串，这样也许会浪费很多的内存空间。

如果我们分别定义一些字符串，然后用指针数组中的元素分别指向各字符串，如图7-5所示。如果要对字符串排序，不必改动字符串的位置，只需改动指针数组中各元素的指向，即改变各元素的值，这些值是各字符串的首地址。这样，各字符串的长度可以不同，而且移动指针变量的值要比移动字符串所花的时间少得多。

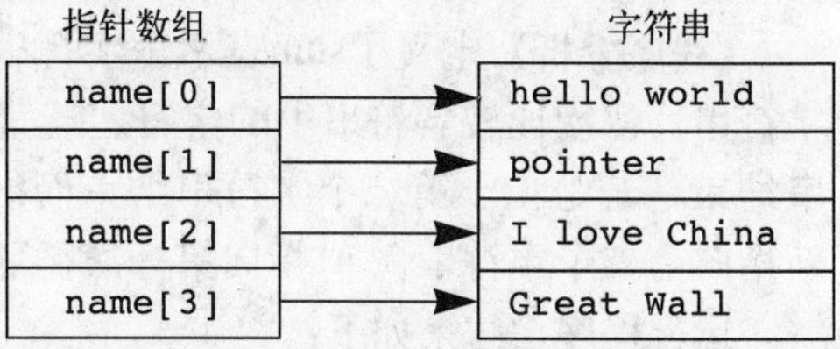

指针数组		字符串
name[0]	→	hello world
name[1]	→	pointer
name[2]	→	I love China
name[3]	→	Great Wall

图7-5　指针数组与字符串

【例7-17】将若干个字符串按字母顺序输出。

```
#include "stdio.h"
#include "string.h"
main()
{
        char *name[]={"hello world","pointer",
"I love China","Great Wall"};
        char *temp;
        int i,j,k;
        for(i=0;i<3;i++)
        {
            k=i;
            for(j=i+1;j<4;j++)
               if(strcmp(name[k],name[j])>0)k=j;
            if(k!=i)
               {temp=name[i];name[i]=name[k];name[k]=temp;}
        }
     for(i=0;i<4;i++)
            printf("%s\n",name[i]);
}
```

程序输出为：

```
Great Wall
I love China
hello world
pointer
```

【程序分析】本程序采用了选择排序法的思想。

【例7-18】使用指针变量判断一个字符串中子字符串出现的次数。

```
#include "string.h"
#include "stdio.h"
void main()
{    char str1[20],str2[20],*p1,*p2;
     int sum=0;
     printf("please input two strings\n");
     scanf("%s%s",str1,str2);
     p1=str1;p2=str2;
     while(*p1!='\0')
     {
          if(*p1==*p2)
          {
             while(*p1==*p2&&*p2!='\0')
               {
                 p1++;
                 p2++;
               }
          }
          else
            p1++;
     if(*p2=='\0')
        sum++;
     p2=str2;
}
```

```
    printf("%d",sum);
}
```

【程序分析】定义了sum表示子字符串的个数。定义了两个指针变量p1和p2，分别指向两个字符串。依次比较字符串中的字符，若第一个字符相同，则继续比较，直到不等或第二个字符串结束，若是由于第二个字符串结束而结束循环，则个数sum加1，一次循环结束后，使p2 重新指向第二个字符串， p1指向第一次循环结束时的位置，开始第二轮比较，直到字符串结束。

运行程序，结果如下：

```
please input two strings
acmgabcelabcsdea↙
abc↙
2
```

7.5.2 数组指针

在上节指针数组的定义中，若将形式写为：

```
类型名  (*指针名)[整型常量];
```

例如

```
int (*a)[10];
```

则得到数组指针，数组指针又叫行指针。它是一个指向长度为整型常量的一维数组的指针。在上例中，就是指向长度为10的一维数组的指针。

【例7-19】说明指向数组元素的指针与指向数组的指针的区别。

```
#include "stdio.h"
int main()
{
   int a[3][4]={{1,3,5,7},{9,11,13,15},{17,19,21,23}};
   int i,(*p)[4],*ip;
   p=a+1;
   ip=p[0];
   for(i=1;i<=4;ip+=2,i++)
      printf("%d\t",*ip);
   printf("\n");
   p=a;
   for(i=0;i<2;p++,i++)
      printf("%4d\t",*(*(p+i)+1));
   printf("\n");
   return 0;
}
```

运行程序，结果如下：

```
9     13    17    21
3     11
```

【程序分析】开始时p指向二维数组a的第2行，p[0]或者*p是p[1][0]的地址，ip指向a[1][0]。在第一个循环中，每次循环后修改ip，使ip增加2。在第2个循环中，每次对p的修改使p指向二维数组的下一行。第一次循环之后，p指向第一行，然后执行p++，此时p指向第二行，执行*(*(p+i)+1，即第二行第二个元素。

7.6 指向指针的指针

现在介绍一下指向指针数据的指针变量，简称为指向指针的指针。我们已经知道：

```
int *p;
```

定义了一个指向整型数据的指针，用它可以存放整型数据的地址，并且用它可以对指向的变量进行间接访问。进一步的定义：

```
int * *pa;
```

这里的pa就是指向指针数据的指针变量，它可以指向指针变量p，也就是存放指针变量p的地址。

其实对于指向指针的指针可以这样理解：因为指针变量也是变量，和其他类型的变量一样，也需要一定的内存单元，既然占据内存单元，就有相应的地址，那么我们可以再定义另外的一种“指针”指向这个地址，这种“指针”就是指向指针的指针。

【例7-20】使用指向指针的指针输出整型数据。

```
#include "stdio.h"
main()
{
      int a,*p,**pa;
      a=20;
      p=&a;
      pa=&p;
      printf("%d\n",a);
      printf("%d,%d\n",*p,**pa);
}
```

程序输出为：

```
20
20,20
```

【例7-21】使用指向指针的指针输出字符串。

```
#include "stdio.h"
main()
{
      char *name[]={"hello world","pointer","I love China","Great Wall"};
      char **p;
      int i;
      for(i=0;i<4;i++)
      {
          p=name+i;
          printf("%s\n",*p);
      }
}
```

程序输出为：

```
hello world
pointer
I love China
Great Wall
```

利用一个指针变量访问另一个变量就是所谓的间接访问，如果在一个指针变量中存放一个目标变量的地址，这就是“单级间接地址”，指向指针的指针用的是“二级间接地址”方法。从理论上说，间接方法可以延伸到更多的级，但是实际上在程序中很少有超过二级间址的，级数越多，越容易产生混乱，出错的机会也多。我们建议，初学者在编程时要慎用指向指针的指针。

本章小结

数组和指针是非常重要的两个概念，在很多程序中都会用到。指针就是存放某一类型数据的地址的变量，用它可以间接访问数据，在程序中使用指针可以简化程序，提高运行效率。理解指针的概念对于学好C语言有非常重要的意义。

习题

一、选择题

1. 若有定义“int x，*p;”，则以下正确的赋值表达式是（　　）。

A) p=&x　　B) p=x　　C) *p=&x　　D) *p=*x

2. 下述程序执行后，变量i的正确结果是（　　）。

```
int i;
char *s="a\045+045\b";
for(i=0;*s++;i++);
```

A) 7　　B) 8　　C) 9　　D) 10

3. 若x是整型变量，pb是基类型为整型的指针变量，则正确的赋值表达式是（　　）。

A) pb=&x　　B) pb=x;　　C) *pb=&x;　　D) *pb=*x

4. 下列函数的功能是（　　）。

```
int fun(char *p)
{
  char *y=p;
  while(*y++);
  return y-p-1;
}
```

A) 求字符串的长度　　B) 求字符串存放的位置

C) 比较两个字符串的大小　　D) 将字符串x连接到字符串y后面

5. 执行下列程序段后，printf("%c",*(p+5))的值为（　　）。

```
char str[]="Hello";
char *p;
p=str;
```

A) 'o'　　B) '\0'　　C) 不确定的值　　D) 'o'的地址

6. 若有以下的定义及语句，则对数组a元素正确引用的表达式是（　　）。

```
int a[4][5];
int (*p)[5]=a;
```

A) p+1　　B) *(p+3)　　C) *(p+1)[2]　　D) *(*p+1)

7. 若有说明“int a[10]={1,2,3,4,5,6,7,8,9,10},*p=a;”，则数值为9的表达式是（　　）。

A) *p+9　　B) *(p+8)　　C) *p+=9　　D) p+8

8. 以下程序的输出结果是（　　）。

```
main(){
int a[5]={2,4,6,8,10},*p,**k;
p=a;   k=&p;
printf("%d  ",*(p++));
printf("%d\n",**k);}
```

A) 4 4　　B) 2 2　　C) 2 4　　D) 4 6

9. 若有定义和语句：

```
int c[4][5], (*cp)[5]; cp=c;
```

则对c数组元素的引用正确的是（　　）。

A) cp+1　　B) *(cp+3)　　C) *(cp+1)+3　　D) *(*cp+2)

10. 若已定义：

```
int a[4][3]={1,2,3,4,5,6,7,8,9,10,11,12},(*prt)[3]=a,*p=a[0];
```

则能够正确表示数组元素a[1][2]的表达式是（　）。

A) *((*prt+1)[2])　　B) *(*(p+5))　　C) (*prt+1)+2　　D) *(*(a+1)+2)

11. 以下程序的输出结果是（　）。

```
main()
{int aa[3][3]={{2},{4},{6}},i,*p=&aa[0][0];
 for(i=0;i<2; i++)
 {if(i==0)
  aa[i][i+1]=*p+1;
  else ++p;
  printf("%d",*p);
 }
printf("\n");}
```

A) 23　　B) 26　　C) 33　　D) 36

12. 以下程序的输出结果是（　）。

```
main()
{int a[3][4]={1,3,5,7,9,11,13,15,17,19,21,23};
int (*p)[4]=a,i,j,k=0;
for(i=0;i<3;i++)
for(j=0;j<2;j++)
k+=*(*(p+i)+j);
printf("%d\n",k);
}
```

A) 60　　B) 68　　C) 99　　D) 108

13. 以下程序的输出结果是（　）。

```
main()
{int i,x[3][3]={1,2,3,4,5,6,7,8,9};
for(i=0;i<3;i++)
 printf("%d,",x[i][2-i]);}
```

A) 1,5,9,　　B) 1,4,7,　　C) 3,5,7,　　D) 3,6,9,

14. 若有定义语句“int (*p)[M];”，其中的标识符p是（　）。

A) M个指向整型变量的指针

B) 指向M个变量的函数指针

C) 一个行指针，它指向具有M个整型元素的一维数组指针

D) 具有M个指针元素的一维指针数组，每个元素都只能指向整型量

15. 下面能正确进行字符串赋值操作的语句是（　）。

A) `char s[5]={"ABCDE"};`　　B) `char s[5]={'A'、'B'、'C'、'D'、'E'};`

C) `char *s;s="ABCDEF";`　　D) `char *s; scanf("%s", s);`

16. 以下能正确进行字符串赋值、赋初值的语句组是（　）。

A) `char s[5]={'a','e','i','o','u'};`　　B) `char *s; s="good!";`

C) `char s[5]="good!";`　　D) `char s[5]; s="good";`

17. 以下程序的输出结果是（　）。

```
main()
 { char s[]="ABCD", *p;
```

```
    for(p=s+1;*p!='\0';p++)
        printf(" %s\n ",p);
 }
```

A) ABCD BCD CD D　　B) A B C D　　C) B C D　　D) BCD CD D

18. 如下程序的输出结果是（　　）。

```
main()
 { char ch[2][5]={"6937","8254"},*p[2];
   int i,j,s=0;
   for(i=0;i<2;i++) p[i]=ch[i];
   for(i=0;i<2;i++)
      for(j=0;p[i][j]>'\0';j+=2)
          s=10*s+p[i][j]-'0';
   printf("%d\n",s);
 }
```

A) 69825　　B) 63825　　C) 6385　　D) 693825

19. 以下程序运行后，如果从键盘上输入ABCDE<回车>，则输出结果为（　　）。

```
#include "stdio.h"
#include "string.h"
func(char str[ ] )
{ int  num =0;
  while(*(str+num!='\0')  num++;
  return(num);
  }
main( )
{char  str[10],*p=str;
  gets(p);   printf("%d\n",func(p));
}
```

A) 8　　B) 7　　C) 6　　D) 5

20. 如下程序执行后，a的值为（　　）。

```
int *p,a=10,b=1;
p=&a; a=*p+b;
```

A) 12　　B) 11　　C) 10　　D) 编译出错

21. 如下程序执行后，a的值为（　　）。

```
int *p,a=10,b=1
p=&a; a=*p+b;
```

A) 12　　B) 11　　C) 10　　D) 编译出错

22. 对于基类型相同的两个指针变量，不能进行的运算是（　　）。

A) <　　B) =　　C) +　　D) –

23. 以下函数返回a所指数组中最小的值所在的下标值，在下划线处应填入的是（　　）。

```
fun(int *a, int n)
{ int i,j=0,p;
  p=j;
  for(i=j;i<n;i++)
   if(a[i]<a[p]) ______;
  return(p);
```

```
}
```

A) i=p　　B) a[p]=a[i]　　C) p=j　　D) p=i

24. 以下程序执行后，a的值是（　　）。

```
main()
 { int  a,k=4,m=6,*p1=&k,*p2=&m;
   a=p1==&m;
   printf("%d\n",a);
 }
```

A) 4　　B) 1　　C) 0　　D) 运行时出错，无定值

25. 以下程序运行后，输出结果是（　　）。

```
main()
{ char   ch[2][5]={"693","825"},*p[2];
  int  i,j,s=0;
  for(i=0;i<2;i++)   p[i]=ch[i];
  for(i=0;i<2,i++)
     for(j=0;p[i][j]>='0' && p[i][j]<='9';j=2)
        s=10*s+p[i][j]='0'
  printf("%d\n",s);
}
```

A) 6385　　B) 22　　C) 33　　D) 693825

26. 以下程序

```
#include "stdio.h"
#include "string.h"
main()
{char a1[80],a2[80],*s1=a1,*s2=a2;
 gets(s1);   gets(s2);
 if(!strcmp(s1,s2))   printf("*");
 else  printf("#");
 printf("%d\n",strlen(strcat(s1,s2)))
}
```

运行后，如果从键盘上输入：

```
book<回车>
book<空格><回车>
```

则输出结果是（　　）。

A) *8　　B) #9　　C) #6　　D) *9

27. 以下程序运行后，输出结果是（　　）。

```
main()
{ static char a[]="ABCDEFGH",b[]="abCDefGh";
  char  p1,p2;
  int   k;
  p1=a;   p2=b;
  for(k=0;k<-7;k++)
      if(*(p1+k)= =*(p2+k)) printf("%c",*(p1+k));
  printf("\n");
}
```

A) ABCDEFG　　B) CDG　　C) abcdefgh　　D)abCDefGh

28. 如下程序的输出应为（　　）。

```
int c[]={1, 7, 12};
int *k;
```

```
k=c;
printf("next k is %d",*++k);
```

A) 2　　B) 7　　C) 1　　D) 以上均不对

29. 执行以下程序段后，p和q所指向的单元的内容分别为（　　）。

```
static int a[] = {1,2,3}, *p, *q;
p = a+1;
q = p++;
```

A) (*p) = 1, (*q) = 2　　B) (*p) = 2, (*q) = 3
C) (*p) = 3, (*q) = 2　　D) 以上都错

30. 下面函数的功能是（　　）。

```
sss(s,t)
char *s,*t;
{
while((*s)&&(*t)&&(*t++==*s++));
return(*s-*t);
}
```

A) 求字符串的长度　　B) 比较两个字符串的大小
C) 将字符串s复制到字符串t中　　D) 将字符串s接续到字符串t中

31. 若要用下面的程序片段使指针变量P指向一个存储型变量的动态存储单元：

```
int *p;
p=______malloc(sizeof(int));
```

则应填入（　　）。

A) int　　B) int *　　C) (*int)　　D) (int *)

32. 设有以下定义：

```
int a[4][3]={1,2,3,4,5,6,7,8,9,10,11,12};
int (*prt)[3]=a,*p=a[0];
```

则能够正确表示数组元素a[1][2]的表达式是（　　）。

A) * ((*prt+1)[2])　　B) *(*(p+5))　　C) (*prt+1)+2　　D) *(*(a+1)+2)

二、填空题

1. 若有以下定义，则不移动指针p，且通过指针p引用值为80的数组元素的表达式是______。

```
int w[10]={23,54,10,33,47,98,72,80,61}, *p=w;
```

2. 欲将指针变量p指向字符串“This is a C program.”，填空完成以下操作。

```
char str[]="This is a C program.", *p;
p=____________;
```

3. 以下函数返回a所指数组中最小的值所在的下标值。

```
int fun(int *a, int n)
{ int i,j=0,p;p=j;
for(i=j;i<n;i++)
     if(a[i]<a[p])______;
return(p);
}
```

4. 若输入字符串abcde<回车>，则以下while循环体将执行______次。

```
while((ch=getchar())=='e') printf("*");
```

5. 以下函数用来求出两整数之和，并通过形参将结果传回。

```
void func(int x,int y, ______z)
{ *z=x+y; }
```

6.若有以下定义，则不移动指针p，且通过指针p引用值为98的数组元素的表达式是______。

```
int w[10]={23,54,10,33,47,98,72,80,61}, *p=w;
```

7. 使指针p指向一个double类型的动态存储单元。

```
p=______malloc(sizeof(double));
```

8. 将p说明为字符数组指针，数组大小为10，可写为______。

9. 对“int *p, *q, i=5, j=6;”执行

```
p = &i;
q = p;
p = &j;
```

后，(*p)=______，(*q)=______。

10. 定义一个返回整型的函数指针p，应写为______。

11. 定义字符指针数组arr，数组大小为20，应写为______。

三、程序填空题

1. 以下函数把b字符串连接到a字符串的后面，并返回a中新字符串的长度。

```
strcen(char a[], char b[])
{
 int num=0,n=0;
 while(*(a+num)!=______) num++;
 while(b[n]){*(a+num)=b[n]; num++;______;}
 return(num);
}
```

2. 下列程序判断字符串s是否对称，对称则返回1，否则返回0。如f("abcba")返回1，f("abab")返回0。

```
int f(char s[ ] )
{
    int i=0,j=0;
    while(s[j]) j++;
    for ( j--; i<j && ___; i++, j--) ;
    return ____;
}
```

3. 下列函数strcmp(s1, s2)是进行字符串比较，根据s1、s2大小分别返回负数（s1<s2）、0（s1=s2）、正数（s1>s2）。请将缺少的部分补上。

```
strcmp(char *s1, char *s2)
  {
      for(; s1!=______; ++s1, ++s2)
             if (*s1!= *s2) break;
      return (______);
  }
```

4. 程序A：

```
void f( char cc[] )
{
    char ch;
```

```
    int i=0,j=0;
    while ( cc[i]!=NULL )  i++;
    i--;
    for( ;j<i; i--,j++ )
    {
        ch = cc[j];
        cc[j] = cc[i];
        cc[i] = ch;
    }
}
```

等价于程序B：

```
void f( char *cc )
{
    char *p1, *p2, ch;
    p1=p2=cc;
    while(_______)
    p2++;
    p2--;
    while( p1<p2 )
    {
        ch = *p2;
        __ = *p1;
        __ = ch;
        __;
        p2--;
    }
}
```

5. 以下程序的输出结果是______。

```
#include "string.h"
#include "stdio.h"
main()
{
 int a[3][3],*p,i;
 p=&a[0][0];
 for(i=0;i<9;i++)p[i]=i;
 for(i=0;i<3;i++)printf("%d,",a[1][i]);
}
```

四. 程序设计题（要求用指针处理）

1. 输入10个数，找出其中的最大值与最小值。
2. 使用字符串指针连接两个字符串。
3. 利用指针将一个字符串逆序存储。
4. 交换数组a和数组b的对应元素。
5. 编写一程序，输入月份，输出该月份的英文名。
6. 输入字符串a和b，并在a串中的最大元素的后面插入字符串b。
7. 从主字符串中取出一个子字符串，并输出子串的位置。
8. 用指向指针的指针的方法对n个整数排序并输出。
9. 求3*4矩阵中最大元素的值及其所在行号和列号。

$$a=\begin{pmatrix}1 & 2 & 3 & 4\\ 9 & 7 & 4 & 6\\ -1 & 2 & 0 & 8\end{pmatrix}$$

10. 输入3个整数，按由小到大输出（指针方法）。
11. 写一个函数将3*3的矩阵的转置矩阵输出。
12. 写一个函数，求字符串的长度，在main函数中调用此函数。
13. 用指向指针的指针对6个字符串排序并输出。
14. 已知一个数组，输出指定值的位置及其值。

第8章　函数与模块化程序设计

在C语言中，语句是完成程序要执行的每一步动作，而函数则是实现程序所要求的某项任务或过程。我们可以把程序分解成若干个模块，并分别用函数来实现它们，这样也就允许我们使用一条函数语句来代替一组语句。在使用函数时我们可以把函数看做一个“黑箱”，只要将数据传送给它，就能得到需要的结果，而函数内部的工作过程外部程序是不知道的，也是不需要知道的，外部程序仅限于给函数输入什么以及函数输出什么。函数提供了编制程序的手段——模块化程序设计。模块化程序设计方法常用来把复杂的编程问题化为若干易于解决的小问题，使程序容易阅读，容易编写，也使程序易于调试与维护。

一个C程序中必须至少有一个函数，而且必须有一个且仅有一个以main为名的主函数，主函数是整个程序的入口和正常的出口，即整个程序必须从主函数开始执行，最后终止于主函数。C语言程序的可执行语句只出现在函数的内部。C语言程序是由一个主函数和若干个函数所组成的，所以我们也称C语言是函数式语言。

本章阐述函数的定义、参数的传递、函数的调用方式，介绍模块化程序设计的基本原理和应用方法，并用实例讲解函数的嵌套调用和递归调用。

8.1　模块化程序设计与C程序结构

8.1.1　模块化程序设计方法的指导思想

程序设计的实质是用人的智慧去解决复杂的客观问题。当设计一个解决复杂问题的程序时，高级程序设计语言提倡将一个复杂的任务划分成若干子任务，每个子任务设计成一个子程序，称为模块。若子任务较复杂，还可以将子任务继续分解，直到分解成一些容易解决的子任务为止。每个子任务对应于一个子程序，子程序在代码上互相独立，而在对数据的处理上又互相联系；完成总任务的程序由一个主程序和若干子程序组成，主程序起着任务调度的总控作用，而每个子程序各自完成一个单一的任务。这种自上而下逐步细化的模块化方法就是模块化程序设计方法。

模块化程序设计的优点是：程序编写方便，易于修改和调试，可由多人分工合作完成，程序的可读性、可维护性及可扩充性强；子程序的代码公用，使程序简洁。

8.1.2　模块分解的原则

模块的划分和设计可参考如下规则：

1）如果一个程序段被很多模块所公用，则它应是一个独立的模块。

2）如果若干个程序段处理的数据是公用的，则这些程序段应放在一个模块中。

3）若两个程序段的利用率差别很大，则应分属于两个模块。

4）一个模块既不能过大，也不能过小。过大则模块的通用性较差，过小则会造成时间和空间上的浪费。

5）力求使模块具有通用性，模块的通用性越强，其利用率越高。

6）各模块间应在功能上、逻辑上相互独立，尽量截然分开，特别应避免用转移语句在模块间转来转去。

7）各模块间的接口应该简单，要尽量减少公共变量的个数，尽量不用共用数据存储单元，在结构或编排上有联系的数据应放在一个模块中，以免相互影响而造成查错困难。

8）每个模块的结构应设计成单入口、单出口的形式，这样的程序便于调试、阅读和理解，且可靠性高。

在以前的编程中，我们所有的语句都是在一个main()函数中完成的，因为以前那些程序的功能都是比较简单的。当程序要解决的问题较复杂时，如果只用一个复杂main()函数完成所有的功能，程序的可读性就很差了。这时就可以利用函数来完成某些特定的功能。

8.1.3 C程序的一般结构

在C语言中，子程序被称为函数。一个C程序一般由多个函数组成，其中必须有一个且仅有一个名为main()的主函数，其余为被main()函数或其他函数调用的函数。但是，无论main()函数位于程序中什么位置，C程序总是从main()函数开始执行，最后回到main()函数。

C程序中的所有的函数都是平行的，即在定义函数时是互相独立的，一个函数并不从属于另一个函数，即函数不能嵌套定义。函数间可以互相调用，但是不能调用main()函数。

C语言源程序可以分别放在不同的文件中，所以同一源程序中的函数也可以放在不同的文件中，因而一个C程序可以有一个或多个源文件，每个源文件是一个编译单位。

被main()函数调用的函数可以分为两类：

1）库函数。例如标准输入输出函数（scanf,ptintf,getchar,putchar,...），这是由系统提供的，用户不必自己定义这些函数，可以直接使用它们。需要注意的是，不同的C系统提供的库函数的数量和功能不同，当然有一些基本的函数是共用的。

2）用户自己定义的函数。用户自定义的函数用以解决用户的专门需要。

从函数的形式看，函数又可以分为：

1）无参函数。在调用无参函数时，主调用函数并不将数据传送给被调用的函数，一般用来执行指定的一组操作。无参函数可以带回或者不带回函数值，但是一般以不带回函数值的居多。

2）有参函数。在调用函数时，在主调用函数和被调用函数之间有数据传递。也就是说，主调用函数可以将数据传给被调用函数使用，被调用函数中的数据也可以带回来供主调用函数使用。

【例8-1】用户自定义函数。

```
#include "stdio.h"
main()
{
    long int  num,result;
    long int square(long int);
    printf("Input an integer:");
    scanf("%ld",&num);
    result=square(num);
    printf("The square number of %ld is %ld\n",num,result);
}
long int square(long int x) /*函数的功能是求x的平方*/
{
    long int x_square;
    x_square=x*x;
    return x_square;
}
```

程序运行结果为：

```
Input an integer:25↙
The square number of 25 is 625
```

我们可以看到，C程序中的函数具有以下的特点：

1）每个函数都有唯一的名字，用这个名字，程序可以转去执行该函数所包括的语句，这种操作称为调用函数。一个函数能被另一个函数调用，如在main()函数中调用square函数，但是main()函数不能被其他任何函数调用。

2）一个函数执行一个特定的任务，此任务是程序必须完成的全部操作中一个独立的操作行为。

3）函数的定义是独立的、封闭的。一个函数的定义不受其他部分的干预，也应不干预其他部分而完成自身的任务。

4）函数能给调用程序返回一个值。在程序调用一个函数时，此函数所包含的语句便会执行，必要时，还能将信息传回调用程序。

C程序中的函数，只有被调用时才能执行其中的语句。程序在调用一个函数时，可用一个或者多个实参将信息传送到函数，实参往往是函数在执行任务时所需的数据。函数中的语句执行后就完成了指定的任务。当函数的语句全部完成后，程序返回到主调用函数，函数也能以返回值的形式将信息传送回主调用函数。

8.2 函数定义与函数声明

8.2.1 函数定义

函数可分为无参函数和有参函数。无参函数定义的一般形式为：

```
类型标识符 函数名()
{
  说明部分
  语句部分
}
```

【例8-2】无参函数的例子。

```
#include "stdio.h"
void main()
{
   void printstar();              /*对printstar函数进行声明*/
   void print_message();          /*对print_message函数进行声明*/
   printstar();                   /*调用printstar函数*/
   print_message();               /*调用print_message函数*/
   printstar();                   /*调用printstar函数*/
}

void printstar()                  /*定义printstar函数*/
{
   printf("***********************\n");
}

void print_message()              /*定义print_message函数*/
{
   printf("  How do you do!\n");
}
```

程序的运行情况如下：

```
***********************
  How do you do!
***********************
```

在定义函数时要用“类型标识符”指定函数值的类型，即函数带回来的值的类型。上例中printstar和print_message函数为void类型，表示不需要带回函数值。

下面我们通过一个函数定义的实例给出有参函数定义的一般形式。

【例8-3】计算x的n次方，x和n在程序中输入。

```
#include "stdio.h"
main()
{
    int x,n;
    double num;
    double power(int,int);/* 函数声明 */
    scanf("%d %d",&x,&n);
    num=power(x,n); /*调用函数,计算x 的n次方 */
    printf("%lf\n",num);
}
double power(int x,int n)/* 函数首部 */
{
    int i;            /* 说明部分 */
    double p;
    p=1;
    for(i=1;i<=n;i++)
        p*=x;
    return p;
}
```

例如，当x=2、n=5时，程序运行结果为：

```
2 5↙
32.000000
```

power标识符是一个函数名，它具有double类型的返回值，有两个int类型的参数x和n。{ }括起来的部分是函数体。

函数定义的一般形式是：

```
类型标识符 函数名(形式参数列表及类型说明)
{
  说明部分
  语句部分
}
```

函数定义分为函数首部和函数体两部分。函数首部即定义一个函数时的类型标识符、函数名和参数列表；{}部分称为函数体，在语法上是一个复合语句。

类型标识符说明函数返回值的数据类型，例如我们在例8-1中自定义的函数square()，它的返回值的类型就是long int型。函数的类型可以是任何基本的类型、结构体和共用体类型，还可以定义返回值为指针的函数，但是不能定义返回数组的函数。int型函数定义时可以省略类型标识符int，因为int是有返回值函数的缺省类型，不过，为了程序的可读性，最好还是明确指出int。另外，函数也可以不返回值，无返回值的函数类型标识为void，又称为“空类型函数”，即此函数不向主调用函数返回值，主调用函数也禁止使用此函数的返回值。

函数名是一个标识符，函数名是唯一的，两个函数名之间不能重名。函数名一般可以任意取（遵守标识符的取名规则），但是为了程序有更好的可读性，函数名应尽量表达出它的实际功能，例如我们自定义的函数square()，它的功能就是完成平方运算的。

函数定义中的参数列表说明函数参数的名称和类型。参数之间用逗号隔开，函数定义中的参数习惯上称为形参。主调用函数通过形参把数据传送给被调用函数。函数的参数列表可以为空，这时函数被称为无参函数。无参函数可以只写一对括号，也可以将参数列表指定为void，需要注意的是，无参函数的括号不能省略，这是函数的标志。

函数体是一个分程序结构，由变量定义部分和语句组成，在函数体中定义的变量只有在执行该函数时才存在。函数体中也可以不定义变量，而只有语句。因此最简单的合法函数是形参表和函数体均为空的函数，例如：

```
void 函数名 (void){ }
```

当调用该函数时，不产生任何有效操作，但却是一个符合C语言语法的合法函数。空函数没有任何实际作用，仅在调用程序的流程控制中占有一个位置。在程序设计中往往根据需要确定若干模块，分别由一些函数来实现。而在第一阶段只设计最基本的模块，其他一些功能在以后需要时再补上。在编程的开始阶段，可以在将来准备扩充功能的地方写上一个空函数，只是这些函数并未编好，先占一个位置，以后用一个编好的函数来代替它。这样做不仅可以使程序的结构清晰，以后扩充新功能方便，而且对程序的结构影响也不大。

函数执行的最后一个操作是返回，也就是使流程返回主调用函数，宣告函数的一次执行终结。但有些函数有返回值，有些函数没有返回值。

8.2.2 函数声明

由于C语言允许被调用函数在其他文件中定义，或函数先调用后定义，因此在主函数中需要对我们自定义的函数进行声明，作用是指出被调用函数的类型和参数的类型，否则被调用函数被认为是int类型。但是如果我们定义的函数放在main()函数之前，则可以不需要进行声明。函数声明的一般形式为：

```
类型标识符    函数名(参数表);
```

对于无参数表的函数，说明时参数表应指定为void。

【例8-4】不需要函数声明的例子。

```
#include "stdio.h"
double power(int x,int n)/* 函数首部 */
{
    int i;                  /* 说明部分 */
    double p;
    p=1;
    for(i=1;i<=n;i++)
        p*=x;
    return p;
}

main()
{
    int x,n;
    double num;
    scanf("%d %d",&x,&n);
    num=power(x,n);
    printf("%lf\n",num);
}
```

其中，main()函数调用了power函数，power()函数的定义在main()函数的定义之前，所以在main()函数的声明部分不用对power()函数作出声明。但在例8-3中，由于power()函数的定义在main()函数的定义之后，所以需要在main()函数的声明部分对power()函数作出声明：

```
double power(int,int);
```

程序运行结果为：

```
2 5↙
32.000000
```

8.3 参数的返回与参数传递

8.3.1 函数的返回

当使用函数调用时，被调用函数一般都有一个确定的值返回给主调用函数，这就是函数的返回值。例如我们在例8-3中，让被调用函数返回了一个double型的值，然后把这个值赋给了num变量。

被调用函数是通过return语句把应返回的值返回到主调用函数的。如果需要从被调用函数带回一个函数值，被调用函数中必须包含一个return语句，如果没有return语句，被调用函数不会返回值给主调用函数或者返回值为空。

被调用函数中可以有多个return语句，但是只能返回一个值，不能返回多个值。当执行到一个return语句时，被调用函数结束，程序返回到主调用函数中。

return语句后面的值不仅可以是变量，而且可以是表达式。例如：

```
max(int x, int y)
{
  return(x>y?x:y);
}
```

这样的函数体更为简洁，只用一个return语句就把求值和返回都解决了。

在定义函数时对函数值说明的类型一般应和return语句中的表达式类型一致。如果函数值的类型和return语句的表达式的类型不一致，则以函数类型为准。在返回数据时，对于数值型数据，可以自动进行类型转换。

【例8-5】返回值类型与函数类型不同。

```
#include "stdio.h"
main()
{
    double i,j;
    int a;
    int max(double,double);
    scanf("%lf %lf",&i,&j);
    a=max(i,j);
    printf("%d\n",a);
}
int max(double x,double y)
{
    return(x>y?x:y);
}
```

程序运行结果为：

```
2.6 7.9↙
7
```

若return语句后面不带任何参数，则不返回任何值，仅将流程转回主调用函数。

【例8-6】 打印n个空格的函数。

```
void space(int n)
{
  int i;
  for (i=0;i<n;i++)
     printf('');
  return;
}
```

这个函数只执行打印n个空格的操作，不返回任何值到调用函数中，所以用void定义它。

一般情况下，应使return语句返回值的类型和定义函数时对函数值说明的类型相一致，以免丢失数据。

8.3.2 形参与实参

形参是变量，实参是形参的值。我们已经知道，主调用函数通过形参把数据传递给被调用函数。那么在主调用函数调用一个函数时，函数名后括号中的参数称为实参。

在我们定义函数时指定的形参，在未出现函数调用时，它们并不占用内存中的存储单元。只有在函数被调用时才分配给存储单元。

实参必须要有确定的值，但是它们可以是常量、变量或者表达式。在函数调用时，实参的值赋给形参。实参的类型必须和形参的类型相同或者赋值兼容。

C语言规定，实参变量对形参变量的数据传递是“值传递”，即单向的传递，实参可以传给形参，但是形参不能传回来给实参，也就是说，形参的改变不能影响到实参。

【例8-7】 实参与形参。

```
#include "stdio.h"
main()
{
    int i,j;
    void print(int,int);
    i=1;j=2;
    print(i,j);
    printf("%d,%d\n",i,j);
}
void print(int x,int y)
{
    x++;
    y++;
    printf("%d,%d\n",x,y);
}
```

程序输出为：

```
2, 3
1, 2
```

在这个程序中我们看到，尽管形参发生了变化，但是实参还是没有变。在调用函数时，给形参分配存储单元，并将实参对应的值传给形参，调用结束后，形参单元被释放，实参单元仍保留并维持原值，所以在执行一个被调用函数时，形参的值如果发生变化，并不会改变主调用函数的实参的值。在被定义的函数中，必须指定形参的类型。对于不带返回值的函数，应当用“void”定义函数为“无类型”（或称“空类型")。这样，系统就保证不使函数返回任何值，即禁止在调用函数中使用被调用函数的返回值。此时在函数体中不得出现return语句。

8.4 函数的调用

8.4.1 函数调用的一般形式

一个函数可以被其他函数多次调用，每次调用时可以处理不同的数据，因此函数是对不同数据进行相同处理的一种通用形式。函数调用是通过参数传递来实现的，调用时，系统为形参分配相应的存储单元，并将实际要处理的参数送到形参对应的存储单元。每次调用时，使用不同的实际数据，从而实现对不同数据的相同处理。

函数调用的一般形式为：

```
函数名(实参列表);
```

无参数的函数调用形式为：

```
函数名();
```

例如：

```
getchar();
```

实参可以是常量、变量或者表达式，有多个实参时，相互之间用逗号隔开。实参和形参应在数目、次序和类型上一致。

函数调用在主程序中起一个表达式或者语句的作用。对于有返回值的函数，函数调用一般作为表达式出现，即凡是程序中允许出现表达式的位置上均可出现函数的调用；函数调用也可作为一个语句出现，对于无返回值的函数，只能作为语句形式出现。

另外，函数调用也可以作为一个函数的实参。例如：

```
m=max(a, max(b, c));
```

不过在这里要求被调用函数必须有返回值。

函数调用的一般过程为：

1）主调用函数在执行过程中，一旦遇到函数调用，系统首先计算实参表达式的值并为每个形参分配存储单元，然后把实参值复制到对应形参的存储单元中。实参与形参按位置一一对应。

2）将控制转移到被调用函数，执行其函数体内的语句。

3）当执行return语句或者到达函数体的末尾时，控制返回到调用处，如果有返回值，同时回送一个值。然后从函数调用点继续执行主调用函数后面的操作。

如果实参表列有多个实参，对实参求值的顺序并不确定，有的系统按自左向右的顺序来求值，而有的系统按自右向左来求值。

【例8-8】 实参的求值顺序。

```
#include "stdio.h"
main()
{
    int i=2,p;
    int f(int,int);
    p=f(i,++i);
    printf("%d\n",p);
}
int f(int x,int y)
{
    int c;
```

```
    if(x>y) c=1;
    else if(x==y) c=0;
    else c=-1;
    return c;
}
```

在VC6.0中运行结果为：

```
0
```

如果按自左向右的顺序求实参的值，则函数调用就相当于f(2，3)，程序运行的结果为“−1”。若按自右向左的顺序求实参的值，则它相当于f(3，3)，程序的结果为“0”。不过，在编写程序时，应避免这种不确定的用法。如果本意是按自左至右顺序求实参的值，那么可以将p=f(i,++i)；改写为：

```
j=i;
k=++i;
p=f(j,k);
```

如果本意是自右至左求实参的值，可以改写为：

```
j=++i;
p=f(j,i);
```

8.4.2 函数的传值调用

函数调用是通过参数实现的，迄今为止，我们所使用的参数都是变量参数。即实参是调用函数中的变量，形参是被调函数中的变量。在函数调用过程中实现形参与实参的结合。在C程序中，采用变量参数时，实参与形参是按传值方式相结合的，也称为传值调用方式。其过程是：

1）函数被调用时，形参变量被创建。

2）形参变量的值从实参中一一对应复制而得。

3）当从被调用的函数返回到主函数时，形参被释放。

也就是，形参和实参在内存中具有不同的内存单元，所以形参的改变不影响实参。

【例8-9】 函数传值调用的例子。

```
main()
{
   int a=3,b=5;
   swap(int x,int y);
   swap(a,b);
   printf("a=%d.b=%d\n",a,b);
}
swap(int x,int y)
{
   int temp;
   temp=x,x=y,y=temp;
   printf("x=%d,y=%d\n",x,y);
}
```

执行结果为：

```
x=5,y=3
a=3,b=5
```

这里，swap函数的功能是交换两个参数的值。但运行的结果表示，它只交换了两个形参变量x和y的值，而没有交换main()中的实参a和b的值。

8.4.3 按地址传送方式传递数据

其实，在函数调用中形参也可以是指针类型的数据，这就是按地址传送方式传递数据。这种方式是将数据的存储地址作为实参传递给形参。在调用函数时，系统先为其分配存储空间，然后将实参中的地址数据复制到形参中，在函数内部，通过对形参的操作实现对外部数据的引用，在函数结束时，形参所占存储空间被系统收回，此函数对数据的处理结束。

这种方式的特点是：数据在主调用函数和被调用函数中的实参和形参仍占用不同的存储单元，但是形参和实参所指向的地址是同一地址，对形参所指地址上的内容的操作会影响到实参所指向的地址上的值。

【例8-10】输入两个数按大小顺序输出。

```
#include "stdio.h"
main()
{
    int a,b;
    int *p1,*p2;
    void swap(int *,int *);
    scanf("%d %d",&a,&b);
    p1=&a;p2=&b;
    if(a<b)swap(p1,p2);
    printf("%d,%d\n",a,b);
}
void swap(int *p1,int *p2)
{
    int temp;
    temp=*p1;
    *p1=*p2;
    *p2=temp;
}
```

程序运行结果为：

```
3 6↙
6, 3
```

我们看到a和b的值已经交换了。

需要注意的是，不能通过改变指针形参的值而使指针实参的值改变，如下例所示。

【例8-11】函数中形参值的改变不会影响函数中实参的值。

```
#include "stdio.h"
main()
{
    int a,b;
    int *p1,*p2;
    void swap(int *,int *);
    scanf("%d %d",&a,&b);
    p1=&a;p2=&b;
    if(a<b)swap(p1,p2);
    printf("%d,%d\n",*p1,*p2);
}
void swap(int *p1,int *p2)
{
    int *p;
    p=p1;
    p1=p2;
```

```
    p2=p;
}
```

当我们输入“3 6”，程序输出仍然是“3，6”。这是因为C语言中实参变量与形参变量之间的数据传递是单向的“值传递”方式。指针变量作为函数也要遵循这一规则。调用函数不可能改变实参这种变量的值，但是可以改变实参指针变量所指变量的值。我们知道，函数调用可以得到一个返回值，而运用指针变量作为参数，可以得到多个变化了的值。

8.4.4 库函数的调用

C语言提供了丰富的库函数，这些函数既包括常用的数学函数，如求绝对值的fabs()函数、求正弦值的sin()函数，也包括对字符和字符串进行处理的函数，还包括进行输入和输出的各种函数等。读者应该学会正确地使用这些函数，而不必自己编写。

调用C语言标准库函数时要求有＃include预处理命令，例如，在调用数学库函数时，要求程序在调用数学库函数前包含以下include命令：

```
#include "math.h"
```

include命令必须以＃开头，系统提供的头文件以.h作为文件的后缀，文件名用一对" "号或者< >括起来。include命令不是C的语句，所以不能在最后加分号。

以下是几个常用的头文件：

stdio.h：输入/输出库函数。

math.h、stdlib.h、float.h：数学库函数。

time.h：时间库函数。

ctype.h：字符分类和转换库函数。

string.h：内存缓冲区和字符串处理库函数。

malloc.h、stdlib.h：内存动态分配库函数。

signal.h、process.h：进程控制库函数。

【例8-12】 库函数的调用。

```
#include "stdio.h"
#include "math.h"
main()
{
    double x,y,z,c;
    y=4;x=3;c=3.3;
    z=pow(x,y)+c;
    printf("z=%lf\n",z);
}
```

程序输出为：

```
84.300000
```

pow()函数的作用是计算x^y的值，pow()函数的原型为：

```
double pow(double x, double y)
```

它表示pow函数有两个double型形参x、y，调用后的返回值也是double型。

8.5 函数的嵌套与递归调用

8.5.1 函数的嵌套调用

在C语言中，一个函数不能在另一个函数体中进行定义，即C语言的函数不能嵌套定义，但是可以嵌套调用。当一个函数作为被调用函数时，它也可以作为另一个函数的主调用函数，而它的被调用函数又可以调用其他的函数，这就是函数的嵌套调用。实际上，在稍微复杂一些的程序中，嵌套调用是常常发生的。

下面我们用图8-1来说明嵌套调用（包括main函数共三层函数）的调用过程：

1）执行main函数的开头部分；

2）遇函数调用语句，调用函数a，流程转去a函数；

3）执行a函数的开头部分；

4）遇函数调用语句，调用函数b，流程转去b函数；

5）执行b函数，如果再无其他嵌套的函数，则完成b函数的全部操作；

6）返回到a函数中调用b函数的位置；

7）继续执行a函数中尚未执行的部分，直到a函数结束；

8）返回main函数中调用a函数的位置；

9）继续执行main函数的剩余部分，直到结束。

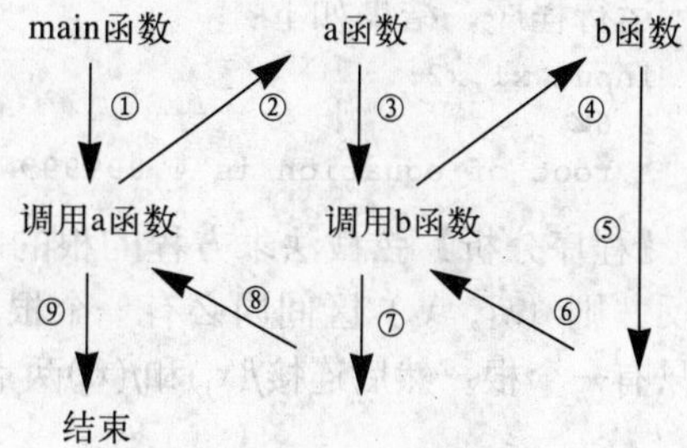

图8-1 函数的嵌套调用过程

【例8-13】用弦截法求方程$x^2-5x^2+16x-80=0$的根。

```
#include "stdio.h"
#include "math.h"
double f(double x)/*定义f函数,以实现f(x)=x³-5x²+16x-80*/
{
    double y;
    y=((x-5.0)*x+16)*x-80.0;
    return y;
}
double xpoint(double x1,double x2)/*求出弦与x轴的交点*/
{
    double y;
    y=(x1*f(x2)-x2*f(x1))/(f(x2)-f(x1));
    return y;
}
double root(double x1,double x2)/*求近似值*/
{
    double x,y,y1;
    y1=f(x1);
    do
    {
        x=xpoint(x1,x2);
        y=f(x);
        if(y*y1>0)
        {y1=y;
        x1=x;}
        else
          x2=x;
    }while(fabs(y)>=0.0001);
    return x;
}
main()
{
    double x1,x2,f1,f2,x;
    do
```

```
    {
        printf("intput x1,x2:\n");
        scanf("%lf %lf",&x1,&x2);
        f1=f(x1);
        f2=f(x2);
    }while(f1*f2>=0);
    x=root(x1,x2);
    printf("A root of equation is %lf",x);
}
```

运行程序，结果如下：

```
input x1,x2:
2 6↙
A root of equation is 4.999999
```

【程序分析】弦截法求方程的根的方法是：先取两个不同点x_1和x_2，如果$f(x_1)$和$f(x_2)$的符号相反，则（x_1，x_2）区间内必有一个根。注意x_1和x_2的值不能相差太大，以保证（x_1，x_2）区间内只有一个根。然后连接$f(x_1)$和$f(x_2)$两点，此线交X轴于点x，x点的坐标可用下式求出：

$$x=\frac{x_1\times f(x_2)-x_2\times f(x_1)}{f(x_2)-f(x_1)}$$

再从x求出$f(x)$。若$f(x)$与$f(x_1)$同符号，则根必在（x，x_2）区间内，此时将x作为新的x_1；如果$f(x)$与$f(x_2)$同符号，则表示根在（x_1，x）区间内，将x作为新的x_2。这样重复下去，直到$|f(x)|$小于给定的一个数为止。

在这个程序中，我们看到：

1）在定义函数时，f()函数、root()函数和xpoint()函数是相互独立的，并不互相从属。这三个函数均定义为实型。

2）3个被调用函数的定义位置均在调用它的函数之前。即main()函数调用了f()函数和root()函数，f()函数和root()函数的定义在main()函数之前；root()函数又调用了f()函数和xpoint()函数，f()函数和xpoint()函数的定义在root()函数之前；xpoint()函数调用了f()函数，而f()函数的定义在xpoint()函数之前。因此在本例中不需要对三个调用函数进行声明。

3）程序从main()函数开始执行。先执行一个do-while循环，其作用是输入x1和x2，并判断f(x1)和f(x2)是否异号。若不异号，则重新输入x1和x2，直到满足条件。然后调用root(x1,x2)求根x。调用root()的过程中，要调用xpoint()函数来求（x1,f(x1)）和（x2,f(x2)）的连线与X轴的交点x。在调用xpoint()函数过程中要用到函数f()来求x1和x2的相应的函数值f(x1)和f(x2)。我们用图8-2来描述嵌套调用过程。

4）root()函数中还调用了库函数fabs()，它的作用是求绝对值，属于数学库函数，因此在文件开头要引用

```
#include "math.h"
```

把使用数学库函数时所需的信息包含进来。

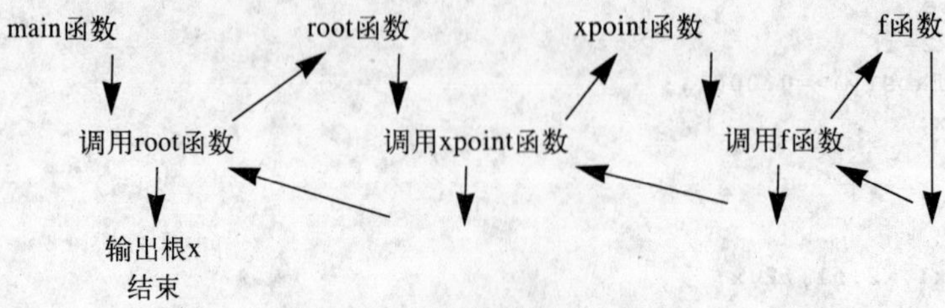

图8-2　函数嵌套调用过程

【例8-14】嵌套调用的例子。

```
#include "stdio.h"
#include "math.h"
int istri(double a,double b,double c)          /*判断是否可构成三角形函数*/
{
    if(a+b<=c||a+c<=b||b+c<=a) return 0;
    if(a<=0||b<=0||c<=0) return 0;
    return 1;
}

double triangle(double a,double b,double c)    /*求三角形面积函数*/
{
    double s,area;
        /*调用istri()函数,查看能否构成三角形*/
    if(istri(a,b,c)==0) return 0;              /*返回值为0,不能构成三角形*/
    s=(a+b+c)/2;
    area=sqrt(s*(s-a)*(s-b)*(s-c));
    return area;                               /*返回已计算的三角形面积*/
}
int main()
{
    double a,b,c,area;
    do
    {
        printf("请输入三角形的三条边长：");
        scanf("%lf%lf%lf",&a,&b,&c);
        area=triangle(a,b,c);                  /*调用triangle()函数*/
        if(area==0) printf("输入数据错,不构成三角形!\n");
    }while(area==0);                           /*不能构成三角形,重新输入数据*/
    printf("三角形的面积为：%f\n",area);
    return 0;
}
```

运行程序，结果如下：

```
请输入三角形的三条边长：1 2 3 ↙
输入数据错,不构成三角形!
请输入三角形的三条边长：3 4 5
三角形的面积为：6.000000↙
```

【程序分析】上述程序的大致执行过程为：

1）主函数：输入三角形的三条边长，然后调用triangle()函数准备计算三角形面积。

2）进入triangle()函数后，先调用istri()函数，查看能否构成三角形。

3）进入istri()函数后，当不能构成三角形时，返回值为0；能构成三角形时，返回值为1。将返回值带回调用函数triangle()处。

4）返回到triangle()函数继续执行，根据返回值确定是否计算三角形面积，并返回到主函数。

5）继续执行主函数，根据triangle()函数的返回值，返回值为0表示不能构成三角形，重新输入数据；返回值大于0，则返回值就是三角形面积，输出三角形的面积后结束程序。

8.5.2 函数的递归调用

当一个函数直接或者间接地调用它自身时，称为函数的递归调用。C语言规定任何函数都可以调用其他的函数，且除了main()函数以外的任何函数都可以作为其他函数的被调用函数。

递归是一种特殊的解决问题的方法，要用递归解决问题，应满足两个条件：

1）函数要直接或间接地调用它本身。

2）应有使递归结束的条件。

【例8-15】 用递归方法求$n!$。

求$n!$可以用下面的递归公式：

$$n!=\begin{cases}1 & (n=0,1)\\ n*(n-1)! & (n>1)\end{cases}$$

程序如下：

```
#include "stdio.h"
double fac(int n)
{
    double f;
    if(n<0)
    {
        printf("n不能小于0!");
        f=-1;
    }
    else if(n==0||n==1) f=1;
    else f=fac(n-1)*n; /*递归调用函数fac(n)*/
    return f;
}
main()
{
    int n;
    double y;
    scanf("%d",&n);
    y=fac(n);
    printf("%d!=%g\n",n,y);
}
```

当形参值大于1时，函数的返回值是n*fac(n−1)，其中fac(n−1)又是一次函数调用，而调用的正是fac()函数，这就是在一个函数中调用自身函数的情况，也就是函数的递归调用。这种函数就是递归函数。

可以看出，递归函数在执行时将引起一系列的调用和回代过程。

当n=5时，程序运行结果为：

```
5↙
120
```

那么递归调用是怎样执行的呢？对于上面的程序，当我们输入5时，程序进入被调用函数。在被调用函数里，5大于0且不等于0和1，则程序执行语句f=fac(n−1)*n，然后程序继续调用fac(4)，进入被调用函数后，继续调用fac(3)，一直到fac(1)，由于此时实参为1，函数返回为1，然后程序进入被调用函数fac(2)中，被调用函数返回f=1*2=2，然后继续返回，一直到主函数中，此时y的值为1*2*3*4*5=120。

【例8-16】 在例5-3中举过一个猴子吃桃的例子，当时用的是回溯法，下面我们用递归解决这个问题。

```
#include "stdio.h"
int sum=1;
int eat(int day)
{
```

```
    if(day==1)
      return sum;
    else
      sum=(sum+1)*2;
    return eat(day-1);   /*递归调用eat(int)函数*/
}
void main()
{
    int day;
    printf("请输入天数: ");
    scanf("%d",&day);
    eat(day);
    printf("桃子总数为: %d",sum);
}
```

运行程序，结果如下：

```
请输入天数: 10↙
桃子总数为: 1534
```

【程序分析】本程序使用了递归的思想，下面我们通过图8-3来分析程序执行过程。

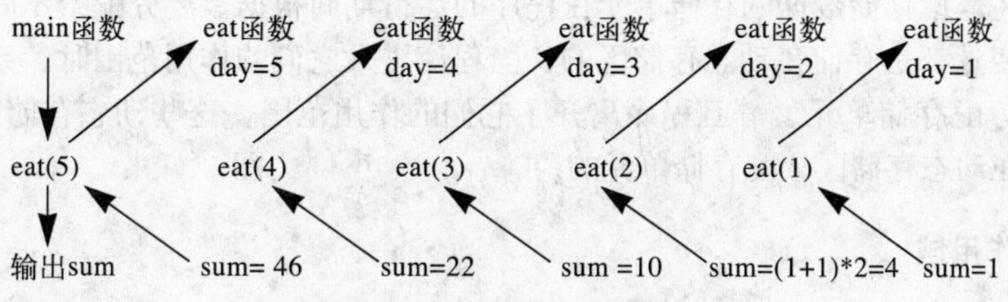

图8-3 调用函数eat(5) 的过程

【例8-17】设计一个递归函数，计算一个整数的各位数字之和。

```
#include "stdio.h"
int sum(int n)
{
    int r,q;
    r=n%10;
    q=n/10;
    if(q)
        return sum(q)+r;
    return r;
}
void main()
{
    int m;
    printf("请输入一个整数: ");
    scanf("%d",&m);
    printf("%d各个数位之和是%d\n",m,sum(m));
}
```

运行程序，结果如下：

```
请输入一个整数: 685↙
685各个数位之和是19
```

8.6 变量的存储类别

变量是对程序中数据的存储空间的抽象。C语言的数据有两种属性：数据类型和存储类型。

所以在定义一个变量时还应指出该变量的存储类型。一个完整的变量的定义为：

存储类型标识符 类型标识符 变量名；

C语言有4种存储类型：auto(自动)，extern（外部），static（静态），register（寄存器）。但是在我们前面的例子中，并没有指出一个变量的存储类型。其实我们前面所用的变量都是隐含为auto类型，也就是说，如果不指明一个变量的存储类型，则系统会隐含为auto类型。

8.6.1 动态存储和静态存储

内存中供用户使用的存储空间分为程序区、动态存储区和静态存储区。程序区是用来存放程序代码的内存空间，动态存储区和静态存储区是用来存放数据的内存空间。程序代码和数据是分离的，这是面向过程的程序设计的特点。

静态存储区是指存储单元在程序的整个过程中固定地分配给某些数据。所以在程序的整个运行过程中都可以使用这些数据，比如全局变量就是存储在程序的静态存储区的，在程序的开始给全局变量分配存储区，程序执行完毕后就释放，在整个程序的运行中，全局变量一直占据着固定的存储单元。

动态存储区是指存储数据的存储单元在程序的运行期间根据需要分配给不同的数据。我们以前所定义的变量都是存储在动态存储区的，当程序进入它们的作用范围时，系统便在动态存储区中为它们分配存储单元。一旦程序离开了它们的作用范围，这些动态存储区就会被释放。函数形参也是在动态存储区分配存储单元的。

8.6.2 变量的作用域

变量的作用域其实是一个范围，在这个范围中，被定义的变量是可用的，可以被系统所识别，如果超过这个范围使用该变量，则编译系统会指出所用的变量没有定义。根据变量的作用范围，变量分为局部变量和全局变量。局部变量是在一个函数内定义的变量，只能在本函数中可以使用，在函数外不能使用该变量。而全局变量在本文件中任何地方都是可以使用的。我们知道，一个程序可以由几个文件组成，而每个文件中又可以包含几个函数，那么在一个文件中定义而又不属于任何一个函数的变量，就是全局变量。全局变量不属于任何一个函数，但是可以被任何一个函数使用。它的作用范围是从定义变量的位置开始到本文件的结束。

【例8-18】变量的作用域。

```
#include "stdio.h"
int n=65;/*定义的变量为全局变量*/
void print()
{
    printf("%d\n",n);
}
main()
{
    printf("%d\n",n);
    print();
}
```

程序运行结果为：

```
65
65
```

我们可以看到，定义了全局变量，无论是主函数还是自定义的函数，都可以使用全局变量。

如果我们把程序改成这样：

```
#include "stdio.h"
void print()
{
    printf("%d\n",n);
}

main()
{
    int n=65;
    printf("%d\n",n);
    print();
}
```

则在编译时，系统会提示在print()函数内的变量n未定义。其实在这个程序中，主函数中定义的变量n是一个局部变量，它的范围只在主函数内，不能用在主函数之外的地方。

不同的函数可以使用相同名字的局部变量，它们是不同的变量。局部变量还可以与全局变量同名，此时在局部变量的作用域内全局变量不起作用。

【例8-19】局部变量与全局变量。

```
#include "stdio.h"
int n=65;

void print1()
{
    int n=20;
    printf("%d\n",n);
}

void print2()
{
    printf("%d\n",n);
}
main()
{
    int n=10;
    printf("%d\n",n);
    print1();
    print2();
}
```

程序运行结果为：

```
10
20
65
```

我们可以看到，当局部变量和全局变量重名时，在局部变量的作用范围之内，全局变量失去作用，但是在其他的局部变量没有与全局变量重名的函数内，全局变量仍然可以使用。

从这个例子中我们可以看到，不同函数中可以定义相同名字的变量，它们代表不同的对象，在内存中占有不同的单元。如上例中在main()函数和print1()函数中均定义了变量n，但是它们互不干扰。

形式参数也是局部变量。我们还可以在一个函数内部的某个程序块中定义局部变量，这些局部变量只在此程序块中有效，如下例所示。

【例8-20】局部变量。

```
#include "stdio.h"
void print1(int a)
{
    printf("%d\n",a);
}
void print2(int x ,int y)
{   if(x>y)
    {
      int z;
      z=x-y;
      printf("%d",z);
    }
  else printf("%d",x+y);
}
 void main()
{
    int n=10;
    printf("%d\n",n);
    print1(32);
    print2(10,4);
}
```

运行程序，结果如下：

```
10
32
6
```

上面程序中，a是函数print1的形参，main函数可以调用print1，但是不可以引用print1的形参a。而z是print2内的if语句块中的局部变量，因此在main函数中也不能引用，不仅如此，即使在printf2中的if语句之外也不能引用。

使用全局变量的目的是增加函数间数据的联系。因为函数都是可以使用全局变量的，所以在一个函数中改变了全局变量的值，就能影响到其他的函数，相当于各个函数间有直接的传递通道。同时我们还可以利用全局变量使一个函数可以返回两个以上的值。

【例8-21】用一个函数实现求一个数组中的最大值、最小值和总和。

```
#include "stdio.h"
int max=0,min=0;
int comp(int a[],int n)
{
    int i,sum=0;
    max=a[0];min=a[0];
    for(i=0;i<n;i++)
    {
        if(max<a[i]) max=a[i];
        if(min>a[i]) min=a[i];
        sum+=a[i];
    }
    return sum;
}

main()
{
    int i,b[5],sum;
```

```
    for(i=0;i<5;i++)
        scanf("%d",&b[i]);
    sum=comp(b,5);
    printf("The max number of the array b is %d\n",max);
    printf("The min number of the array b is %d\n",min);
    printf("The sum  of the array b is %d\n",sum);
}
```

程序运行结果为：

```
1  2  3  4  5↙
The max number of the array b is 5
The min number of the array b is 1
The sum  of the array b is 15
```

可以看到，利用全局变量可以减少函数的实参和形参的个数，从而减少内存空间及传递数据时的时间消耗。但是全局变量也有它的局限性：

1）全局变量浪费内存空间，因为全局变量在程序的全部执行过程中都占用存储单元，而不是在需要时才分配。

2）全局变量使函数的通用性降低，因为函数在执行时要依赖其所在的全局变量。如果将一个函数移到另一个文件中，还要将有关的全局变量及其值一起移过去。但若该全局变量与其他文件的变量同名时，就会出现问题，降低了程序的可靠性和通用性。在程序设计中，在划分模块时要求模块的"内聚性"强、与其他模块的"耦合性"弱。即模块的功能要单一，与其他模块的相互影响要小。而用全局变量违背了这个规则。

3）使用全局变量过多，会降低程序的清晰性，并且每个函数在执行时都有可能改变全局变量的值，使程序容易出错。因此，要尽量少使用全局变量。

再次提醒读者注意的是，如果在同一个源文件中全局变量与局部变量同名，则在局部变量的作用域内全局变量不起作用。

【例8-22】局部变量与全局变量同名。

```
#include "stdio.h"
 int a=3,b=5;
 int max(int a,int b)
 {
      int c;
      c=a>b?a:b;
      return c;
 }
void main()
 {
    int a=8;
    printf("%d",max(a,b));
 }
```

【程序分析】本例中，先定义了全局变量a=3，b=5，然后在main函数中定义了a=8，所以在main函数中"a=3"不起作用。在实际编程中，为了防止混乱，应该尽量避免局部变量与全局变量同名。

8.6.3 动态变量

我们知道，函数中定义的变量默认为auto，系统在动态存储区中为它们分配存储单元，函数的形参和函数内定义的变量都是这种类型的，只有当该函数被调用时，这些变量才被分配存储单元，函数调用结束，变量所占用的存储单元被释放。定义变量时可以加auto存储类型标识符，说明形式为：

```
[auto] 数据类型 变量名 [=初值表达式],...;
```

例如：

```
auto int a;
```

8.6.4 寄存器变量

寄存器变量的性质与动态变量相同，计算机中的CPU包含多个寄存器，在处理数据时，CPU将数据从存储器通过总线移到这些寄存器中，处理完毕后，再将这些数据通过总线移回到存储器。CPU的速度是很快的，但是总线的速度却很慢，所以运算时间主要消耗在数据从存储器读出或者写入上。如果我们把一个变量保存在CPU的寄存器中而不是存储器中，那么数据的处理就快得多。这种保存在寄存器中的变量称为寄存器变量。可以用register定义一个寄存器变量，例如：

```
register int a;
```

【例8-23】 计算$s=x^1+x^2+x^3+...+x^n$，x和n由终端输入。

```
#include "stdio.h"
double sum(register int x,int n)
{
    double s;
    int i;
    register int m;
    m=x;s=x;
    for(i=2;i<=n;i++)
    {
        m*=x;
        s+=m;
    }
    return s;
}
main()
{
    int x,n;
    printf("please enter x and n\n") ;
    scanf("%d %d",&x,&n);
    printf("s=%.2lf\n",sum(x,n));
}
```

程序运行情况如下：

```
please enter x and n
2 5↙
s=62.00
```

【例8-24】 使用寄存器变量。

```
#include "stdio.h"
void main()
{
    long fac(long);
    long i,n;
    scanf("%ld",&n);
    for(i=1;i<=n;i++)
```

```
        printf("%ld!=%ld\n",i,fac(i));
}
long fac(long n)
{
    register long i,f=1;
    for(i=1;i<=n;i++)
        f=f*i;
    return (f);
}
```

程序运行情况如下：

```
5↙
1!=1
2!=2
3!=6
4!=24
5!=120
```

如果一个变量被频繁使用，使用寄存器变量可以节约很多的时间。但是一个计算机中的寄存器毕竟有限，不能定义任意多个寄存器变量，并且不同的系统允许使用的寄存器数量是不同的，而且对寄存器变量的处理方法也是不同的。

只有局部自动变量和形参能定义为寄存器变量，其他变量则不可以。在调用一个函数时占用一些寄存器以存放寄存器变量的值，调用结束后释放寄存器，此后，其他函数可以继续使用这些寄存器。

局部静态变量不能定义为寄存器变量。不能写成：

```
register static int a;
```

不能把变量a既放在静态存储区中，又放在寄存器中，二者只能居其一。一个变量只能说明为一种存储类别。

现在的优化编译系统能够识别使用频繁的变量，从而自动将这些变量放在寄存器中，而不需要在程序中特别指定，因此实际上用register说明变量是不必要的，所以对本小节的内容了解即可。

8.6.5 局部静态变量

局部静态变量具有一定的特殊性，它在程序运行的整个过程中都占用内存单元，在其所在的函数被调用时，它才可以被使用，而在函数结束后，该变量虽然仍然在内存中存在，但是不可以被调用。

那么我们为什么要用到局部静态变量呢？我们通常定义的函数的局部变量，是在动态存储区中分配存储单元，只有该函数被调用时，才为这些函数分配内存，而且函数调用结束时，这些变量占用的内存被释放，当下一次调用该函数时，函数中的变量被重新分配内存。但是有时候我们希望函数中的局部变量的值在函数调用结束后不消失而保留原值，即其占用的存储单元不释放，在下一次该函数调用时该变量已经有值，就是上一次函数调用结束时的值。这时我们就应用到局部静态变量。定义局部变量需用到static存储类型标识符，形式为：

```
static 数据类型 变量名 [=初始化常数表达式],...;
```

例如：

```
static int a;
```

【例8-25】考察局部静态变量的值。

```
#include "stdio.h"
void main()
{
  int f(int);
  int a=2,i;
  for(i=0;i<3;i++)
    printf("%d ",f(a));
}
int f(int a)
{
    auto int b=0;
    static int c=3;
    b=b+1;
    c=c+1;
    return(a+b+c);
}
```

运行程序，结果如下：

```
7 8 9
```

【程序分析】在第一次调用f函数时，b的初值为0，c的初值为3，第一次调用结束时，b=1，c=4，a+b+c=7。因为c是局部静态变量，所以函数调用结束后，仍保留c=4。在第2次调用f函数时，b的初值仍为0，而c的初值为4。依次类推，程序执行过程中，b和c的变化如表8-1所示：

表8-1 函数调用运行状况

第几次调用	调用时初值		调用结束时的值		
	b	c	b	c	a+b+c
第1次	0	3	1	4	7
第2次	0	4	1	5	8
第3次	0	5	1	6	9

【例8-26】打印1到5的阶乘。

```
#include "stdio.h"
int fac(int n)
{
    static int f=1;
    f*=n;
    return f;
}
main()
{
    int i;
    for(i=1;i<=5;i++)
        printf("%d!=%d\n",i,fac(i));
}
```

程序运行结果为：

```
1!=1
2!=2
3!=6
4!=24
5!=120
```

fac()函数第一次被调用后，f的值为1，这个值被保留下来。当第二次被调用后，f的值为2，同时这个值也被保留下来，作为第三次调用的初值。当调用函数时，变量f不会被多次赋值，也就是说函数调用时“f=1”不会被执行。其实局部静态变量是在编译时被赋值的，即只赋值一次，以后每次函数调用时都是使用上次保留的值。而auto型的变量不是在编译时赋值的，而是在函数调用时赋值，即每调用一次便会被赋值一次。

在上述程序中，如果不把f定义为静态变量，即

```
int f=1;
```

则运行结果为：

```
1!=1
2!=2
3!=3
4!=4
5!=5
```

这是因为每次调用fac()函数，都重新为f赋值为1，而不是保存上次调用的结果。

如果静态变量在定义时没有被明确地赋值，那么在编译时系统会指定静态变量的初值为0或者为空字符。但是对auto型的变量来说，如果不赋初值，则该变量分配内存时内存单元中的内容是不确定的。局部变量只能在定义的函数中使用，在其他函数中不能被使用。

8.6.6 外部变量

外部变量的生命周期是程序的整个执行过程，在程序被编译时分配存储单元。外部变量的作用域是从外部变量定义之后直到该源文件结束的所有函数，其存储类型标识符为extern。以下程序说明外部变量的作用域。

【例8-27】产生随机数的函数。

```
#include "stdio.h"
static unsigned int r;
random (void)
{
    r=(r*123+59)%65536;
    return (r);
}
/* 产生r的初值 */
unsigned random_start(unsigned int seed)
{
    r=seed;
}
main ()
{
  int  i, n;
  printf("Please enter the seed:");
  scanf("%d",&n);
  random_start(n);
  for(i=1;i<10;i++)
  printf("%u",random());
}
```

r是一个静态外部变量，初值为0。在需要产生随机数的函数中先调用一次random_start函数以产生r的第一个值，然后再调用random函数，每调用一次random，就得到一个随机数。通过main函数调用，运行时能产生10个随机数。

有时需要用extern来声明外部变量，以扩展外部变量的作用域。

1. 在一个文件内声明外部变量

如果外部变量不在文件的开头定义，那么它的作用域只限于定义处到文件结束。如果在定义之前的函数想引用该外部变量，则应该在引用之前用extern对该变量进行声明，表示该变量是一个已经定义的外部变量。有了声明，就可以从声明处起，合法地使用该外部变量。

【例8-28】用extern声明外部变量，扩展它在程序文件中的作用域。

```
#include "stdio.h"
void main()
{
    int max(int,int);
    extern A,B;
    printf("%d\n",max(A,B));
}
int A=13,B=-8;
int max(int x,int y)
{
    int z;
    z=x>y?x:y;
    return z;
}
```

运行程序，结果如下：

```
13
```

定义外部变量A和B的位置在main函数之后，因此在main函数中不能引用外部变量A和B，但是在main函数中对它们作了外部变量声明，这样在main函数中就能合法地使用外部变量A和B了。如果不作声明，编译时就会出错，为了避免在函数中多加一个声明，一般我们把对外部变量的定义放在引用它的所有函数之前。用extern声明外部变量时，类型名可以写也可以不写。例如，“extern int A,B;”也可以写成“extern A,B;”。

2. 在多文件的程序中声明外部变量

如果一个C程序由多个源程序文件组成，那么如何在一个文件中引用另一个文件中已定义的外部变量呢？下面我们举例说明。

如果一个程序包含两个文件，在两个文件中都要用到同一个外部变量“Num”，不能分别在两个文件中各自定义一个外部变量Num，否则在程序连接时会出现“重复定义”的错误。正确的做法是：在任一个文件中定义外部变量Num，而在另一个文件中用extern对Num作外部变量声明，即“extern Num;”。在编译和连接时，系统会将在一个文件中定义的外部变量的作用域扩展到本文件，在本文件中可以合法地引用外部变量Num。下面举例说明。

【例8-29】用extern将外部变量的作用域扩展到其他文件。

```
file1.c:
#include "stdio.h"
int A;
void main(){
   int power(int); /* 对调用函数作声明 */
   int b=2,c,d,m;
   printf("enter the number a and its power m :\n");
   scanf("%d,%d",&A,&m);
   c=A*b;
   printf("%d*%d=%d\n",A,b,c);
   d=power(m);
```

```
    printf("%d**%d=%d",A,m,d);
}

file2.c:
extern A; /* 声明 A 为一个已定义的外部变量 */
power(int n){
    int i,y=1;
    for(i=1;i<=n;i++)
        y*=A;
    return(y);
}
```

运行程序，结果如下：

```
enter the number a and its power m :
3,5↙
3*2=6
3**5=243
```

【程序分析】file2.c 文件中的开头有一个 extern 声明，它声明在本文件中出现的变量 A 是一个已经在其他文件中定义过的外部变量，本文件不必再次为它分配内存。本来外部变量 A 的作用域是 file1.c，但现在用 extern 声明将其作用域扩大到 file2.c 文件。假如程序有5个源文件，在一个文件中定义外部整型变量A，其他4个文件都可以引用A，但必须在每一个文件中都加上一个"extern A;"声明。在各文件经过编译后，将各目标文件连接成一个可执行的目标文件。但是用这样的全局变量应十分慎重，因为在执行一个文件中的函数时，可能会改变了该全局变量的值，它会影响到另一文件中的函数执行结果。

3. 用static声明外部变量

有时程序设计中希望某些外部变量只限于被本文件引用，而不能被其他文件引用。这时可以在定义外部变量时加一个static声明。例如：

```
file1.c
static int A;
main()
{
}
file2.c
extern int A;
fun(int n)
{
A=A*n;
}
```

在file1.c中定义了一个全局变量A，但它用static声明，因此只能用于本文件，虽然在file2.c文件中用了"extern int A;"，但file2.c文件中还是无法使用file1.c中的全局变量A。

说明：

1）静态全局变量可以为程序的模块化、通用性提供方便。

2）对外部变量加上static声明，并不意味着这种外部变量是静态存储，而不加static的是动态存储。两种形式的外部变量都是静态存储方式，只是作用范围不同而已，都是在编译时分配内存的。

从以上分析可以看出，把局部变量改为静态变量后是改变了它的存储方式，即它的生存期；把全局变量改为静态全局变量后是改变了它的作用域，限制了它的使用范围。因此，static这个说明符在不同的地方所起的作用是不同的，应予以注意。

【例8-30】说明全局变量、自动局部变量和静态局部变量的作用域的例子。

```
#include "stdio.h"
void u(void);
void v(void);
void w(void);
int a=2;
int main()
{
    int a=4;
    printf("主函数中,外层局部变量a的值是%d\n",a);
    {
       int a=8;
       printf("主函数中,内层局部变量a的值是%d\n",a);
    }
    printf("程序从主函数的内层程序块退出\n");
    printf("主函数中,外层局部变量a的值是%d\n",a);
    u();
    v();
    w();
    u();
    v();
    w();
    printf("主函数中的局部变量a是%d\n",a);
    return 0;
}
void  u(void)
{
    int a=20;
    printf("进入函数u()时,函数u()的局部变量a是%d\n",a);
    a+=5;
    printf("退出函数u()时,函数u()的局部变量a是%d\n",a);
}
void  v(void)
{
    static int a=30;
    printf("进入函数v()时,函数v()的静态局部变量a是%d\n",a);
    a+=2;
    printf("退出函数v()时,函数v()的静态局部变量a是%d\n",a);
}
void  w(void)
{
    printf("进入函数w()时,全局变量a是%d\n",a);
    a+=3;
    printf("退出函数w()时,全局变量a是%d\n",a);
}
```

程序运行结果如下：

```
主函数中,外层局部变量a的值是4
主函数中,内层局部变量a的值是8
程序从主函数的内层程序块退出
主函数中,外层局部变量a的值是4
进入函数u()时,函数u()的局部变量a是20
退出函数u()时,函数u()的局部变量a是25
进入函数v()时,函数v()的静态局部变量a是30
退出函数v()时,函数v()的静态局部变量a是32
进入函数w()时,全局变量a是2
```

```
退出函数w()时,全局变量a是5
进入函数u()时,函数u()的局部变量a是20
退出函数u()时,函数u()的局部变量a是25
进入函数v()时,函数v()的静态局部变量a是32
退出函数v()时,函数v()的静态局部变量a是34
进入函数w()时,全局变量a是5
退出函数w()时,全局变量a是8
主函数中的局部变量a是4
```

【程序分析】在以上程序中，全局变量a在定义时被初始化为2。以后在程序中如果使用标识符a定义新的变量，都会将全局变量a隐藏起来。主函数定义局部变量a并初始化为4，然后输出它的值。在主函数中的程序块中又用a定义新的局部变量，并把它初始化为8，该值的输出说明外层的局部变量和全局变量a都被隐藏起来。在程序退出内层程序块时，值为8的内层局部变量已经被自动撤销，然后再输出a是外层局部变量。程序定义了三个没有形参没有返回值的函数。函数u()定义了自动局部变量a，a的初始值为20。函数u()输出a的值，然后将a的值加5后再输出，结束函数。每次调用函数u()都将重新定义自动局部变量并初始化为20，函数输出a后，a增加5，再输出增加之后的a，函数返回时将a撤销。函数v()定义了局部静态变量a，a的初值为30。函数v()输出a的值，然后将a的值增加2再输出，函数返回后，v()的a保留着32。下一次再调用函数v()，静态局部变量a拥有值32，输出32后再增加2，再输出增加2之后的a，函数返回后，a的值保留为34。函数w()没有定义局部变量，使用的是全局变量a。函数w()输出全局变量a，将a增加3，然后再输出3。最后，主函数输出局部变量a，输出的值说明没有别的函数对这个局部变量a做修改。

8.7 内部函数与外部函数

函数本质上是全局的，因为一个函数要被另外的函数调用。但是也可以指定函数只能被本文件调用，而不能被其他文件调用。根据函数能否被其他源文件调用，将函数区分为内部函数和外部函数。

8.7.1 内部函数

如果一个函数只能被本文件中其他函数所调用，它称为内部函数。在定义内部函数时，在函数名和函数类型的前面加static。函数首部的一般格式为：

```
static 类型标识符 函数名(形参表)
```

例如：

```
static int fun(int a,int b)
```

内部函数又称静态（static）函数。使用内部函数，可以使函数只局限于所在文件。如果在不同的文件中有同名的内部函数，它们互不干扰。通常把只能由同一文件使用的函数和外部变量放在一个文件中，在它们前面都冠以static使之局部化，其他文件不能引用。

8.7.2 外部函数

在定义函数时，如果在函数首部的最左端冠以关键字extern，则表示此函数是外部函数，可供其他文件调用。

如函数首部可以写为：

```
extern int fun (int a, int b)
```

这样，函数fun就可以为其他文件调用。如果在定义函数时省略extern，则默认为外部函数。本书前面所用的函数都是外部函数。

在需要调用此函数的文件中，用extern声明所用的函数是外部函数。

【例8-31】 输入两个整数，要求输出其中的大者。用外部函数实现。

```
file1.cpp(文件1)
#include "stdio.h"
int main( )
{
  extern int max(int,int);   /*声明在本函数中将要调用在其他文件中定义的max函数*/
  int a,b;
  printf("please enter a and b:\n");
  scanf("%d%d",&a,&b);
  printf("%d",max(a,b));
  return 0;
}
```

file2.cpp（文件2）

```
int max(int x,int y)
{
    int z;
    z=x>y?x:y;
    return z;
}
```

程序运行情况如下：

```
7  34↙
34
```

通过此例可知：使用extern声明就能够在一个文件中调用其他文件中定义的函数，或者说把该函数的作用域扩展到本文件。extern声明的形式就是在函数原型基础上加关键字extern。由于函数在本质上是外部的，在程序中经常要调用其他文件中的外部函数，为方便编程，C允许在声明函数时省略写extern。上例程序main函数中的函数声明可写成：

```
int max(int,int);
```

这就是我们多次用过的函数原型。由此可以进一步理解函数原型的作用：用函数原型能够把函数的作用域扩展到定义该函数的文件之外（不必使用extern），只要在使用该函数的每一个文件中包含该函数的函数原型即可。函数原型通知编译系统：该函数在本文件中稍后定义，或在另一文件中定义。

利用函数原型扩展函数作用域最常见的例子是#include命令的应用。在#include命令所指定的头文件中包含有调用库函数时所需的信息。例如，在程序中需要调用sin函数，但三角函数并不是由用户在本文件中定义的，而是存放在数学函数库中的。按以上的介绍，必须在本文件中写出sin函数的原型，否则无法调用sin函数。sin函数的原型是：

```
double sin(double x);
```

本来应该由程序设计者在调用库函数时先从手册中查出所用的库函数的原型，并在程序中一一写出来，但这显然是麻烦而困难的。为减少程序设计者的困难，在头文件math.h中包括了所有数学函数的原型和其他有关信息，用户只需用以下#include命令：

```
#include "math.h"
```

这时，在该文件中就能合法地调用所有的数学库函数了。

8.8 数组与函数参数

8.8.1 数组元素作为函数实参

实参可以是表达式的形式，而数组元素可以是表达式的组成部分，因此数组元素可以作为函数的实参。数组元素作为函数实参与变量作为实参是一样的，都是值传递的方式。

【例8-32】统计数组中有多少个元素大于第一个元素。

```
#include "stdio.h"
int compare(int n,int m)
{
    int flag;
    if(n>=m)flag=1;
    else flag=0;
    return flag;
}
main()
{
    int a[10],num=0,i;
    for(i=0;i<10;i++)
        scanf("%d",&a[i]);
    for(i=1;i<10;i++)
        num+=compare(a[i],a[0]);
    printf("num=%d\n",num);
}
```

程序运行结果为：

```
2 3 4 1 0 7 6 9 0 1↙
num=5
```

8.8.2 数组名作为函数实参

数组名也可以作为函数的实参传递给形参，它传递的是数组的地址，不是值传送方式，所以用数组名作为实参传递的是数组的起始地址，由于是地址传递，所以形参和实参指向同一内存单元。

【例8-33】数组名作为实参。

```
#include "stdio.h"
int sum(int b[])  /*数组b[]以-1作为数组的结束,求数组元素之和*/
{
    int s=0,i=0;
    while(b[i]!=-1)
        s+=b[i++];
    return s;
}
main()
{
    int a[]={1,2,3,4,5,6,7,8,9,10,-1};
    printf("sum=%d\n",sum(a));
}
```

程序运行结果为：

```
sum=55
```

用数组名作实参时应注意：

1）用数组名作为函数参数，应该在主调用函数和被调用函数中分别定义数组。

2）实参数组和形参数组的类型应一致，不一致时结果会出错。

3）形参数组可以不指定大小，实参数组与形参数组大小可以不一致，编译时不作检查，但是最好一致。

4）由于是地址传递，所以实参与形参指向内存单元的同一个地址，形式上是两个数组而实质上是同一个数组，因为它们占用同一段内存单元。

5）由于实参和形参占用同一段内存，所以形参中所指的各元素值的变化，实际上就是实参所指的数组元素的变化。

【例8-34】编写函数my_strcat(char s[],char t[])将存储在字符数组t中的字符串连接到s数组的字符串后面。

```
#include "stdio.h"
void my_strcat(char s[],char t[])
{
  int i=0;
  int j=0;
  while(s[i]!='\0') i++;
  while(t[j]!='\0')
    {
      s[i]=t[j];
      i++;
      j++;
    }
  s[i]='\0';
}
void main()
{
  char str1[20]="hello ";
  char str2[10]="world";
  my_strcat(str1,str2);
  printf("连接后的字符串是：\n");
  puts(str1);
}
```

运行程序的结果为：

```
连接后的字符串是：
hello world
```

【例8-35】用选择法对数组中10个整数按从小到大的顺序排序。

```
#include "stdio.h"
void sort(int b[],int n)
{
    int i,j,k,t;
    for(i=0;i<n-1;i++)
    {
        k=i;
        for(j=i+1;j<n;j++)
            if(b[j]<b[k])k=j;
        t=b[k];b[k]=b[i];b[i]=t;
    }
}
main()
{
```

```
    int a[10],i;
    for(i=0;i<10;i++)
        scanf("%d",&a[i]);
    sort(a,10);
    for(i=0;i<10;i++)
        printf("%d  ",a[i]);
    printf("\n");
}
```

【程序分析】选择法就是先将10个数中最小的数与a[0]对换；再将a[1]到a[9]中的最小的数与a[1]对换……每比较一次，找到的都是未经排序的数中最小的一个。

运行程序，输入：

3 8 6 4 2 1 7 5 12 9↙

输出：

1 2 3 4 5 6 7 8 9 12

二维数组名也可以作为函数的参数，在被调用函数中对形参数组定义时可以指定每一维的大小，也可以省略第一维大小的说明，但是不能把第二维的说明省略。

我们已经知道，实参数组名代表该数组的首地址，而形参是用来接受从实参传递过来的数组的首地址的，所以形参应该是一个指针变量。实际上，C编译系统都是将形参数组作为指针变量来处理的。例如在例8-35中我们定义了一个函数：

```
void sort(int b[],int n);
```

但是在编译时是将数组b按指针变量处理的，所以上面的定义相当于：

```
void sort(int *b, int n);
```

在调用该函数时，系统会建立一个指针变量b，用来存放从主调用函数传递过来的实参数组首地址。当b接受了实参数组的首地址后，b就指向实参数组的开头，也就是指向a[0]。因此*b就是a[0]的值。b+1指向a[1]，也就是说*(b+1)就是a[1]的值。

需要注意的是，C语言调用函数时虚实结合的方法都是采用值传递方式，当用变量名作为函数参数时传递的是变量的值，当用数组名作为函数参数时，由于数组名代表的是数组起始地址，因此传递的值是数组首地址，所以要求形参为指针变量。

【例8-36】改用指针变量编写例8-35。

```
#include "stdio.h"
void sort(int *b,int n)
{
    int i,j,k,t;
    for(i=0;i<n-1;i++)
    {
        k=i;
        for(j=i+1;j<n;j++)
            if(*(b+j)<*(b+k))k=j;
        if(k!=i)
        {t=*(b+i);*(b+i)=*(b+k);*(b+k)=t;}
    }
}
main()
{
    int *p,i,a[10];
    p=a;
    for(i=0;i<10;i++)
```

```
        scanf("%d",p++);
    p=a;
    sort(p,10);
    for(p=a,i=0;i<10;i++,p++)
        printf("%d  ",*p);
    printf("\n");
}
```

程序运行结果和例8-35是一样的。

我们看到用指针作形参完全实现了例8-35的功能，这也说明用数组名作为函数形参时，传递的是数组的首地址，而不是整个数组。用指针变量作为形参，当调用函数时，形参和实参是指向同一内存单元，所以对形参的改变会影响到实参。所以尽管对数组的排序是在sort函数内进行的，但是当函数执行完毕后，主函数中的a数组中元素的顺序已经发生了变化。

【例8-37】 输出一个数组的逆序。

程序代码1：数组名实现。

```
#include "stdio.h"
#define N 10
void reverse(int [],int);
void print(int [],int);
void main()
{   int a[N],i;
    printf("please enter the primary data:\n");
    for(i=0;i<N;i++)
        scanf("%d",&a[i]);
    printf("the primary data are:\n");
    print(a,N);
    printf("\n");
    printf("the reverse data are:\n");
    reverse(a,N);
    print(a,N);
}
void print(int b[],int n)
{ int i;
    for(i=0;i<n;i++)
    printf("%4d",b[i]);
}
void reverse(int b[],int n)
{
   int i,j,temp;
   for(i=0,j=n-1;i<j;i++,j--)
    {
       temp=b[i];
       b[i]=b[j];
       b[j]=temp;
    }
}
```

程序代码2：指针实现。

```
#include "stdio.h"
void reverse(int *b,int n)
{
    int *p,*p1,*p2,temp,m=(n-1)/2;
    p1=b;
    p2=b+n-1;
```

```
    p=b+m;
    for(;p1<=p;p1++,p2--)
        {temp=*p1;*p1=*p2;*p2=temp;}
}

main()
{
    int i,a[10];
    for(i=0;i<10;i++)
        scanf("%d",&a[i]);
    reverse(a,10);
    for(i=0;i<10;i++)
        printf("%d  ",a[i]);
    printf("\n");
}
```

程序运行结果为:

```
0 1 2 3 4 5 6 7 8 9↙
9  8  7  6  5  4  3  2  1  0
```

二维数组的地址也可以用作函数参数传递。在用指针变量作为形参以接受实参数组名传递来的地址时，可以用两种方法：

1）用指向变量的指针变量。

2）用指向一维数组的变量。

【例8-38】 有4个学生，每一个学生有5门成绩，求出所有成绩的平均分和每个学生的平均分。

```
#include "stdio.h"
float aver1(float *b,int n)
{
    float sum=0,aver;
    int i;
    for(i=0;i<n;i++,b++)
        sum+=*b;
    aver=sum/n;
    return aver;
}

void aver2(float (*p)[5],int n)
{
    int i,j;
    float sum,aver;
    for(i=0;i<n;i++)
    {   sum=0;
        for(j=0;j<5;j++)
            sum+=*(*(p+i)+j);
        aver=sum/5;
        printf("the average score of the NO.%d is %f\n",i+1,aver);
    }
}

main()
{
    int i,j;
    float a[4][5],aver;
    for(i=0;i<4;i++)
        for(j=0;j<5;j++)
```

```
            scanf("%f",&a[i][j]);
    aver=aver1(a,20);
    printf("the average score of all students is %f\n",aver);
    aver2(a,4);
}
```

对于函数aver1，我们使用的是指向变量的指针变量，把二维数组看做一个整体，计算总的成绩。而对于函数aver2，我们使用的是指向一维数组的指针，把每一个学生的成绩看做一个一维数组，然后计算每一个学生的平均成绩。

【例8-39】从字符串中删除指定的字符。

```
#include "stdio.h"
void del_letter(char s[],char c)
{
  int i,k=0;
  for(i=0;s[i]!='\0';i++)
    if(s[i]!=c) s[k++]=s[i];
      /*当遇到要删除的字符时,下标i仍然递增,但下标k不变化*/
  s[k]='\0';
}
void main()
{
  char c;
  char str[30];
  printf("please enter a series of character:");
  gets(str);
  printf("please input a letter to be delete:");
  scanf("%c",&c);
  del_letter(str,c);/*调用函数,实参是一个指定的字符数组和指定的字符*/
  printf("new str=%s\n",str);
}
```

运行程序，结果如下：

```
please enter a series of character:I am a Chinese people!↙
please input a letter to be delete:m
new str= I a a Chinese people!
```

【例8-40】编写一个函数，实现字符串的比较，不能使用strcmp。

```
#include "stdio.h"  /*头文件*/
int main()
{     int cmpstring(char *s1,char *s2);/*声明变量及函数*/
      int ret;
      char str1[80],str2[80];
      printf("请输入一个字符串:");
      scanf("%s",str1);    /*输入字符串1*/
      printf("请输入另一个字符串:");
      scanf("%s",str2);    /*输入字符串2*/
      ret=cmpstring(str1,str2);          /*调用函数,比较字符串*/
      if (ret>0)       /*根据结果,输出*/
         printf("第1个字符串大于第2个字符串!\n");
      else if (ret<0)
         printf("第1个字符串小于第2个字符串!\n");
      else
         printf("第1个字符串等于第2个字符串!\n");
     return 0;
}
```

```
int cmpstring(char *s1,char *s2)          /*自定义函数,功能是比较字符串的大小*/
{ while(*s1||*s2)
    { if(*s1-*s2)
        return *s1-*s2;                   /*若*s1>*s2,则字符串s1大于s2*/
      else                                /*若*s1<*s2,则字符串s1小于s2*/
        {
            s1++;
            s2++;
        }
    }
    return 0;   /*从此出口离开,则表明两个字符串相等*/
}
```

运行程序，结果如下：

```
请输入一个字符串:adeg↙
请输入另一个字符串:adca↙
第1个字符串大于第2个字符串!
```

8.9 指针与函数

指针除了可以作为函数的参数外，它还可以指向一个函数，也就是说，指针存放的是函数的入口地址。同时一个函数除了可以带回一个整型值、字符值、实型值之外，也可以带回指针型的数据，即地址，我们可以将该函数的返回值定义为指向某种类型的指针。

8.9.1 指向函数的指针

对于函数来说，可以像数组那样通过函数名来访问一个函数，我们以前的例子中对函数的访问都是通过这种方法实现的。另一方面，我们也可以通过指向函数的指针来访问一个函数。

函数型指针定义形式如下：

```
类型标识符 (*指针名称)();
```

例如我们可以定义一个指向返回值为整型的函数指针p：

```
int (*p)();
```

指向函数的指针是存放函数入口地址的变量，一个函数的入口地址由函数名表示，它是函数体内第一个可执行语句的代码在内存中的地址。当一个指向函数的指针明确地指向一个函数时，这个指针中存放的就是它所指向的函数的入口地址，这样我们就可以通过这个指向函数的指针来调用这个函数。

C语言还允许将函数的名字作为函数的参数传递给另一个函数，由于参数传递是单向值传递，相当于将函数名赋给形参，因此在被调用函数中，接受函数名的形参是指向函数的指针。被调用函数可以通过函数的指针来调用完成不同功能的具体函数。

【例8-41】设计一个函数，在调用它的时候，每次实现不同的功能。

```
#include "stdio.h"
int max(int x,int y)
{
    return(x>y?x:y);
}
int min(int x,int y)
{
    return(x<y?x:y);
}
```

```
int sum(int x,int y)
{
    return(x+y);
}
void comp(int x,int y,int (*p)(int,int))
{
    printf("%d\n",(*p)(x,y));
}
main()
{
    int a,b;
    scanf("%d %d",&a,&b);
    printf("max=");comp(a,b,max);
    printf("min=");comp(a,b,min);
    printf("sum=");comp(a,b,sum);
}
```

程序运行结果为：

```
2  8↙
max=8
min=2
sum=10
```

我们可以看到这里的max、min和sum三个函数是作为comp函数的一个参数来使用的。comp函数的第3个参数就是一个指向函数的指针，当把函数max赋给它的时候，这个指针就指向了函数max，即函数max的入口地址赋给了指向函数的指针p。所以当定义一个指向函数的指针时，它并没有特定指向哪个函数，而是需要我们给它赋值，即让它指向一个函数。同时一个指向函数的指针可以指向不同的函数，在我们上面的例子中，指向函数的指针p就先后指向了max、min和sum三个函数。

我们也可以用一个指针变量指向一个函数，然后通过该指针变量调用这个函数。

【例8-42】 用函数指针变量调用函数。

```
#include "stdio.h"
int fmax(int x,int y)
{
    return(x>y?x:y);
}
int fmin(int x,int y)
{
    return(x<y?x:y);
}
int fsum(int x,int y)
{
    return(x+y);
}
main()
{
    int a,b,max,min,sum;
    int (*p1)(int,int),(*p2)(int,int),(*p3)(int,int);
    scanf("%d %d",&a,&b);
    p1=fmax;p2=fmin;p3=fsum;
    max=(*p1)(a,b);
    min=(*p2)(a,b);
    sum=(*p3)(a,b);
    printf("max=%d\n",max);
```

```
    printf("min=%d\n",min);
    printf("sum=%d\n",sum);
}
```

这个程序的运行结果和例8-41的程序是一样的。

在通过指针变量调用一个函数时，只需要用这个指针变量代替原来的函数名即可。例如我们调用函数fmax时，只需用下面的语句：

```
max=(*p1)(a,b);
```

当然不要忘了要把实参赋给函数。

指向函数的指针只能指向一个函数的入口地址，然后由系统通过这个入口地址调用这个函数，所以函数指针的增减都是无意义的。例如对指向函数的指针进行p++或者p--等运算就是无意义的运算。

注意，在给函数指针变量赋值时，只需给出函数名而不必给出参数，例如：

```
p1=fmax;
```

因为是将函数入口地址赋给p1，而不牵涉实参与形参的结合问题，所以不能写成：

```
p1=fmax(a,b);
```

8.9.2 返回指针的函数

C语言函数的返回值，不仅可以是整型、字符型等类型，而且可以是除了数组、共用体变量和函数之外的任何类型和指向任何类型的指针。

返回指针值的函数的一般定义为：

```
类型标识符 *函数名(参数列表);
```

例如：

```
int *a(int x, int y);
```

它表示函数a就是一个返回指向int型的指针的函数。

【例8-43】输入两个字符串，并进行比较，输出较大的字符串。

```
#include "stdio.h"
#include "string.h"
char* maxstr(char *str1,char *str2)
{
    if(strcmp(str1,str2)>=0)
        return str1;
    else
        return str2;
}
main()
{
    char string1[10],string2[10],*result;
    scanf("%s %s",string1,string2);
    result=maxstr(string1,string2);
    printf("The max string is %s\n",result);
}
```

程序运行结果为：

```
abcd  abce↙/*若*s1>*s2,则字符串s1大于s2;*/
The max string is abce
```

函数maxstr返回的是一个指向字符串的指针，然后把这个指针赋给了result。

【例8-44】 用指针改写例8-34，要求返回str1的地址。

```
#include "stdio.h"
char *my_strcat(char *s1,char *s2)
{
   char *p;
   p=s1;
   while (*p!='\0') p++;/*p指向字符串s1的结束单元*/
   while(*s2!='\0')  /*在本循环中,依次把s2中的字符连接到s1的后面*/
    {
       *p=*s2;
       p++;
       s2++;
    }
  *p='\0';/*设置合并后的字符串的结束标志*/
  return s1;
}
void main()
{
  char str1[20]="I am a ";
  char str2[10]="student!";
  char *str3;
  str3=my_strcat(str1,str2);
  printf("%s\n",str3);
  printf("%s\n",str1);
}
```

程序运行结果为：

```
I am a student!
I am a student!
```

【例8-45】 输入若干个百分制成绩，以输入非法成绩为结束（成绩大于100或小于0为非法成绩），求最高分数并输出。

```
#include "stdio.h"
int input(int *max)
{
  int x;
  scanf("%d",&x);
  if(x>100||x<0) return max;
  if(x>*max)
    *max=x;
  input(max);
}
int main()
{
  int max=0;
  printf("输入若干个百分制成绩(输入非法则结束): \n");
  input(&max);
  printf("最高分是: %d\n",max);
}
```

运行程序，结果如下：

```
输入若干个百分制成绩(输入非法则结束):
67 85 23 70 94 56 98 -1↙
最高分是: 98
```

使用函数时经常出现错误，常见的有以下几种：

1）在函数定义后加“;”,如：

```
int max(int x,int y);
{
  ...
}
```

2）非整型函数前没加说明符，如：

```
func(float x,int y)
{
  float z;
  ...
  return z;
}
```

当省略函数的类型说明符时，函数的返回值自动默认为整型，所以在某些函数返回值为非整型时，会产生错误结果。

3）形参没有全部给出类型说明，如：

```
int max(int x,y)  /*此处没有对形参y进行类型说明*/
{...}
```

4）函数调用前没有声明。如果被调用函数在主调用函数前，可以不声明，但是，如果被调用函数在主调用函数之后定义，那么在调用之前一定要先声明被调用函数的原型。

5）忽略参数的求值顺序，如：

```
int  sub(int x,int y)
{ return (x-y);
}
```

若有语句“printf("%d",sub(i,--i));”，希望结果为1，但有可能为0，这是因为函数的求值顺序可能是从右往左，解决这一问题的办法是在参数传递过程中避免使用++或--运算。

本章小结

C语言的程序是由函数组成的。函数是完成单一功能的程序模块。C语言的函数可以返回一个值，也可以不返回值。C语言的函数不能嵌套定义，但是可以嵌套调用，也可以调用自身，即递归调用。调用函数时参数传递是值传递方式。形参也可以是指针类型，当形参是指针类型时，形参和实参指向同一块内存单元，这时形参的改变可以影响到实参。本章还介绍了函数调用、参数传递、函数值返回等与指针相关联的复杂情况，初学者只要大致了解即可，不必纠结于这些细节，随着编程经验的不断积累，就不难掌握其中的编程方法。

习题

一．问答题

1. 什么是模块化程序设计方法？它有哪些优点？
2. C程序的一般结构如何？
3. 什么是函数定义和函数声明？
4. 函数的原型声明、函数的定义和函数的调用之间如何区分？什么情况必须使用函数的原型声明？广泛使用函数的原型声明有什么好处？
5. 什么是外部函数和内部函数？它们分别有什么作用？如何定义和使用外部函数和内部函数？
6. 全局变量与静态全局变量有什么不同？局部变量与静态局部变量有什么不同？

7. 什么是存储类型？存储类型说明的意义是什么？
8. 函数调用时，实参向形参传递参数的方式有哪几种，它们的形式和特点是什么？
9. 数组作为函数是如何调用的？
10. 指针作为函数是如何调用的？

二、选择题

1. C语言中形参的默认存储类型是（　　）。
   A) 自动（auto）　B) 静态（static）　C) 寄存器（register）　D) 外部（extern）
2. 下面对函数嵌套的叙述中，正确的为（　　）。
   A) 函数定义可以嵌套，但函数调用不能嵌套
   B) 函数定义不可以嵌套，但函数调用可以嵌套
   C) 函数定义和调用均不能嵌套
   D) 函数定义和调用均可以嵌套
3. 下面关于形参和实参的说法中，正确的是（　　）。
   A) 形参是虚设的，所以它始终不占存储单元
   B) 实参与它所对应的形参占用不同的存储单元
   C) 实参与它所对应的形参占用同一个存储单元
   D) 实参与它所对应的形参同名时可占用同一个存储单元
4. 关于全局变量，下列说法正确的是（　　）。
   A) 本程序的全部范围　B) 离定义该变量的位置最接近的函数
   C) 函数内部范围　D) 从定义该变量的位置开始到本文件结束
5. 以下程序运行后，输出结果是（　　）。

```
  int d=1;
  void fun(int p)
    { int d=5;  d+=p++;  printf("%d",d); }
main()
    { int a=3;
      fun(a);
      d+=a++;
      printf("%d\n",d) ;
    }
```

   A) 84　B) 99　C) 95　D) 44
6. 以下程序的输出结果是（　　）。

```
#include "stdio.h"
fun(int a,int b,int c)
{c=a*a+b*b;}
main()
{
int x=22;
fun(4,2,x);
printf("%d",x);
}
```

   A) 20　B) 21　C) 22　D) 23
7. 有如下函数调用语句，函数调用语句中含有的实参个数是（　　）。

```
func(rec1,rec2+rec3,(rec4,rec5));
```

A) 3　　B) 4　　C) 5　　D) 有语法错

8. 以下程序的输出结果是（　）。

```
#include "stdio.h"
int a,b;
void fun()
{
   a=100;
   b=200;
}
void  main()
{
    int a=5,b=7;
    fun();
    printf("%4d%4d",a,b);
}
```

A) 100 200　　B) 5 7　　C) 200 100　　D) 7 5

9. 如下程序的输出的结果是（　）。

```
int func(int a,int b)
{ return(a+b);}
main()
{ int x=2,y=5,z=8,r;
  r=func(func(x,y),z);
  printf("%d\n",r);
}
```

A) 12　　B) 13　　C) 14　　D) 15

10. 下面程序的输出结果是（　）。

```
#include "stdio.h"
int f(int b[],int n)
{ int i,r;
  r=1;
  for(i=0;i<=n;i++)  r=r*b[i];
  return r;
}
main()
{  int x,a[]={2,3,4,5,6,7,8,9};
   x=f(a,3);
   printf("%d\n",x);
}
```

A) 720　　B) 120　　C) 24　　D) 6

11. 如下程序的输出结果是（　）。

```
long fib(int n)
{ if(n>2) return(fib(n-1)+fib(n-2));
  else return(2);
}
main()
{ printf("%d\n",fib(3));
```

A) 2　　B) 4　　C) 6　　D) 8

12. 以下函数的返回值是（　）。

```
char fun(char *p)
{ return p; }
```

A) 无确切的值　B) 形参p中存放的地址值
C) 一个临时存储单元的地址　D) 形参p自身的地址值

13. 以下程序运行后，输出结果是（　）。

```
int func(int a, int b)
 { static  int  m=0, i=2;
  i+=m+1;
  m=i+a+b
  return(m);
}
main()
{ int k=4, m=1, p;
  p=func(k, m);printf("%d, ", p);
  p=func(k, m);printf("%d\n", p);
}
```

A) 8，15　B) 8，16　C) 8，17　D) 8，8

14. 以下程序运行后，输出结果是（　）。

```
int  d=1;
fun(int p)
{ int  d=5;
 d+=p++;
  printf("%d", d);
}
main()
{int a=3;
 fun(a);
 d+=a++;
  printf("%d\n", d);
}
```

A) 84　B) 99　C) 95　D) 44

15. 对于以下递归函数f，调用f(4)，其返回值为（　）。

```
int f(int n)
{ return f(n-1)+n; }
```

A) 10　B) 11　C) 0　D) 以上均不是

16. 下述程序的输出结果是（　）。

```
long fun(int n)
{
long s;
if(n==1||n==2)
s=2;
else
s=n-fun(n-1);
return s;
}
main()
{
printf("%ld\n",fun(3));
}
```

A) 1　B) 2　C) 3　D) 4

17. 对于以下函数，如果有“int i, j;”，则执行两次调用i=f(2); j=f(2) 后，i，j值为（　）。

```
int f(int a)
```

```
{
    auto int b = 0;
    static int c = 3;
    b = b+1;
    c = c+1;
    return(a+b+c);
}
```

A) i = 7, j = 7　　B) i = 7, j = 8　　C) i = 8, j = 7　　D) i = 8, j = 8

18. 对于以下函数，调用f("1234")的返回结果是（　　）。

```
int f(char *s)
 {
     int k = 0;
     while (*s)  k = k*10+*s++-'0';
     return(k);
 }
```

A) "1234"　　B) 1234　　C) "4321"　　D) 4321

19. 函数调用strcat(strcpy(str1,str2),str3)的功能是（　　）。

A) 将串str1复制到串str2中后再连接到串str3之后

B) 将串str1连接到串str2之后再复制到串str3中

C) 将串str2复制到串str1中后再将串str3连接到串str1之后

D) 将串str2连接到串str1之后再将串str1复制到串str3中

三、填空题

1. 以下程序的输出结果是______。

```
void fun()
{ static int a=0;
  a+=2;
  printf("%d",a);
}
main()
{ int cc;
  for(cc=1;cc<4;cc++) fun();
  printf("\n");
}
```

2. 以下函数用来求出两整数之和，并通过形参将结果传回，请填空。

```
void func(int x,int y,______z )
{ *z=x+y; }
```

3. 执行完下列语句段后，i值为______。

```
int i;
int f(int x)
{     static int k = 0;
      x+=k++;
      return x;
}
i=f(2);
i=f(3);
```

4. 执行完下列语句段后，i值为______。

```
int i;
```

```
int f(int x)
{return ((x>0)? x*f(x-1):3); }
i=f(f(1));
```

5. 以下程序运行结果是______。

```
fun3(int x)
{
   static int a=3;
   a+=x;
   return a;
}
main()
{
    int k=2,m=1,n;
    n=fun3(k);
    n=fun3(m);
    printf("%d\n",n);
}
```

6. 以下程序运行结果是______。

```
main()
{
    int x;
    x=fun5(4);
    printf("%d\n", x);
}
fun5(int n)
{
     int s;
     if((n==1)||(n==2))
         s=2;
     else
         s=n+fun5(n-1);
     return s;
}
```

7. 以下程序运行结果______。

```
main()
{
    int a,b;
    a=3;
    b=4;
    printf("main:a=%d,b=%d\n",a,b);
    sub();
    printf("main:a=%d,b=%d\n",a,b);
}
sub()
{
    int a,b;
    a=6;
    b=7;
    printf("sub:a=%d,b=%d\n",a,b);
}
```

8. 对于以下程序，如果调用f(3)将输出______。

```
f( int m )
```

```
{
        int i, j;
        for( i=0; i<m; i++ )
            for( j=m-1; j>=0; j--)
                printf("%1d%c",i+j, j?'*':'#');
}
```

9. 有以下代码：

```
void f( int *a, int b )
{
  static int k=0;
  *a+=++k;
  b+=2;
}
```

若执行

```
i=2; j=4;
f( &i, j );
f( &j, i )
```

后，i=______，j=______。

10. 以下程序运行后，第一行将输出______，第二行将输出______。

```
#include  <stdio.h>
int x,y,z,w;
void p(int x, int *y)
{
    int z;
    ++x;
    ++*y;
    z=x+*y;
    w+=x;
    printf("%3d%3d%3d%3d\n", x,*y,z,w);
}
main()
{
    x=y=z=w=2;
    p(y, &x);
    printf("%3d%3d%3d%3d\n", x,y,z,w);
}
```

11. 运行以下程序，当输入5 9 1 12 10 7 3 11 4 10时，程序运行后第一行将输出______，第二行将输出______。

```
#include  <stdio.h>
int a[2][5];
void p1(int v[])
{
    int i, j, temp;
    for (i=1; i<5; i++)
    for(j=i-1; j>=0 && v[j]<v[j+1]; j--)
    {
        temp=v[j]; v[j]=v[j+1]; v[j+1]=temp;
    }
}
void p2(int v1[], int v2[])
{
    int i=0, j=0;
```

```
    while (i<5 && j<5)
        if (v1[i]>v2[j])  printf("%d ", v1[i++]);
        else  printf("%d ", v2[j++]);
    while (i<5)  printf("%d ", v1[i++]);
    while (j<5)  printf("%d ", v1[j++]);
    printf("\n");
}
main()
{
    int i,j;
    for (i=0; i<2; i++)
        for(j=0; j<5; j++)
            scanf("%d", &a[i][j]);
    p1(a[0]);
    p1(a[1]);
    for (i=0; i<2; i++)
        for(j=0; j<5; j++)
            printf("%d ", a[i][j]);
    printf("\n");
    p2(a[0], a[1]);
}
```

12. 对于以下程序，当输入 6 49 38 65 97 13 27 时，将输出______。

若将NOTE 1标记的一行中的r[j]>=x改为r[j]<=x，同时将NOTE 2标记的一行中的r[i]<=x改为r[i]>=x，对于前面的相同的输入，将输出______。

```
#include  <stdio.h>
void p( int r[], int s, int t )
 {
    int i,j,x;
    i=s; j=t; x=r[s];
    while(i<j)
     {
        while((i<j)&&(r[j]>=x))      /* NOTE 1*/
            j--;
        r[i]=r[j];
        while((i<j)&&(r[i]<=x))     /* NOTE 2*/
            i++;
            r[j]=r[i];
     }
     r[i]=x;
}
main()
{
     int i,n,a[100];
     scanf("%d",&n);
     for( i=1; i<=n ;  i++ )
         scanf( "%d", &a[i] );
     p( a, 1, n );
     for( i=1; i<=n; i++ )
         printf( "%3d", a[i] );
}
```

13. 下述程序运行后，第一行将输出______，第二行将输出______。

若在函数p中/* 标注 */ 处改成“int z;”，则程序运行后，第一行将输出______，第二行将输出______。

```
#include<stdio.h>
int x,y,z;
const C = 5; /* const 定义"常"变量,即只能对其进行初始化赋值,以后不能改变其值 */
void p( int *x, int y)
{
     /* 标注 */
     ++*x;
     y--;
     z= *x+y;
     printf("%3d %3d %3d", *x, y, z );
}
main()
{
     x=1; y=C; z=2;
     p(&y, x);
     printf("%3d %3d %3d", x, y, z );
}
```

四、程序填空题

1. 下面程序验证哥德巴赫猜想，即寻找2到1000间满足“偶数=素数1+素数2”（如10=3+7）的所有偶数。素数指只能被1和自身整除的正整数，如1，2，3，17等。

```
#include <stdio.h>
#define MAX 500
int prime(int n)       /* 判断n是否为素数 */
{    int i;
     for (i=2; i<=n-1; i++)
        if (!(n%i)) break;
     return ______;
}
main()
{    int i, j;
     for (i=1 ; i<=500; i++)
          for (j=1; j<2*i; j+=2)
               if (______) {
                     printf("%d = %d +%d\n", 2*i, j, 2*i-j); /*若2*i为两个素数之和 */
                     break;
               }
}
```

2. 程序A：

```
int f(int n)
{
   if(n<=1)
      return n;
   else
      return f(n-1)+f(n-2);
}
```

等价于程序B：

```
int f(int n)
{
   ______;
   t0=0;  t1=1; t=n;
   while(__)
   {
```

```
        t=__;
        t0=t1;
        t1=t;
        n--;
    }
    return__;
}
```

五、程序设计题

1. 编写一函数，计算x的n次方。
2. 编写程序，要求找出满足下列条件的三位整数，它是完全平方数，又有两位数字相同。
3. 哥德巴赫猜想命题之一是：大于6的偶数可以表示成两个素数的和。编写程序验证40～60的偶数由哪些素数组成。
4. 写一函数，将一字符串中的元音字母复制到另一字符串，然后输出。
5. 写一函数，输入一行字符，将此字符串中最长的单词输出。
6. 写一函数，输入十六进制数，输出相应的十进制数。
7. 给出年、月、日，计算该日是该年的第几天。
8. 用递归方法求n阶勒让德多项式的值。递归公式为

$$p_n(x)=\begin{cases}1 & (n=0)\\ x & (n=1)\\ ((2n-1)x-p_{n-1}(x)-(n-1)p_{n-2})/n & (n>1)\end{cases}$$

9. 编一个函数fun(char *s)，函数的功能是把字符串中的内容逆置。例如，字符串中原有的内容为abcdefg，则调用该函数后，串中的内容为gfedcba。
10. a是一个2×4的整型数组，且各元素均已赋值。函数max_value可求出其中的最大元素max，并将此值返回主调用函数。今有函数调用语句“max=max_value(a);”，请编写max_value函数。
11. 输入若干整数，其值均在1～4的范围内，用−1作为输入结束标志，请编写函数f用于统计每个整数出现的次数。
12. 写一个函数，实现两个字符串的比较。
13. 请编写函数FUN，函数的功能是求出二维数组周边元素之和，作为函数值返回。二维数组中的值在主函数中赋予。例如，二维数组中的值为：

```
1  3  5  7  9
2  9  9  9  4
6  9  9  9  8
1  3  5  7  0
```

则函数值为61。

14. 有5个人坐在一起，问第5个人多少岁，他说比第4个人大2岁。问第4个人有多大，他说比第3个人大2岁。问第3个人的岁数，他说比第2个人大2岁。问第2个人的岁数，他说比第1个人大2岁。最后问第1个人，他说是10岁，请问第5个人多大岁数。
15. 编写函数，形参为两个整数，返回这两个整数的和、差、积、商。
16. 编程判断输入的正整数是否既是5又是7的整倍数。若是，则输出yes；否则输出no。
17. 编写一个函数，用时、分、秒作为参数，函数返回自零点到指定时间的秒数，并用这个函数计算同一天两个时间之间的秒数。

第9章　结构体和共用体

迄今为止，我们介绍了C语言中的大部分数据类型，包括各种基本类型、指针类型和数组类型。对于基本数据类型的变量，一个变量只能代表一个属于特定基本类型的数据，而数组是相同数据类型的数据集合。但是我们还需要这样一种数据类型：一个数据集合由不同的数据类型组成。例如我们要存储一个学生的信息，就要存储学生的学生证编号、学生姓名、年龄和家庭住址等信息。学生证编号和年龄可以是整型数据，而学生姓名和家庭住址就需要用字符型。如果我们要把学生证编号、学生姓名、年龄和家庭住址这些信息组成一个整体集合，这就需要结构体数据类型。如果我们还想把教师的信息和学生的信息用一个数据类型存储，就需要用共用体类型。

无论是结构体还是共用体，它们都不是新的数据类型，而只是对其他数据类型的“封装”，是由其他类型构造出来的，所以称它们为构造类型。

9.1　结构体类型概述

结构体类型虽然是由基本数据类型构造出来的，却有不同于基本数据类型的特点：

1）结构体类型由若干个数据项组成，每一个数据项都属于一种已有定义的类型 。每一个数据项称为一个结构体的成员。

2）结构体类型是一个抽象的数据类型，只是表示“由若干个不同类型数据项组成的复合类型”，因此结构体类型并非只有一种，而可以有千千万万种，这是与基本类型不同的。

因此结构体类型不像整型一样已由系统定义好了，可以直接用来定义整型变量，而是需要程序设计者自己来定义所需要的结构体类型。C语言提供了关键字struct来标识所定义的结构体类型，具体的类型名要由程序设计者自己定义。

结构体类型定义的一般形式如下：

```
struct 结构体类型名
{
    成员列表
};
```

关键字struct和结构体类型名组合成一种类型标识符，其地位如同通常的int、char等类型标识符，它的用途就像int类型标识符一样可以用来定义结构体变量。定义了变量之后，该变量就可以像其他定义的变量一样使用了。类型名的命名规则遵从标识符的命名规则。例如我们可以这样定义一个学生的结构体类型：

```
struct student
{
  int number;
  char name[15];
  char sex;
  int age;
};
```

成员又称为成员变量，是结构体所包含的若干个基本的数据类型，必须要用｛｝括起来，并且要以分号结束，每个成员应标明具体的数据类型，就如我们以前定义的一样。成员变量可以是任意的数据类型，而且可以是该结构体本身。另外还可以是其他的结构体类型，这时称为结构体类型的嵌套。例如：

```
struct date
{
  int year;
  int month;
  int day;
};
struct stu
{
  int number;
  char name[15];
  char sex;
  struct date birthday;
  struct stu *p;
};
```

在上面的定义中，birthday是结构体类型struct date型，形成了结构体类型的嵌套定义。p是一个指向结构体自身的指针。

同一个结构体类型中的各成员之间不可互相重名，但是不同结构体类型间的成员可以重名，并且成员名还可以与程序中的变量名重名，因为它们代表不同的对象。

9.2 结构体变量的定义、初始化和引用

9.2.1 结构体变量的定义

当我们定义了结构体之后，便可以在此基础上定义变量了。结构体变量可以用三种方法定义。

1. 结构体类型和变量名分别定义

对于我们上面定义的结构体类型struct student，我们可以直接用它定义变量：

```
struct student stu1, stu2;
```

stu1和stu2就是我们定义的struct student类型的变量。

定义变量之后，系统就会为它们分配内存单元，内存单元的大小就是结构体各成员变量所占内存单元的总和。

因为结构体是由程序设计者自己定义的，结构体与结构体之间的成员变量有很大的差异，所以在定义一个结构体变量时，要指出是哪个特定的结构体变量，就像我们上面的定义中，指出stu1是struct student型的变量。不要像定义基本类型一样只用一个struct关键字，因为基本类型是系统定义好的，有固定的内存单元，而结构体成员变量的内存单元是由各成员变量决定的。

2. 结构体类型和变量名一起定义

在定义结构体类型的同时还可以定义变量，例如：

```
struct student
{
  int number;
  char name[15];
  char sex;
  int age;
}stu1, stu2;
```

它的作用与第1种方法中的定义是一样的，定义了2个struct student类型的变量。

3. 直接定义结构体类型变量，省略类型名

这是上面第2种定义的简化：

```
struct
{
  int number;
  char name[15];
  char sex;
  int age;
}stu1, stu2;
```

定义了结构体变量之后，结构体类型名的任务就完成了，在后续的程序中不再对其操作，而只对这些变量进行赋值、存取或者运算操作。在编译时，对类型不分配内存空间，只对变量分配空间。类型和变量是不同的概念，不要混同。结构体的成员变量也可以是结构体变量。成员变量名也可以与程序中其他变量名相同，二者含义不同，不代表同一对象。例如在上面的例子中，程序可以另外定义一个number，它与student中的number不同，互不干扰。

在定义变量时可以直接对变量进行初始化，例如对于第1种方法的定义，我们可以这样初始化：

```
struct student stu1={001,"david",'M',25,};
```

所有的结构体变量，不管是全局变量还是局部变量，自动变量还是静态变量均可以如此初始化。

对于第2种方法的定义也可以初始化，例如：

```
struct student
{
 int number;
 char name[15];
 char sex;
 int age;
}stu1={001, "david",'M',25,};
```

9.2.2 结构体变量的初始化

C语言允许外部结构和外部数组、静态结构和静态数组、自动结构和自动数组都可以在变量定义时初始化，结构变量在定义时当然可以初始化。结构体变量的初始化规则与数组相同，只有当结构体变量为外部变量或静态局部变量时才能对其初始化，其初值是由常量表达式组成的初值表。例如：

```
struct planet{
             char name[10];
             short visible;
             float diameter;
             float orbitrad;
}inner={
                 "venus",
                 1,
                 12104,
                 4496.6
};
```

9.2.3 结构体变量的引用

定义了结构体类型的变量，就可以在以后的程序中引用它了。首先要注意的是结构体类型

的变量是一种聚合变量，可以引用的对象有两个：变量名代表变量整体，成员名代表变量的各个成员，二者均可以在程序中引用。引用时需要注意以下几点。

1）不能将一个结构体变量作为一个整体进行输入和输出。例如不能这样引用：

```
printf("%d,%s,%c,%d\n",stu1);
```

只能对结构体的成员变量进行输入和输出。引用结构体变量中的成员变量的方法为：

```
结构体变量名.成员变量
```

在C语言中，取成员运算符“.”的优先级最高，所以可以把“结构体变量名.成员变量”看做一个整体。上述输出语句可写为：

```
printf("%d,%s,%c,%d\n",stu1.number,stu1.name,stu1.sex,stu1.age);
```

所引用的成员变量与其所属的类型的普通变量一样，可以进行该类型所允许的任何运算。例如：

```
stu1.age+=3;
```

2）如果成员本身又是一个结构体类型，则要用若干个成员运算符，一级一级地找到最低的成员变量，而且只能对最低的成员进行赋值或者运算操作。例如对于定义：

```
struct date
{
  int year;
  int month;
  int day;
};
struct stu
{
  int number;
  char name[15];
  char sex;
  struct date birthday;
}student;
```

可以这样访问成员变量：

```
student.birthday.month
```

而不能用student.birthday来访问student变量中的成员变量，因为birthday本身是一个结构体变量。

3）结构体变量可以整体引用来赋值。例如stu1=stu2，即将变量stu2的所有的成员的值一一赋给变量stu1。但必须保证两个结构体变量的类型完全一致。

4）结构体变量占据的一片存储单元的首地址称为该结构体变量的地址，其每个成员占据的若干个单元的首地址称为该成员的地址，两个地址都可以引用。

【例9-1】 输入一个学生的姓名和5门成绩，求出其平均成绩。

```
#include "stdio.h"
main()
{
    struct
     {
        char name[15];
        int score[5];
        float ave;
     }stu;
   int i;
     int sum=0;
```

```
    printf("Input name and 5 scores:\n");
    scanf("%s",stu.name);
    for(i=0;i<5;i++)
        scanf("%d",&stu.score[i]);
    for(i=0;i<5;i++)
        sum+=stu.score[i];
    stu.ave=(float)sum/5;
    printf("The average score of %s is %.2f\n",stu.name,stu.ave);
}
```

程序运行结果为：

```
Input name and 5 scores:
david↙
89 78 90 87 92↙
The average score of david is 87.20
```

【例9-2】输入一个日期，输出这是一年中的第几天。

```
#include"stdio.h"
int dayTable[2][12]={{31,28,31,30,31,30,31,31,30,31,30,31},
                     {31,29,31,30,31,30,31,31,30,31,30,31}};
 /*第1行表示非闰年的各月天数,第2行表示闰年的各月天数*/
struct Date
{
  int day,month,year,yearday;
}date;

int dayofYear(int d,int m,int y)
{
  int i,leap,day=d;
  leap=(y%4==0&&y%100!=0)||y%400==0;
         /*leap的值只能是0或1,0表示非闰年,1表示闰年*/
  for(i=0;i<m-1;i++)
    day=day+dayTable[leap][i];
  return day;
}

void main()
{
    int leap,days;
    printf("please input year:");
    scanf("%d",&date.year);
    for(;;)
    {
        printf("please input month:");
        scanf("%d",&date.month);
        if(date.month <=12&&date.month>=1)
           break;  /*输入的月份合法,退出循环*/
        printf("输入的月份必须在1到12之间!\n");
    }
  leap=(date.year%4==0&&date.year%100!=0)||date.year%400==0;
  days=dayTable[leap][date.month-1];
  for(;;)
   {  printf("please input day:");
      scanf("%d",&date.day);
      if(date.day>=1&&date.day<=days) break; /*输入的日期合法,退出循环*/
      printf("输入的天应该在1到%d之间!\n",days);
```

```
    }
  date.yearday=dayofYear(date.day,date.month,date.year);
  printf("这是一年中第%d天!\n",date.yearday);
}
```

运行程序，结果如下：

```
please input year:1989↙
please input month:13↙
输入的月份必须在1到12之间!
please input month:7↙
please input day:32↙
输入的天应该在1到31之间!
please input day:5↙
这是一年中第186天!
```

9.3 结构体数组

我们知道，一个结构体变量存放由该结构体类型所定义的一个结构体类型的数据。对于上面我们定义的存放学生信息的结构体类型struct student，可以定义一个变量stu，但是变量stu只能存放一个学生的信息，而每一个学生定义一个变量也不太现实，处理起来也不方便。为了方便处理若干个学生信息，我们就要用到结构体数组。

对于我们以前用的数组，比如定义了一个整型数组a[6]，我们知道这个数组的每一个元素都是整型数据。同样，对于结构体数组来说，其中的每一个元素都是一个结构体类型的数据。结构体数组在构造树、表、队列等数据结构的时候特别方便。

9.3.1 结构体数组的定义

同定义结构体变量一样，结构体数组的定义也可以采用以下三种方式之一。

1）定义结构体类型，然后通过结构体类型来定义结构体数组。例如对20个学生的情况登记表，可定义如下的结构体数组：

```
  struct stu{
         long num;
         char name[10];
         char sex;
         int age;
  };
struct stu  students[20];
```

students 有20个元素，每一个元素都是struct stu类型的。

2）结构体类型与结构体数组同时定义：

```
 struct  stu
 {
         long num;
         char name[10];
         char sex;
         int age;
}students[20];
```

3）直接定义结构体数组而不用定义结构体类型名：

```
struct
  {
         long num;
```

```
        char name[10];
        char sex;
        int age;
    }students[20];
```

9.3.2 结构体数组的初始化

结构体数组和普通数组一样可以初始化，只是每个元素的初值为由{}括起来的一组数据。初始化形式是定义数组时后面加上

```
={初值列表};
```

例如：

```
struct stu students[2]={{001,"David", 'M', 25},{002,"Lily",'W',23}};
```

9.3.3 结构体数组的引用

结构体数组元素不能作为一个整体直接进行输入或输出。结构体数组的元素相当于一个结构体变量，引用结构体数组的成员同引用普通数组的成员形式一样，例如students[0].num。

【例9-3】用结构体数组初始化建立学生信息，输入学生编号，查询学生的基本信息和成绩并输出查询结果。

```
#include "stdio.h"
struct stu
{
    int num;
    char name[10];
    char sex;
    int age;
    int score[4];
}students[]={{001,"David",'M',25,{80,78,92,94}},{002,"Lily",'W',23,{90,84,89,95}},
{003,"Alice",'W',22,{79,78,96,97}}};
    /*初始化三个学生的信息 */
main()
{
    int i,j,number;
    printf("Input student's number\n");
    scanf("%d",&number);
    for(i=0;i<3;i++)  /*查找指定编号的学生信息*/
        if(number==stu[i].num) break;
    printf("name=%s\nsex=%c\nage=%d\n",students[i].name,students[i].sex,
students[i].age); /*输出学生的姓名、性别、年龄*/
    for(j=0;j<4;j++)
        printf("%d  ",students[i].score[j]); /*输出学生的各门成绩*/
    printf("\n");
}
```

程序运行结果如下：

```
002↙
name=Lily
sex=W
age=23
90  84  89  95
```

9.4 结构体和指针

定义了一个结构体类型，就可以定义与之相关的变量和数组，对于结构体数组，它在内存中也是占用一片连续的存储单元，结构体数组名就代表这个连续存储空间的首地址。所以我们可以把变量的地址和结构体数组的首地址赋给一个指针，这个指针就是指向结构体类型数据的指针。

9.4.1 指向结构体变量的指针

和定义指向其他类型变量的指针一样，可以定义一个指向结构体变量的指针：

```
struct stu *p;
```

然后就可以让这个指针指向一个变量：

```
p=&students;
```

这样p就真正地指向了变量students。在程序中我们就可以通过指针p来引用变量students的成员。此时我们就可以把students.num表示为（*p）.num。另外还可以用指向运算符“->”来引用成员变量，把上面的引用表示为p->num。

现在引用成员变量可以有三种形式：

1）结构体变量.成员变量。

2）（*p）.成员变量。

3）p->成员变量。

三种引用形式异曲同工，可达到同一目的，但是用指向运算符引用形式比较直观、简练，在程序设计中推荐使用这种形式。

因为指向运算符的优先级是最高的，所以下面几种表达式的含义应该是比较明显的：

p->num：得到p指向的结构体变量中的成员变量num的值。

p->num++：得到p指向的结构体变量中的成员变量num的值，用完后使它加1。

++p->num：得到p指向的结构体变量中的成员变量num的值，使之先加1，再使用。

【例9-4】 指向结构体变量的指针的使用。

```
#include "stdio.h"
#include "string.h"
struct stu
{
    int num;
    char name[15];
    char sex;
    int score;
};
main()
{
    struct stu students;
    struct stu *p;
    p=&students;
    students.num=1001;
    strcpy(students.name,"David");
    students.sex='M';
    students.score=90;
    printf("%d %s %c %d\n",students.num,students.name,students.sex,students.score);
    printf("%d %s %c %d\n",p->num,p->name,p->sex,p->score);
}
```

程序运行结果为：

```
1001 David M 90
1001 David M 90
```

9.4.2 指向结构体数组的指针

指向结构体数组的指针与指向普通数组的指针完全类似，用结构体类型的指针来访问数组，既可以方便数组的引用，又提高了数组的利用率。

【例9-5】显示学生信息。

```
#include "stdio.h"
struct stu
{
    int num;
    char name[15];
    char sex;
    int age;
    int score;
};
main()
{
    struct stu students[]={{001,"David",'M',25,80},{002,"Lily",'W',23,90},
                           {003,"Alice",'W',22,79}};
    struct stu *p;
    for(p=students;p<students+3;p++)  /*依次输出三个学生的信息    */
    {
        printf("number=%d\nname=%s\nsex=%c\nage=%d\nscore=%d\n",p->num,
            p->name,p->sex,p->age,p->score);
        printf("\n\n");
    }
}
```

运行程序，如果如下：

```
number=1
name=David
sex=M
age=25
score=80

number=2
name=Lily
sex=W
age=23
score=90

number=3
name=Alice
sex=W
age=22
score=79
```

和前面的普通数组一样，p++并不是指向内存下一个位置，而是指向结构体数组的下一个元素，这样循环语句就可以输出这个元素的成员变量。

对于指向结构体数组的指针，请注意以下表达式的含义：

p->num、p->num++、++p->num与前面所述的含义相同，只是这里是对成员变量的操作。

(++p)->num，先使p加1，指向下一个元素，然后得到下一个元素的num的值。

p++->num，先得到p所指的num的值，然后使p加1，得到下一个元素。

使用指向结构体数组的指针，应注意以下几点：

1）如果p的初值为students，即指向第一个元素，则p+1指向下一个元素的起始地址。

2）指针p已定义为指向struct　stu类型的数据，它只能指向一个结构体类型的数据（也就是p的值是students数据的一个元素的起始地址），而不能指向某个元素中的某个成员（即p的值不能是成员的地址）。所以不要认为，p是存放地址的，就能将任何地址赋给它，这是绝对不可以的。

9.4.3 指向结构体的指针作为函数参数

在程序设计中，常常要将结构体类型的数据传递给一个函数。把一个结构体类型的变量或者一个结构体类型的数组传给函数可以采用三种方法：

1）用结构体成员变量作为函数的参数。这里和把一个普通变量传给函数是一样的，遵循的是值传递方式。

2）用结构体变量作为实参。传递时采用的也是值传递的方式，即把各个成员变量依次传递给形参，这就要求形参也是同样类型的结构体变量。

3）用指向结构体变量的指针作为实参，将结构体变量的地址传递给形参。

【例9-6】用函数实现输出学生的信息。

```
#include "stdio.h"
struct stu
{
    int num;
    char name[15];
    char sex;
    int age;
    int score;
};
void print(struct stu s)
{
    printf("number=%d\nname=%s\nsex=%c\nage=%d\nscore=%d\n",s.num,s.name,
           s.sex,s.age,s.score);
}
main()
{
    int i;
    struct stu students[3]={{001,"David",'M',25,80},{002,"Lily",'W',23,90},
                            {003,"Alice",'W',22,79}};
    for (i=0;i<3;i++)
    {
        print(students[i]); /*调用函数print()输出学生的信息*/
        printf("\n\n");
    }
}
```

程序执行结果和例9-5是一样的。对于上面的程序也可以用指向结构体的指针作为函数的参数。

【例9-7】用结构体变量作为函数参数。用结构体类型描述复数，编写程序完成复数的加减运算。

```
#include"stdio.h"
struct complex
{  float re;
   float im;
};

struct complex  add(complex,complex); */函数声明*/
struct complex  sub (complex,complex);
void  print_out (complex);

void main()
{
   struct complex x,y,z;
   printf("please enter two complex number:\n");
   printf("number one a+bi:");
   scanf("%f+%fi",&x.re,&x.im);
   printf("number two a+bi:");
   scanf("%f+%fi",&y.re,&y.im);
   printf("复数相加:");
   z=add(x,y);
   print_out(z);
   printf("复数相减:");
   z=sub(x,y);
   print_out(z);
}
struct complex add(struct complex x,struct complex y)
{
   struct complex z;
   z.re=x.re+y.re;
   z.im=x.im+y.im;
   return z;
}

struct complex sub (struct complex x,struct complex y)
{
   struct complex z;
   z.re=x.re-y.re;
   z.im=x.im-y.im;
   return z;
}
void print_out(struct complex z)
{
   printf("%.2f",z.re);
   if(z.im>0)printf("+%.2fi\n",z.im);
   else printf("-%.2fi\n",-z.im);
}
```

运行程序，结果如下：

```
please enter two complex number:
number one a+bi:2+3i
number two a+bi:3+-4i
复数相加:5.00-1.00i
复数相减:-1.00+7.00i
```

【例9-8】用指向结构体的指针作为函数参数。

```
#include "stdio.h"
```

```
struct stu
{
    int num;
    char name[15];
    char sex;
    int age;
    int score;
};
void write(struct stu *p)
{
      printf("number=%d\nname=%s\nsex=%c\nage=%d\nscore=%d\n",p->num,p->name,p-
>sex,p->age,p->score);
}
main()
{
    int i;
    struct stu students[3]={{001,"David",'M',25,80},{002,"Lily",'W',23,90},
                            {003,"Alice",'W',22,79}};
    for (i=0;i<3;i++)
    {
        write(&students[i]);
        printf("\n\n");
    }
}
```

write函数中的形参p被定义为指向struct stu类型数据的指针变量，注意在调用write函数时传给它的是地址。

使用结构体时稍不注意就容易出错，下面是几种常见的错误：

1）结构体类型定义丢掉“;”，如：

```
struct  stu
{char name[20];
int age;
}
```

这里右边花括号后少了“;”，这种错误是因为把结构体定义看成了复合语句，复合语句的“}”后不加“;”。这种错误在后面将要学习的共用体类型定义中也容易出现。

2）混用结构体变量和结构体类型，例如，定义结构体类型stu：

```
struct stu
{
    int num;
    char name[15];
    char sex;
    int age;
    int score;
};
stu.num=101;      /*错误*/
```

这种情况要先定义结构体变量，然后用结构体变量引用结构体分量。如：

```
struct stu student1;
student1.num=101;
```

3）将结构体变量整体输入或输出，以上面的结构体变量为例：

```
scanf("%d%s%s%d%d",student1); /*错误*/
```

正确的应是：

```
scanf("%d,%s,%s,%d,%d",&student1.num,&student1.name,&student1.sex,
      &student1.age,&student1.score);
```

4）结构体变量定义时丢掉“struct”，如：

```
struct stu
{
    int num;
    char name[15];
    char sex;
    int age;
    int score;
};
stu student1,student2;    /*这里少了struct,错误*/
```

C语言要求定义结构体变量时必须写上struct。

9.5 共用体类型

9.5.1 共用体类型的定义

在程序设计中，有时候为了节省内存单元而把几种不同类型的变量存放到同一段内存中，这时可以用共用体实现这种设计。如今的计算机内存越来越大，编程时已没有必要为了节省几个存储单元而大动脑筋，所以共用体类型的变量在实践中已经用得不太频繁了。

共用体与结构体定义很类似，是指将不同的数据项组织为一个整体，只是定义时将关键词struct换成union。定义共用体类型变量的一般形式为：

```
union 共用体名
{
  成员变量表列;
}变量表列;
```

例如定义一个共用体类型union data：

```
union data
{
  int i;
  char ch;
  float f;
}da;
```

在一般情况下，分配内存时应分配2个字节给变量i，1个字节给变量ch，4个字节给变量f。但是当像上面那样定义成共用体时，变量就共用了3个成员变量中占内存最长的一片存储区，也就是实型变量所占用的4个单元。采用共用体类型可以灵活地处理一些具体的问题，如利用上述共用体类型变量编制的程序，不像以前的程序只能处理单一的整型、字符型或者实型数据，而是能根据实际情况灵活地处理3种情况的数据。

9.5.2 共用体类型变量的特点

使用共用体变量应注意以下一些特点：

1）一个共用体变量虽然可以用来存放几种不同类型的成员变量，但它们自然是无法同时实现的，即每一时刻只有一个变量在起作用。因各成员共用一段内存，彼此互相覆盖，故对于同一个共用体类型变量，给一个新的成员赋值就会覆盖掉原来的成员变量的值，因此在引用变量时应十分注意当前存放在共用体类型变量中的是哪一个成员变量。

2）共用体变量的地址和它的各个成员变量的地址相同，例如对于上面的共用体的定义，&da，&da.i，&da.ch，&da.f都是同一个地址。

3）不能在定义共用体类型的变量时对其进行初始化，也不能把共用体类型变量作为函数参数或者函数的返回值，但是可以使用指向共用体类型变量的指针。

4）共用体类型可以出现在结构体类型的定义中，也可以定义共用体数组。另外，结构体类型也可以出现在共用体类型的定义中，数组也可以作为共用体的成员。

9.5.3 共用体类型变量的引用方式

共用体类型变量的引用方式和结构体类型变量的引用方式相同，也是先定义后才能引用，而且不能整体引用共用体，只能引用共用体变量中的成员。例如：

```
scanf ("%d", &da.i) ;
```

不能只引用共用体变量。例如下面的引用

```
printf ("%d", da) ;
```

是错误的。da的存储区有好几种类型，分别占用不同长度的存储区，仅写共用体变量名da难以使系统确定究竟输出的是哪一个成员变量的值。所以应该具体指明成员变量。

【例9-9】共用体变量存储的例子。

```
#include"stdio.h"
union ex
{ struct
    {int x,y;
    }in;
  int a,b;
}e;
int main()
{
e.a=1;
e.b=2;
e.in.x=e.a*e.b;
e.in.y=e.a+e.b;
printf("%d,%d",e.in.x,e.in.y);
}
```

运行程序，结果如下：

```
4,8
```

【程序分析】程序中的共用体类型ex内有结构体类型的成员in，其存储模型如图9-1所示。

成员in、a和b共用8字节内存。其中，成员in.y独占4字节内存，成员in.x、a和b共用4字节内存。因此，对于共用体类型ex的变量e来说，e.in.x、e.a和e.b共用同一内存。下面逐行分析main函数中的语句。

图9-1 共用体变量的存储

执行“e.a=1;e.b=2;”之后，e.in.x、e.a的值就是最新对共用体操作的成员e.b的值，即为2。

执行“e.in.x=e.a*e.b;”之后，e.in.x的值为4，原因是执行该语句前，e.a和e.b的值均为2。当然，执行该语句之后，e.a和e.b的值均与e.in.x的值相同，即为4。

执行“e.in.y=e.a+e.b;”之后，e.in.y的值为8，原因是执行此语句之前，e.a和e.b的值均为4。

【例9-10】 共用体的应用。

```
#include "stdio.h"
struct
{
    int num;
    char name[15];
    char sex;
    char job;
    union
    {
        int classname;
        char ch[10];
    }data;
}person[2];
main()
{
    int n,i;
    for (i=0;i<2;i++)
    {
      scanf("%d %s %c %c",&person[i].num,&person[i].name,&person[i].sex,
      &person[i].job);
      if (person[i].job=='s')
        {  printf("enter person[%d].data.classname:",i);
scanf("%d",&person[i].data.classname);}
        else {printf("enter person[i].data.ch:");
             scanf("%s",&person[i].data.ch);}
    }
    printf("\n");
    for (i=0;i<2;i++)
        {
          if(person[i].job=='s')
          printf("%d,%s,%c,%c,%d\n",person[i].num,person[i].name,
          person[i].sex,person[i].job,person[i].data.classname);
          else printf("%d,%s,%c,%c,%s",person[i].num,person[i].name,
            person[i].sex,person[i].job,person[i].data.ch);
          printf("\n");
        }
}
```

运行程序，结果如下：

```
1001 Zhangsan m s↙
enter person[0].data.classname:111↙
1002 Limei w t↙
enter person[1].data.ch:teacher↙

1001,Zhangsan,m,s,111

1002,Limei,w,t,teacher
```

在这个程序中，共用体是在结构体内定义，这是C语言所允许的。

【例9-11】 某校课程成绩的计分形式为五分制和百分制。编写一个程序输入该校某学生的5门课程成绩并输出。

思路分析：按题意，课程数据包括课程号、计分形式和成绩3部分。其中，课程号用于区分不同的课程。对于一门课程，不管计分形式如何，只有一个成绩。因此，保存一门课的成绩只要一个存储单元，所以可以用共用体来描述课程成绩：

```
union grade
{
  char g5;
  int g100;
}
```

程序如下：

```
#include"stdio.h"
#include"stdlib.h"
#include"ctype.h"
typedef struct /*自定义类型course*/
{
  int  id;
  char form;
  union
    { char g5;
      int g100;
    }grade;
}course;

void input(course *c,int n)
{  int i;
  char s[80];
  printf("请输入%d门课程成绩（课程号   成绩）:\n",n);
  for(i=0;i<n;i++)
   {
     scanf("%d%s",&c[i].id,s);
      if(isalpha(s[0]))         /*判断是否为字符形式。该函数在ctype.h中*/
        {
          c[i].form ='0';
          c[i].grade.g5 =s[0]; /*五分制*/
        }
      else
        {
          c[i].form ='1';
          c[i].grade.g100 =atoi(s); /*百分制*/
        }
      }
}
void output(course *c,int n)
{
   int i;
   printf("%d门课程的成绩\n",n);
   printf("%6s%10s%8s\n"," 课程号","计分形式","成绩");
   for(i=0;i<n;i++)
    if(c[i].form=='0')
      printf("%4d%10s%10c\n",c[i].id,"五分制",c[i].grade.g5);
    else
      printf("%4d%10s%10d\n",c[i].id,"百分制",c[i].grade.g100);
}
int main()
{
   course c[5];
   input(c,5);
   output(c,5);
```

```
    return 0;
}
```

运行程序，结果如下：

```
请输入5门课程成绩（课程号   成绩）：
1 98
2 A
3 70
4 B
5 C
5门课程的成绩
课程号    计分形式    成绩
  1       百分制      98
  2       五分制       A
  3       百分制      70
  4       五分制       B
  5       五分制       C
```

9.6 枚举类型

一个变量的值如果是有限的，比如月份、星期等，这时可以定义该变量为枚举类型。枚举就是定义变量时把该变量的所有可能的值全列举出来，变量只能取这些列举的值。可以用enum声明一个枚举类型，例如：

```
enum week{mon, tue, wend, thu, fri, sat, sun};
```

然后可用声明的枚举类型定义一个变量：

```
enum week week1;
```

week1被定义为enum week类型的变量，它的值只能是上面定义的7个值之一。例如：

```
week1=mon;
```

与结构体和共用体类似，也可以在定义枚举类型时直接定义一个该类型的变量，例如：

```
enum week{mon, tue, wend, thu, fri, sat, sun} week1;
```

在使用枚举类型时需要注意以下几点：

1）在C语言中，对枚举元素是按常量处理的，它们不是变量，不能被赋值。

2）枚举元素作为常量，它们是有值的，C编译时按定义的顺序依次对它们从0开始赋值。例如在上面的定义中，mon的值为0，tue的值为1，sun的值为6。对于赋值语句：

```
week1=sun;
```

week1的值为6，这个整数值是可以参加运算的。

枚举元素的值可以由程序员指定，例如可以这样定义上面的枚举类型：

```
enum week{mon=6, tue, wend, thu, fri, sat, sun};
```

以后的元素就依次加1，tue的值是7，wed的值是8等等。

3）一个整数值不能直接赋给一个枚举变量。例如不能这样赋值：

```
week1=1;
```

它们属于不同的类型，应先进行强制类型转换：

```
week=(enum week)2;
```

【例9-12】有红、黄、蓝、白、黑5种颜色的球，每次取出3个，输出3种不同球的可能取法。程序采用穷举遍历的方法。

```
#include "stdio.h"
main()
{
    enum color {red,yellow,blue,white,black};
    int  i,j,k,pri;
    int n,loop;
   n=0;
   for (i=0;i<=4;i++)
     for (j=0;j<=4;j++)
       if (i!=j)
        {
          for (k=0;k<=4;k++)
              if ((k!=i) && (k!=j))
               {
                 n=n+1;
                 printf("%-4d",n);
                 for (loop=1;loop<=3;loop++)
                  {
                     switch(loop)
                     {
                      case 1: pri=i;break;
                      case 2: pri=j;break;
                      case 3: pri=k;break;
                      default :break;
                     }
                     switch(pri)
                     {
                      case  red: printf("%-10s","red"); break;
                      case  yellow: printf("%-10s","yellow"); break;
                      case  blue: printf("%-10s","blue"); break;
                      case  white: printf("%-10s","white"); break;
                      case  black: printf("%-10s","black"); break;
                      default: break;
                     }
                  }
                 printf("\n");
               }
        }
     printf("\ntotal:%5d\n",n);
}
```

读者可以试着运行一下该程序。枚举类型的最大优点就是可以做到“见名知意”，如果不用枚举类型，而是用常数0、1、2等代替也是可以的，但是这样很不直观。

【例9-13】用枚举类型改写例9-11。

```
#include"stdio.h"
#include"stdlib.h"
#include"ctype.h"
typedef enum{POINT,GRADE}FORMAT; /*自定义枚举类型FORMAT*/
typedef enum{A,B,C,D,E}Grade; /*自定义枚举类型Grade*/
typedef struct  /*自定义结构体类型score*/
{
  int  id;
  FORMAT flag;
  union
    {int point;
```

```
        Grade grade;
      }score;
  }course;

  void input(course *c,int n)
  {  int i;
     char str[4];
     Grade sc[]={A,B,C,D,E};
     printf("请输入%d门课程成绩（课程号  成绩）:\n",n);
     for(i=0;i<n;i++,c++)
      {
        scanf("%d%s",&c[i].id,str);
        if(isalpha(str[0]))        /*判断是否为字符形式。该函数是ctype.h中的库函数*/
         {
          c[i].flag=GRADE;
          c[i].score.grade=str[0];
         }
        else
         {
          c[i].flag=POINT;
          c[i].score.point=atoi(str);
         }
      }
  }
  void output(course *c,int n)
  {
     int i;
     char sc[]={'A','B','C','D','E'};
     printf("%d门课程的成绩\n",n);
     printf("%6s%10s%8s\n"," 课程号","计分形式","成绩");
     for(i=0;i<n;i++,c++)
        if(c[i].flag==GRADE)
          printf("%4d%10s%10c\n",c[i].id,"五分制",c[i].score.grade);
        else
          printf("%4d%10s%10d\n",c[i].id,"百分制",c[i].score.point);
  }
  int main()
  {
     course c[5];
     input(c,5);
     output(c,5);
     return 0;
  }
```

程序运行结果与例9-11相同。

9.7 用typedef 定义类型

9.7.1 位域结构

位域也称为位字段或位段，它是C语言中一种特殊形式的结构。使用位域结构可以将几个信息放在同一个字段里，使其中的某几位作为一个成员，标志一种结构，故称为位域结构。位域也是通过结构关键字“struct”定义的。位域结构在存储时使用的内存空间大小与int型数据相同，即便位域的各成员位数总和小于int型的位长，它也占用一个int型的位长空间。当成员项的总位长超过int型时，它将占用下一个连续的int型的位长空间。不同机器系统的CPU，其int型的位长不一定相同，因此使用位域结构的C程序，在移植性上有一定的局限性。

位域结构是一种数据压缩形式，数据的整体没有具体的意义。因此在处理位域结构的数据时，总是以组成它的位域为处理对象。

位域结构在程序中的表示和处理方法与普通结构相同。位域结构定义的一般形式为：

```
struct 位域类型名
{
  类型   位域名1:长;
  类型   位域名2:长;
......
}变量名表;
```

一个位域可以定义成int、unsigned或signed。长度为1 的位域必须定义为unsigned，因为不可能有符号。

对于不感兴趣的位域，可以省略域名，用于结构中的填充，但不能不说明该部分的长度，而有意义的位域说明完后，剩余的一些位则不一定要说明。例如：

```
struct example
{
 unsigned  a :13;
 unsigned    :3;
 unsigned  b :4;
}
```

上例定义了占用3位的无名位域，这3位不存储任何内容。这样，在字长为2个字节的计算机上，成员b就被存储到了另一个内存单元中。

0宽度的无名位域用来使下一个字段从新内存单元位置开始存储。例如：

```
struct example
{
 unsigned  a :13;
 unsigned    :0;
 unsigned  b :4;
}
```

用0长度的无名位域跳过存储a的内存单元中剩下的位，并把b存储到下一个内存单元中（从起始位置开始存储）。

位域操作是与机器有关的。例如，有些计算机允许位域跨越字边，而有些计算机却不允许这样做。尽管使用位域结构能够节省内存，但是会使编译器产生执行速度慢的机器语言代码。这是因为只访问已编址内存单元的某些部分需要机器语言完成额外的工作，这是计算机科学中“时间空间”冲突的一个例子。

9.7.2 typedef的使用

在C语言中，除了可以直接使用C提供的标准类型名和自己声明的结构体、共用体、指针和枚举类型之外，还可以用typedef声明新的类型名来代替C中已有的类型名。

用typedef并不是重新定义新的数据类型，而是对原来存在的数据类型起一个新的名字，以方便后续程序的使用。

typedef语句的一般形式为：

```
typedef 原数据类型 新的类型名;
```

例如可以定义下面的新类型名：

```
typedef int INTEGER;
typedef float REAL;
```

这样就可以用INTEGER代替int类型，REAL代替float类型，之后可以这样定义变量：

```
INTEGER i, j;
REAL a, b;
```

在上面的定义中，i、j被定义成了int类型，a、b被定义成了float类型。它们和下面的定义是等价的：

```
int i, j;
float a, b;
```

在用typedef定义新的类型名时，应注意以下几点：

1）习惯上常把typedef定义的类型名用大写字母表示，以区别于系统提供的标准类型。

2）当不同源文件需要共用同一些数据类型时，常用typedef定义这些数据类型，把它们单独放在一个文件中，然后在需要它们的文件中用#include命令把它们包含进来。

3）使用typedef有利于程序的通用和移植。例如，有的计算机系统中int型数据用两个字节，而有的计算机系统中int型数据用4个字节。如果把在后一种计算机上编写的程序移植到前一种计算机上，一般的办法是将原程序中的int型变量逐一改成long型。但若原程序中用“typedef int INTEGER;”定义后的INTEGER编程的话，在新的程序中只需要修改此typedef语句为“typedef long INTEGER;”即可，而不需要改动程序的其他部分就可以完成移植。

【例9-14】 用类型别名定义位域结构类型变量，存放学生信息。

```
#include"stdio.h"
#include"string.h"
typedef struct
{  char name[8];
   unsigned id:16;
   unsigned sex:1;
   unsigned age:7;
   unsigned score:7;
}Student;

void input(Student *p)
{
   char sex[4];
   unsigned id,age,score;
   scanf("%s%d%s%d%d",p->name,&id,sex,&age,&score);
   p->id=id;
   p->age=age;
   p->score =score;
   if(strcmp(sex,"女")==0)
       p->sex =1;
   else
       p->sex =0;
}

void print(const Student*p)
{
printf("%s\t%d\t%s\t%d\t%d\n",p->name,p->id,
   p->sex?"女":"男",p->age,p->score);
}

void main()
```

```
{
    int i;
    Student myclass[4]={{"张三",110,0,19,80},{"李四",102,1,20,92},
        {"王五",153,1,18,53}};
    printf("输入学生姓名、学号、性别、年龄和成绩:\n");
    input(myclass+3);
    printf("student类型占用字节数=%d\n",sizeof(Student));
    for(i=0;i<4;i++)
      {
        print(myclass+i);
      }
    return 0;
}
```

运行程序，结果如下：

```
输入学生姓名、学号、性别、年龄和成绩:
马六 163 男22 87↙
student类型占用字节数=12
张三  110    男   19    90
李四  102    女   20    92
王五  153    女   18    53
马六  163    男   22    87
```

【程序分析】本例程序的执行结果与前面的相关例子相同，所不同的是本例程序采用了位域结构类型，节省了内存空间。

【例9-15】编写程序，输入两点坐标，输出这两点的距离和中点坐标。

```
#include"stdio.h"
#include "math.h"
typedef struct
{
    float x,y;
}POINT;/*定义平面上的坐标点 (x,y) 的数据结构类型*/
POINT input()/*每调用一次input()函数,输入一个平面上的坐标点 (x,y) */
{  POINT p;
   scanf("%f%f",&p.x,&p.y);
   return p;
}
float Distance(POINT p1,POINT p2)
     /*根据平面上两点之间的距离公式求出两点间的距离,并返回距离值*/
{
   float dx=p1.x-p2.x,dy=p1.y-p2.y;
   return sqrt(dx*dx+dy*dy);
}
POINT Mid(POINT p1,POINT p2) /*求p1与 p2的中点*/
{
   POINT t={(p1.x+p2.x)/2,(p1.y+p2.y)/2};
   return t;
}
int main()
{
  POINT  p0,p1,p2;
  printf("请输入一个二维坐标点的坐标:");
  p0=input();
  printf("请再输入一个二维坐标点的坐标:");
  p1=input();
  printf("(%.1f,%.1f)到(%.1f,%.1f)的距离=%.1f\n",
```

```
        p0.x ,p0.y ,p1.x ,p1.y ,Distance(p0,p1));
p2=Mid(p0,p1);
printf("(%.1f,%.1f)和(%.1f,%.1f)的中点为(%.1f,%.1f)\n",p0.x ,
        p0.y,p1.x ,p1.y ,p2.x ,p2.y );
return 0;
}
```

运行程序，结果如下：

```
请输入一个二维坐标点的坐标:2 3 ↙
请再输入一个二维坐标点的坐标:8 15↙
(2.0,3.0) 到 (8.0,15.0) 的距离=13.4
(2.0,3.0) 和 (8.0,15.0) 的中点为 (5.0,9.0)
```

本章小结

结构体和共用体都是由基本类型“构造”出来的，因此被称为是构造类型的数据。结构体内可以有多种基本类型，这样在一个结构体中可以保存不同种类的数据，将这些具有内在联系的不同类型的数据组合在一起。结构体和共用体的区别就在于，结构体中的成员变量可有同时使用，在内存中分配的空间是各个成员变量所占空间之和；而共用体在一个时刻只能使用一个成员变量，在内存中分配的空间是占用空间最大的成员变量所占用的空间。

当变量的值只有有限个数时，我们可以用枚举类型对此类变量进行定义。枚举就是定义变量时把该变量的所有可能的值全列举出来，变量只能取这些列举的值。本章还简要介绍了typedef和位域结构的使用功能与应用实例。

习题

一、选择题

1. 已知学生记录描述为：

```
struct student
 {
  int no;
  char name[20];
  char sex;
  struct
  {
     int year;
     int month;
     int day;
     }birth;
  };
struct student s;
```

设变量s中的“生日”应是“1986年1月1日”，下列对“生日”的正确赋值方式是（　　）。

A) `year=1986;month=1;day=1;`

B) `birth.year=1986;birth.month=1;birth.day=1;`

C) `s.year=1986;s.month=1;s.day=1;`

D) `s.birth.year=1986;s.birth.month=11;s.birth.day=1;`

2. 在16位IBM-PC上使用C语言，若有如下定义

```
struct data
{  int i;
```

```
   char ch;
   double f;
}b;
```

则结构变量b占用内存的字节数是（　）。

A) 2　　B) 7　　C) 8　　D) 11

3. 以下对结构体类型变量的定义中，正确的是（　）。

A)
```
typedef struct aa
  { int n;
    float m;
  }AA;
AA td1;
```

B)
```
#define AA struct aa
AA { int n;
     float m;
   }td1;
```

C)
```
struct
{ int n;
  float m;
}aa;
struct aa td1;
```

D)
```
struct
{ int n;
    float m;
}td1;
```

4. 有如下定义：

```
struct person{char name[9]; int age;};
struct person class[10]={"Johu", 17,"Paul", 19,"Mary", 18,"Adam",16};
```

根据上述定义，能输出字母M的语句是（　）。

A) `printf("%c\n",class[3].name);`

B) `printf("%c\n",class[3].name[1]);`

C) `printf("%c\n",class[2].name[1]);`

D) `printf("%c\n",class[2].name[0]);`

5. 变量xx有如下类型:

```
struct   {
        char  a1;
        int   a2;
        } xx;
```

如果sizeof(xx)的值为3，则

```
union {
        char  a1;
        int   a2;
        int   a3;
     }  yy;
```

则sizeof(yy)函数的返回值应为（　）。

A) 2　　B) 4　　C) 5　　D)定义有错

6. 若有以下说明和语句, 已知int和double类型分别占2和8个字节，则sizeof(st)的值为（　）。

```
struct st {
      char a[10];
      union {
            int i;
           double y;
            }
      };
```

A) 18　　B) 20　　C) 12　　D) 以上均不是

7. 对于以下结构定义，*p->str++中的++加在（　）。

```
struct { int len;
       char *str;
     } *p;
```

A) 指针str上　　B) 指针p上　　C) str所指的内容上　　D) 以上均不是

8. 对于以下程序段，运行后i值为（　）。

```
enum WEEKS {1,2,3,4,5,6,7} ;
enum WEEKS a=1;
int i=0;
switch (a)
{
    case 1: i=1;
    case 2: i=2;
    default: i=3;
}
```

A) 1　　B) 0　　C) 3　　D) 上述程序有语法错误

二、填空题

1. 设有以下结构类型说明和变量定义，则变量a在内存中所占字节数是______。

```
struct stud
 { char num[6];
   int s[4];
   double ave;
 } a,*p;
```

2. head为指向以下结构的链表指针，统计链表中所有inf域值之和（s）的程序段为：

```
struct nlist {
             int inf;
             struct nlist *next;
             } *head, *p;
long s;
for (p=head, s=0; ______ ;  p = p->next)
     s += ______;
```

三、程序设计题

1. 建立一个结构体，包含学生姓名和成绩，从键盘输入学生的姓名和成绩，然后输出。
2. 定义一个结构体，利用结构体变量求解两个复数之积。
3. 利用结构体类型分别写出复数的加、减运算函数，并在主函数中调用这些函数。
4. 建立一个链表，从键盘上输入字符，输入字符0时停止，然后输出这些字符。
5. 设某校人员管理系统包括教师和学生两类人员，其中教师的数据包括编号、姓名、性别、职业和职称，学生的数据包括编号、姓名、性别、职业和班级。两类人员数据的差异在最后一项，它们与职业有关。当职业为“教师”时，最后一项为职称；当职业为“学生”时，最后一项为班级。试为这两类人员设计一个统一的自定义数据类型，并输入输出两类人员的数据。
6. 将一链表逆序排列，即将链头当链尾，链尾当链头。
7. 利用结构体变量自己编程解决万年历问题：输入任意一个日期，求该日是星期几。
8. 已知某班有5名学生，成绩如下：

姓名	C语言	数据结构	汇编语言	计算机原理
刘希民	67.8	58.5	78	97.6
梁天起	89.4	100	88.7	89.4

（续）

姓名	C语言	数据结构	汇编语言	计算机原理
郑君丽	87.6	86.3	69.6	95.4
马军辉	78.6	83.8	56.7	78
张法	65.3	78.9	56.4	77.3

要求：（1）数据的初始化和输出应在主函数main()中进行。

（2）编写函数sort, 按学生的总成绩大小排序。

9. 纸牌有梅花、方块、红桃和黑桃4种花色，试为纸牌的花色定义一个枚举类型，并为该类型的数据编写输入和输出函数。

10. 已有a和b两个链表，每个链表中的结点包括学号和成绩。要求把两个链表合并，按学号升序排列。

11. 有两个链表a和b，设结点中包含学号和姓名。要求从a链表中删去与b链表中有相同学号的那些结点。

第10章 编译预处理

编译预处理是C语言的一个重要特点，也是C语言区别于其他高级程序设计语言的特征之一。编译预处理负责在编译之前对源程序的一些特殊行进行预加工，通过编译系统的预处理程序执行源程序中的预处理命令。预处理命令均以“#”开头，末尾不加分号，以区分C语句与C声明和定义。编译预处理可以出现在程序中的任何位置，其作用域是自出现点到所在源程序的末尾。前面程序中出现的#include就是一个预处理命令。

使用预处理命令可以改进程序设计环境，提高编程的效率。编译预处理的功能包括宏替换、文件包含、条件编译、编译控制等等，其中最常用的是文件包含和宏替换。

10.1 宏定义

通过预处理命令#define指定的预处理就是宏定义。宏定义包括简单宏定义和带参数的宏定义。

10.1.1 简单宏定义

简单宏定义就是用一个指定的标识符来代表一个字符串，它的一般形式为：

```
#define 宏名 字符串
```

预处理时，将会把程序中该宏定义之后的所有宏名用字符串替换。通常#define命令写在文件的开头，作为文件的一部分。

例如我们可以定义一个常量：

```
#define PI 3.14159265
```

在程序设计中，我们就可以用PI来代替3.14159265。在程序编译预处理时，凡是遇到PI的地方，都会用3.14159265来代替。但要记住，宏定义必须出现在所用符号之前。

简单宏定义可以让程序设计者用一个简单的名字代替一个长的字符串，而且这种方法可以减少程序中重复书写某些字符串的工作量。假如我们不定义PI代表3.14159，则在程序中要多处出现3.14159，不仅麻烦，而且容易出错，用宏名就能避免这些问题，因为记住一个宏名要比记住一个无规律的字符串容易，而且在读程序时能立即知道它的含义，当需要改变某一个常量时，可以只改变#define就可以了。

如果没有宏定义，当要改变常量时，凡是出现常量的地方都要改，那样将会非常麻烦。比如，要定义一个数组的大小，可以采用宏定义的方法：

```
#define SIZE 10
int a[SIZE];
```

如果要改变数组的大小，只需改变宏定义就可以了，不用依次修改程序中数组出现的地方。

【例10-1】不带参数的宏定义的使用。

```
#include "stdio.h"
#define PI 3.14159
main()
{
```

```
    double r,L,S,V;
    scanf("%lf",&r);/*输入圆的半径*/
    L=2.0*PI*r; /*求圆的周长*/
    S=PI*r*r; /*求圆的面积*/
    V=4.0/3*PI*r*r*r; /*求半径为r的球体的体积*/
    printf("L=%.2lf\nS=%.2lf\nV=%.2lf\n",L,S,V);
}
```

程序运行结果为：

```
4↙
L=25.13
S=50.27
V=268.08
```

宏定义只是用宏名代替一个字符串，也就是做简单的置换，不做正确性检查。如果数据有错误，在编译时不会发现，当然执行的结果是不正确的。但是如果存在不合法的字符，编译时系统会报错。

宏定义不是C语句，不必在行末加分号，如果加分号，预编译时会把分号看做一个字符与其他字符一起置换。例如定义数组大小时，如果有分号：

```
#define SIZE 10;
int a[SIZE];
```

在替换后，会变成以下形式：

```
int a[10;];
```

这显然是不对的，不会通过编译。

一般，#define命令行出现在程序的开头、函数之前，作为文件的一部分，宏名的有效范围为定义处到本源文件结束。

当然，也可以用#undef命令结束宏定义的作用域。例如：

```
#define PI 3.14159
void main()
{
}
#undef
```

那么在#define和#undef之间就是宏的作用域。

宏定义可以嵌套，也就是说在进行宏定义时，可以引用已经定义的宏名。

【例10-2】宏嵌套定义。

```
#include "stdio.h"
#define R 3.0
#define PI 3.14159
#define L 2*PI*R
#define S PI*R*R
main()
{
    printf("L=%.2f\nS=%.2f\n",L,S);
}
```

程序输出结果为：

```
L=18.85
S=28.27
```

注意，在程序中用双引号括起来的字符看做是字符串常量，即使与宏名相同，也不进行置换。另外还要注意，在程序中出现宏名的地方只是进行置换，把宏名置换成程序所定义的字符串，宏名不是变量，不能重新赋值，当然也不在内存中分配空间。

10.1.2 带参数的宏定义

带参数的宏定义的一般形式为：

```
#define 宏名(参数列表) 字符串
```

可以看出，带参数的宏定义在紧跟宏名之后有一个用圆括号括起来的参数列表。下面通过一个例子进行说明。

【例10-3】 使用带参数的宏。

```
#include"stdio.h"
#define PI 3.14159265
#define  C(r) 2.0*PI*(r)
#define  S(r) PI*(r)*(r)
main()
{
 double R;
 scanf("%lf",&R);
 printf("C=%9.5lf,S=%9.5lf\n",C(R),S(R));
}
```

在编译时，用printf函数中的C(R)的实参R替换宏定义C(r)中的形参r，即

```
C(r)      2.0*PI*(r)
 ↑            ↓
C(R)      2.0*PI*(R)
```

经编译后C(R)变为2.0*PI*(R)，S(R)变为PI*(R)*(R)。

程序运行结果如下：

```
5↙
C=31.41593,S=78.5398
```

注意在字符串中一定要包含参数列表中的参数，例如：

```
#define ADD(x, y)(x+y)
```

那么在程序中只要出现ADD(x，y)，就会用（x+y）来代替。用括号括起来是为了不引起歧义，因为x+y是一个不能分割的整体，而x+y的运算优先级比较低，为了防止x+y在运算中被分割，所以要用括号括起来。如果不这样定义，而是定义为：

```
#define ADD(x, y)x+y
```

例如如果有下面的语句：

```
n=ADD(x, y);
```

程序编译时会被替换为下面的形式：

```
n=x+y;
```

这不会有什么问题，但是如果有这样的语句：

```
n=m* ADD(x, y)*z;
```

本来这个语句的含义应该是n=m* (x+y)*z，但是当编译时被替换后，语句却成了下面的形式：

```
n=m* x+y*z;
```

由于加法运算的优先级比较低，所以运算顺序完全变了。这种错误编译是不会发现的，因为完

全符合C语言的语法规则，但是程序的运行结果肯定是不正确的，而且这种错误是比较难以发现的，所以在定义带参数的宏名时应特别注意。

宏定义时，在宏名与带参数的括号之间不应加空格；否则将空格以后的字符都作为替代字符串的一部分。例如上例中，在S和（r）中加一个空格，即

```
#define S (r) PI*(r)*(r)
```

则S被认为是不带参数的宏名，它代表字符串“(r) PI*(r)*(r)”。如果在程序中有

```
area=S(R);
```

则被展开为：

```
area= (r) PI*(r)*(r)(R);
```

这样就不对了。

【例10-4】 带参数的宏定义示例。

```
#include "stdio.h"
#define PI 3.14159
#define S(r) PI*r*r
main()
{
   double a,area;
   a=6.5;
   area=S(a);
   printf("r=%.2lf\narea=%.2lf\n",a,area);
}
```

程序运行结果为：

```
r=6.50
area=132.73
```

对于上面的宏定义，需要注意的是，虽然执行语句area=S(a)是没有什么问题的，但是如果有如下程序：

```
#include "stdio.h"
#define PI 3.14159
#define S(r) PI*r*r
main()
{
   double a,b,area;
   a=3.5;
   b=3.0;
   area=S(a+b);
   printf("r=%.2lf\narea=%.2lf\n",a+b,area);
}
```

则程序运行结果为：

```
r=6.50
area=24.50
```

结果显然是不正确的。其实，语句

```
area=S(a+b);
```

在替换之后就成了下面的形式：

```
area=PI*a+b*a+b;
```

这已经不是语句的本意了，因此运算结果是错误的。正确的形式是在宏定义时给参数加上括号，

修改后的程序如下：

```
#include "stdio.h"
#define PI 3.14159
#define S(r) PI*(r)*(r)
main()
{
    double a,b,area;
    a=3.5;
    b=3.0;
    area=S(a+b); /*替换成 area=PI*(a+b)*(a+b)*/
    printf("r=%.2lf\narea=%.2lf\n",a+b,area);
}
```

这样程序的结果就对了。

通过以上例子可以看出，带参数的宏定义形式上很像函数，不仅进行简单的串替换，而且还进行参数替换，即引用宏时的实际参数替换宏定义中的形式参数。但二者本质不同，宏替换只是进行简单的字符替换，不进行计算，而函数的实参和形参可以进行赋值运算。二者的主要区别如下：

1）函数调用时，先求出实参表达式的值，然后代入形参；而使用带参数的宏只是进行简单的字符替换。

2）函数调用是在程序运行时处理的，分配临时的内存单元；而宏展开则是在编译时进行的，在展开时并不分配内存单元，不进行值的传递处理，也没有返回值的概念。

3）对函数中的实参和形参都要定义类型，二者的类型要求一致，如不一致应进行类型转换；而宏不存在类型问题，宏名无类型，它的参数也无类型，它只是一个符号，代表展开时代入指定的字符即可。宏定义时，字符串可以是任何类型的数据。

4）调用函数只可得到一个返回值；而用宏可以设法得到几个结果。

【例10-5】 利用宏得到多个结果的示例。

```
#include "stdio.h"
#define PI 3.14159
#define CIRCLE(R,L,S,V) L=2*PI*R;S=PI*R*R;V=4.0/3*PI*R*R*R
main()
{
    double r,l,v,s;
    r=6.5;
    CIRCLE(r,l,s,v);
    printf("r=%.2lf\nl=%.2lf\ns=%.2lf\nv=%.2lf\n",r,l,s,v);
}
```

程序运行结果为：

```
r=6.50
l=40.84
s=132.73
v=1150.35
```

5）使用宏时，宏展开后源程序会变长，因为每展开一次都使程序增长；而函数调用不会使源程序变长。

6）宏替换不占用运行时间，只是占编译时间；而函数调用则占运行时间。

一般来说，用宏代表简短的表达式比较适合。有些问题用函数和宏都可以，例如：

```
#define MAX(x,y) (x)>(y)?(x):(y)
void main()
```

```
{
  int a,b,c,d,t;
...
  t=MAX(a+b,c+d);
...
}
```

赋值语句展开为：

```
t=(a+b)>(c+d)?(a+b):(c+d);
```

也可以用函数解决上述问题：

```
int max(int x,int y)
{
  return(x>y?x:y);
}
```

在main函数中调用max函数：

```
void main()
{
  int a,b,c,d,t;
...
  t=max(a+b,c+d);
...
}
```

编程时，在输出语句中每次都要写出具体的输出格式，既复杂又容易出错，为了简化程序的书写，可以事先将输出格式定义成宏。

【例10-6】用宏定义代表输出格式。

```
#include "stdio.h"
#define PR printf
#define NL "\n"
#define D "%d"
#define D1 D NL
#define D2 D D1
#define D3 D D2
#define S "%s"
void main()
{ int a,b,c;
char str[]="Hello world!";
a=1;b=2;c=3;
PR(D1,a);
PR(D2,a,b);
PR(D3,a,b,c);
PR(S,str);
}
```

运行程序，结果如下：

```
1
1 2
1 2 3
Hello world!
```

10.2 文件包含

文件包含是通过#include命令把已经进入系统的另一个文件的整个内容嵌入进来，它可以避免不必要的重复劳动。文件包含预处理控制有两种形式：

```
#include "文件名"
```

或

```
#include <文件名>
```

二者的区别在于：“”文件标识中包含文件路径，它先搜索当前文件夹，没有找到的话再搜索指定位置，直到找到为止。< >是直接搜索指定位置。

通常把经常用到的、带公用性的一些函数或者符号等集合在一起形成一个源文件，然后用此命令将这个源文件包含进来，这样可以避免因输入或修改失误造成的不一致性。

程序中需要引用标准库函数时，需要在源文件开头写上#include <文件名>。

C语言中常用到的标准函数库有以下几种：

1）输入输出函数stdio.h。

2）内存分配函数stdlib.h和alloc.h。

3）数学函数math.h。

4）字符串函数string.h。

5）绘图函数graphics.h。

在编译预处理时，要对#include命令进行“文件包含”处理。比如有两个文件file1.c和file2.c，在文件file1.c中有一个文件包含命令#include "file2.c"，那么预编译时将file2.c的全部内容复制插入到#include "file2.c"命令处，即file2.c包含到file1.c中。在编译中，将包含以后的file1.c作为一个源文件单位进行编译。在编译时，它们并不是作为两个文件进行连接的，而是作为一个源程序编译，得到一个目标文件，因此被包含的文件也应该是源文件而不应该是目标文件。

文件包含可以嵌套，也就是说一个头文件中也可以包含#include行。这种常用在文件头部的包含文件称为“标题文件”或者“头部文件”。这种文件一般不用“.h”作为后缀，而是用“.c”作为后缀，或者没有后缀也是可以的，但用“.h”作为后缀更能表示此文件的性质。

如果需要修改一些常数，不必修改每个程序，只需修改一个文件即可。但是应当注意的是，被包含的文件修改之后，凡是包含此文件的所有的文件都要重新编译。

头文件除了可以包含函数原型和宏定义之外，还可以包括结构体类型定义和全局变量的定义。

【例10-7】将例10-6中的宏定义做成头文件，把它包含在用户的程序中。

把宏放在头文件format.h中：

```
#define PR printf
#define NL "\n"
#define D "%d"
#define D1 D NL
#define D2 D D1
#define D3 D D2
#define S "%s"
```

主文件file1.c：

```
#include "stdio.h"
#include "format.h"
void main()
{  int a,b,c;
   char str[]="hello world!";
   a=1;b=2;c=3;
   PR(D1,a);
```

```
    PR(D2,a,b);
    PR(D3,a,b,c);
    PR(S,str);
}
```

运行程序，得到与例10-6一样的结果。

【程序分析】本例中，将主文件进行编译后，文件“format.h”的全部内容将替换主文件的#include "format.h"命令，即被包含文件与其所在文件在编译预处理之后成为同一个文件，则源程序与例10-6完全相同。

使用文件包含命令需要注意以下几点：

1）一条文件包含命令只能包含一个文件。如果需要包含多个文件，则必须使用多条文件包含命令。

2）如果文件1包含文件2，在文件2中要用到文件3的内容，则可以在文件1中用两个文件包含命令分别包含文件2和文件3，而且文件3应出现在文件2之前，即在file1中定义：

```
#include"file3.h"
#include"file2.h"
```

这样，file1和file2就都可以使用file3的内容了，在file2中不必再用#include "file3.h"了。

3）文件包含的定义是可以嵌套的，即允许一个被包含的文件包含其他文件。

10.3 条件编译

为了方便程序调试，同时便于解决程序的可移植性问题，C语言提供了条件编译命令，按照一定的条件有选择地将某个源程序段包括或不包括在源文件中，从而使编译程序能够对用户的源程序有选择性地生成满足一定条件的目标程序。条件编译命令有以下几种形式。

（1）条件编译的第1种形式

```
#if 常量表达式
 程序段1
 [#elif 常量表达式
 程序段2]
[#else
 程序段3]
#endif
```

其中，用[]括起来的部分是可选部分。

它的作用是当指定表达式值为真时就编译程序段1，否则编译程序段2。可以事先给定一定条件，使程序在不同的条件下执行不同的功能。

这种条件编译有助于提高C源程序的通用性，如果一个C源程序在不同的计算机系统上运行，而不同的计算机又有一定的差异，这样就往往需要对源程序作出必要的修改，这就降低了程序的通用性，在这种情况下就可以用条件编译。

（2）条件编译的第2种形式

```
#ifdef 标识符
 程序段1
 [#elif 常量表达式
 程序段2]
[#else 常量表达式
 程序段3]
#endif
```

它的作用是当所指定的标识符已经被#define命令定义过时，则在程序的编译阶段只编译程序段1，否则编译程序段2。#ifdef控制其余部分的结构和功能与#if控制完全相同。

（3）条件编译的第3种形式

```
#ifndef 标识符
 程序段1
 [#elif 常量表达式
 程序段2]
[#else常量表达式
 程序段3]
#endif
```

它的作用是若标识符未被定义过，则编译程序段1，否则编译程序段2，这种形式与第一种形式的作用相反。

条件编译与if语句有重要区别，条件编译是在预处理时判定的，不产生判定代码，其中不满足条件的程序段不参与编译，不会产生代码；if语句是在运行时判定的，且编译产生判定代码和两个分支程序段的代码。因此，条件编译可以减少目标程序长度，提高程序执行速度，但条件编译只能测试常量表达式，而if语句能对表达式做动态测试。

【例10-8】根据是否定义宏C，编程决定是计算圆周长还是圆面积。

```
#include "stdio.h"
#define PI 3.14159
#define C(r) 2*PI*(r)
void main()
{
    double radius,perimeter,area;
    printf("enter the radius:");
    scanf("%lf",&radius);
    #ifdef C
    perimeter=C(radius);
    printf("the perimeter=%lf",perimeter);
    #else
    area=PI*radius*radius;
    printf("the area=%lf",area);
    #endif
}
```

由于程序中定义了C，所以执行“perimeter=C(radius);”，程序运行结果为：

```
enter the radius:3.5
the perimeter=21.991130
```

若把#define C(r) 2*PI*(r)注释掉，则执行“area=PI*radius*radius;”，程序运行结果为：

```
enter the radius:3.5
the area=38.484477
```

【例10-9】#ifdef和#ifndef的综合应用。

```
#include "stdio.h"
#define MAX 1
#define MAXIMUM(x,y)  (x>y)?x:y
#define MINIMUM(x,y)  (x>y)?y:x
void main()
{  int a=10,b=20;
   #ifdef MAX
     printf("The larger one is %d\n",MAXIMUM(a,b));
   #else
     printf("The lower one is %d/n",MINIMUM(a,b))
```

```
    #endif
  #ifndef MIN
    printf("The lower one is %d\n",MINIMUM(a,b));
  #else
    printf("The larger one is %d\n",MAXIMUM(a,b));
  #endif
  #undef MAX
  #ifdef MAX
    printf(" The larger one is %d\n",MAXIMUM(a,b));
  #else
    printf("The lower one is %d\n",MINIMUM(a,b));
  #endif
  #define MIN 1
  #ifndef MIN
    printf("The lower one is %d\n",MINIMUM(a,b));
  #else
    printf("The larger one is %d\n",MAXIMUM(a,b));
  #endif
}
```

运行程序，结果如下：

```
The larger one is 20
The lower one is 10
The lower one is 10
The larger one is 20
```

【程序分析】文件头中定义了MAX，执行#ifdef MAX成立，所以输出大的数；文件头中没定义MIN，执行#ifndef MIN也成立，所以输出小的数；然后是#undef MAX，此时MAX的定义已不存在，再执行#ifdef MAX不成立，所以输出小的数；#define MIN定义了MIN，执行#ifndef MIN不成立，所以输出大的数。

10.4 行控制

行控制有两种格式：

```
# line 常量 "文件名"
```

或

```
# line 常量
```

常量是一个十进制数，被C编译程序认为是下一个源程序行的行号。文件名指出预处理的文件，如果不指定文件名，则为被C编译程序记住的文件名。

行控制预处理为其他产生C源程序的预处理程序在跟踪被处理程序的行号时提供方便，为用户进行程序查错和改错提供很大的方便。

10.5 带参数的主函数

到目前为止我们使用的main函数的第一行都是main()，其实在编辑C语言源程序时，main()函数可带有两个形参，形式为：

```
main(int argc, char *argv[])
```

其中，argc是一个整型变量，表示命令行参数的个数， argv[]是一个指针数组，分别指向命令行各参数的首地址。例如取名file.c的文件经过编译、连接后产生file.exe，在DOS提示符下输入如下字符串：

```
c: \>file p1 p2↙
```

则程序运行时系统自动将命令行参数的个数3赋给argc。其中，argv[0]指向字符串“file”的首地址；argv[1]指向字符串“p1”的首地址；argv[2]指向字符串“p2”的首地址。

如果文件名前有路径，则它们都保存在argv[0]中。

【例10-10】 带参数的主函数。

```
#include "stdio.h"
main(int argc,char *argv[])
{
    int i;
    for(i=1;i<argc;i++)
        printf("%s\n",argv[i]);
}
```

通过编译生成file可执行文件后，在DOS的提示符下输入file computer c-language，则程序输出为：

```
computer
c-language
```

使用编译预处理时常见的错误有以下几种：

1）定义宏时后面加“;”，如：

```
#define PI 3.14159;
#define R 20;
```

如果在定义宏时加上了“;”，那么在宏展开时会一并将“;”替换进去。如语句

```
return (2*PI*R);
```

将被替换为

```
return (2*3.14159;*20;);
```

从而造成错误。

2）丢失“#”，如：

```
include"stdio.h"
```

C语言预处理命令都是以“#”开头的，这样预处理程序才能很方便地找到它们。丢失“#”将引起错误。

3）宏扩展的整体或参数没有用括号括起来，如：

```
#define AREA(x)  x*x
```

或

```
#define AREA(x) (x)*(x)
```

这在宏替换时会发生错误，如语句

```
S=20/AREA(3+2);
```

替换的结果为

```
S=20/3+2*3+2;
```

或

```
S=20/(3+2)*(3+2);
```

显然得到的是错误结果，正确的定义方式为：

```
#define AREA(x) ((x)*(x))
```

4）定义字符串常量没有加“”号。如：

```
#define STRING hello world
main()
{
  printf(STRING);
}
```

就变成

```
printf (hello world);
```

显然这是错误的，正确的写法为：

```
#define STRING "hello world"
```

以上错误读者一定要引起注意，在编程中要避免类似错误。

本章小结

预处理命令不是C语言的语句，所以不是在编译阶段进行处理，而是在编译之前进行“预处理”。使用宏定义可以减少在程序中重复书写某些字符串的工作量，而且可以方便修改。文件包含可以让人们使用他人已经编译好的文件，以减少工作的重复。行控制预处理为其他产生C源程序的预处理程序在跟踪被处理程序的行号时提供方便。条件编译可以减少被编译的语句，从而减少目标程序的长度，减少运行时间。

习题

一、简答题

1. 简述编译预处理命令的作用和特点。
2. 简述宏的作用和种类。
3. 简述条件编译预处理命令的作用和种类。
4. 简述文件包含命令的作用，以及两种文件包含命令的区别。

二、选择题

1. 以下程序的运行结果是（　　）。

```
#define MIN(x,y) (x)<(y)?(x):(y)
main()
{  int i=10,j=15,k;
   k=10*MIN(i,j);
   printf("%d\n",k);
}
```

A) 10　　B) 15　　C) 100　　D) 150

2. 执行下列程序后变量i的值应为（　　）。

```
#define MA(x, y) ( (x)*(y) )
i=5;
i=MA(i,i+1)-7;
```

A) 30　　B) 19　　C) 23　　D) 1

3. 执行下列程序后的输出结果为（　　）。

```
#define  MA(x, y)  (x)*(y)
int i = 2;
```

```
i = 3/MA(i, i+1)+5;
printf("%d\n", i);
```

A) 5　B) 8　C) 0　D) 以上都错

4. 如下程序中的for循环执行的次数是（　）。

```
#define N 2
#define M N+1
#define NUM 2*M+1
main()
 { int i;
 for(i=1;i<=NUM;i++)printf("%d\n",i);
 }
```

A) 5　B) 6　C) 7　D) 8

5. 以下程序运行后的输出结果是（　）。

```
#include "stdio.h"
#define  PT   5.5
#define  S(x)  PT*x*x
 main( )
 {
  int  a=1, b=2;
  printf("%4.1f\n", S(a+b));
}
```

A) 49.5　B) 9.5　C) 22.0　D) 45.0

6. 对于以下宏定义，宏调用DD(2*3, 2+3)执行后的值为（　）。

```
#define SQ(x)   x*x
#define DD(x,y)  SQ(x)-SQ(y)
```

A) 43　B) 11　C) 25　D) 以上均不是

7. 以下程序的运行结果是（　）。

```
#define ADD(x) x+x
main()
{
int m=1,n=2,k=3;
int sum=ADD(m+n)*k;
printf("sum=%d",sum);
}
```

A) sum=9　B) sum=10　C) sum=12　D) sum=18

8. 以下任何情况下计算平方数时都不会引起二义性的宏定义是（　）。

A) `#define POWER(x) x*x`
B) `#define POWER(x)  (x)*(x)`
C) `#define POWER(x) (x*x)`
D) `#define POWER(x)  ((x)*(x))`

9. 以下叙述正确的是（　）。

A) C语言的预处理功能是指完成宏替换和包含文件的调用
B) C语言的预处理指令只能位于C源程序文件的首部
C) 凡是C源程序中行首以“#”标志的控制行都是预处理指令
D) C语言的编译预处理就是对源程序进行初步的语法检查

三、填空题

1. 以下程序的输出结果是______。

```
#define MAX(x,y) (x)>(y)?(x):(y)
main()
{ int a=5,b=2,c=3,d=3,t;
   t=MAX(a+b,c+d)*10;          /* t=(a+b)>(c+d)?(a+b):(c+d)*10*/
   printf("%d\n",t);
}
```

2. 以下程序的功能是______。

```
#include "stdio.h"
#define TRUE 1
#define FALSE 0
#define SQ(x) (x)*(x)
void main()
{
int num;
int again=1;
printf("Program will stop if input value less than 50.\n");
while(again)
{
      printf("Please input number==>");
      scanf("%d",&num);
      printf("The square for this number is %d \n",SQ(num));
      if(num>=50)
           again=TRUE;
      else
           again=FALSE;
}
}
```

3. 以下程序的输出结果是______。

```
#include "stdio.h"
#define exchange(a,b) {int t;t=a;a=b;b=t;}
void main(void)
{
  int x=10;
  int y=20;
  printf("x=%d; y=%d\n",x,y);
  exchange(x,y);
  printf("x=%d; y=%d\n",x,y);
}
```

4. 以下程序的输出结果是______。

```
#define LAG >
#define SMA <
#define EQ ==
#include "stdio.h"
void main()
{  int i=10;
   int j=20;
   if(i LAG j)
      printf(" %d larger than %d \n",i,j);
   else if(i EQ j)
      printf(" %d equal to %d \n",i,j);
   else if(i SMA j)
      printf("%d smaller than %d \n",i,j);
   else
```

```
        printf("No such value.\n");
    }
```

四、程序设计题

1. 编写一个程序，用宏定义的方法求两个整数的余。
2. 编写一个函数，用宏定义的方法求两数中的较大者。
3. 定义一个带参数的宏，使两个参数的值互换，并写出程序，输入两个数作为使用宏时的实参。
4. 给年份定义一个宏，以判断该年份是否为闰年。
5. 分别用函数和带参数的宏，实现从3个数中找到最大数。
6. 编写程序，输入两个浮点数，用带参数宏求两个数的和。
7. 分别写出一行输出一个数据项、一行输出两个数据项、一行输出三个数据项的宏定义，然后将这些定义的正文组织成一个头文件。
8. 写出输出整数数组的宏定义，要求指明数组元素个数且一行仅输出3个数组元素的宏定义。
9. 请写出一个宏定义MYUP(c)，用以判断c是否是字母字符，若是，得1，否则得0。

第11章　文　件

文件是程序设计中的一个重要概念。所谓文件就是一个存储在外部介质上的数据的集合。一批数据是以文件的形式存放在外部介质上的。操作系统是以文件为单位对数据进行管理的，也就是说，如果想找存储在外部介质上的数据，必须先按文件名找到所指定的文件，然后再从该文件中读取数据。要向外部存储数据也必须先建立一个文件才能向它输出数据。

在C语言中文件的含义比较广泛，不仅包含以上所述的磁盘文件，还包括一切能进行输入和输出的终端设备，它们被看做是设备文件，键盘常称为标准输入文件，显示器称为标准输出文件。

C语言把文件看做是一个字符序列，即由一系列字符数据顺序组成。根据文件内数据的组织形式，文件可分为文本文件和二进制文件。文本文件又称为ASCII码文件，它的每一个字节存放一个字符的ASCII码。ASCII码文件便于字符处理，也便于字符输出，但是它占用的空间比较大，而且要花费转换时间；二进制文件的每一个字节是真正的二进制数，也就是把内存中的存储形式原样存放在磁盘上，二进制文件可以节省存储空间，但是不能直接输出字符形式。一般中间数据结果常用二进制文件保存。因数据的组织形式不同，两种文件在读写时有一些差异。

由前所述，一个文件是一个字节流或者二进制流，它把数据看做是一连串的字符，而不考虑记录的界限。也就是说，C语言中的文件并不是由记录组成的。在C语言中对文件的存取是以字符为单位的。输入输出的数据流开始和结束仅受程序控制，而不受物理符号控制。也就是说，在输出时不会自动增加回车换行符以作为记录结束的标志，输入时不以回车换行符作为记录的间隔。我们把这种文件称为流式文件。C语言允许对文件存取一个字符，这就增加了处理的灵活性。

数据流是对数据输入输出行为的一种抽象。各种各样的终端设备或者磁盘文件的细节是非常复杂多样的，直接对它们进行编程将会非常繁琐，引入数据流的概念有效地解决了这一难题。只要建立了输入输出流，编程者在应用程序中就不需要关心底层输入输出设备或者任何磁盘文件的具体细节差异。程序要输入数据，只要从输入数据流中读入，输出数据只需向输出流中写出即可，这样就使程序完全与具体硬件资源脱离了关系，也就是说数据流使C程序与具体系统完全不相关，使C程序可以非常方便地移植。

11.1　C文件系统的分类

C的文件系统可分为缓冲文件系统和非缓冲文件系统两类。

缓冲文件系统又称为高级磁盘输入输出系统。在调用这种文件处理函数时，会自动在用户内存区中为每一个正在使用的文件划出一片存储单元，称为一个缓冲区。

设立缓冲区的原因是磁盘读写速度比内存的处理速度要慢得多，而且磁盘驱动器是机电设备，定位精度比较差，磁盘数据存取是以扇区或者簇为单位。这样就要求有一个缓冲区来作为文件数据输入输出的中间站来协调：从磁盘文件中读取数据时，先将含有该数据的扇区或者簇从磁盘文件以慢速读到缓冲区中，然后再从缓冲区将数据快速送到应用程序的变量中去。下次再读数据时，首先判断缓冲区中是否有数据，如果有，则直接从缓冲区中读，否则就要从磁盘中再读出另一个扇区或者簇。向磁盘中写数据也是一样的，数据总是先从内存写入缓冲区中，直到缓冲区写满之后才一起送到磁盘文件上去。

非缓冲文件系统又称为低级磁盘输入输出系统，这类系统不为文件自动提供文件缓冲区，而由用户自己根据需要设置，文件读写函数也与缓冲文件系统不同。

这两种文件系统分别对应不同的输入输出函数。缓冲文件系统为用户提供了很多方便，代替用户做了很多事情，功能相当强大；而非缓冲文件系统则直接依赖于操作系统。

缓冲文件系统输入输出一般称为标准输入输出（标准I/O），而非缓冲文件系统输入输出称为系统I/O。

标准I/O提供4种读文件的方法，相应地C有如下四种函数：

1）fgetc()和fputc()函数：用来读写一个字符；

2）fgets()和fputs()函数：用来读写一个字符串；

3）fscanf()和fprintf()函数：用来进行格式化读写；

4）fread()和fwrite()函数：用来读写一个记录。

系统I/O只提供按记录读写的方法，使用read和write函数。

各函数的使用方法将在后面各节详细介绍。

11.2 文件的打开与关闭

11.2.1 文件类型指针

文件类型指针是缓冲文件系统中一个非常重要的概念。每个被使用的文件都在内存中开辟一个区，用来存放文件的有关信息（如文件的名字、文件状态及文件当前位置等）。这些信息是保存在一个结构体变量中的。该结构体类型是系统定义的，取名为FILE。Turbo C有以下的文件类型声明：

```
typedef struct
{
  short level;            /*记录已打开流的缓冲区填入数据情况的变量*/
  unsigned flags;         /*记录文件状态标志*/
  char fd;                /*与流相连的文件标识符,相当于DOS的文件句↙ */
  unsigned char hold;     /*level=0时(空),ungetc先把一个字符返回流中*/
  short bsize;            /*缓冲区大小,缺省为512字节*/
  unsigned char *buffer;  /*文件缓冲区的首址*/
  unsigned char *curp;    /*缓冲区当前激活的指针*/
  unsigned istemp;        /*临时文件标识符 */
  short token;            /*常用于有效性检查*/
}FILE;
```

有了结构体FILE类型之后，可以用它来定义若干个FILE类型的变量，以便存放若干个文件的信息。例如，可以定义以下FILE类型的数组：

```
FILE f[5];
```

上面定义了一个结构体数组f，它有5个元素，可以用来存放5个文件的信息。

有了FILE类型之后，可以定义文件类型指针，定义的一般形式为：

```
FILE  *文件结构体指针变量名;
```

例如：

```
FILE  *fp;
```

fp是一个文件类型的指针，指向某个文件，即指向FILE类型结构体变量中有关文件的信息，通过这些信息能够找到与它相关的文件。如果有n个文件，一般应设n个指针变量（指向FILE类型结构体的指针变量），使它们分别指向n个文件（确切地说，指向存放该文件信息的结构体变量），以实现对文件的访问。

11.2.2 打开文件

对文件操作必须“先打开，后读写，最后关闭”。

C语言用fopen()函数实现打开文件。fopen()函数的调用方式通常为：

```
FILE *fp;
fp=fopen(文件名,文件使用方式);
```

例如：

```
fp=fopen("hello","r");
```

表示要打开名字为hello的文件，使用文件方式为“只读”（r代表read，即读入），fopen()函数带回指向hello文件的指针并赋给fp，这样fp就和文件hello相联系了，或者说，fp指向hello文件。可以看出，在打开一个文件时，将通知编译系统以下3个信息：

1）需要打开的文件名，也就是准备访问的文件的名字；

2）使用文件的方式（“读”还是“写”等）；

3）让哪一个指针变量指向被打开的文件。

其中，文件的使用方式可以是表11-1中的值之一。

表11-1 文件使用方式

文件使用方式	含 义
“r”（只读）	为输入打开一个文本文件
“w”（只写）	为输出打开一个文本文件
“a”（追加）	向文本文件尾增加数据
“rb”（只读）	为输入打开一个二进制文件
“wb”（只写）	为输出打开一个二进制文件
“ab”（追加）	向二进制文件尾增加数据
“r+”（读写）	为读写打开一个文本文件
“w+”（读写）	为读写建立一个新的文本文件
“a+”（读写）	为读写打开一个文本文件
“rb+”（读写）	为读写打开一个二进制文件
“wb+”（读写）	为读写建立一个新的二进制文件
“ab+”（读写）	为读写打开一个二进制文件

说明：

1）用“r”打开的文件只能用于向计算机输入而不能用于向文件输出数据，而且该文件应该已经存在，不能用“r”方式打开一个并不存在的文件，否则出错。

2）用“w”方式打开的文件只能用于向文件写数据，而不能用来向计算机输入。如果原来的文件不存在，则在打开时新建一个以指定的名字命名的文件。如果原来已经存在一个以该文件命名的文件，则在打开时将该文件删除，然后重新建立一个新的文件。

3）如果希望向文件尾添加新的数据，则应该用“a”方式打开。但是此时该文件必须已经存在，否则将得到出错的信息。打开时，位置指针移到文件末尾。

4）用“r+”、“w+”、“a+”方式打开的文件既可以用来输入数据，也可以用来输出数据，用“r+”方式时该文件应该已经存在，以便向计算机输入数据。用“w+”方式则新建立一个文件，先向此文件写数据，然后可以读此文件中的数据。用“a+”方式打开的文件，原来的文件不能被删去，位置指针移到文件的末尾，可以添加，也可以读。

5）如果不能打开文件，fopen函数会返回一个出错信息，并且将带回一个空指针（NULL）。出错的原因多种多样，如用“r”方式打开一个并不存在的文件、磁盘出故障、磁盘已满无法建立新文件等。

常用下面的程序段来打开一个文件：

```
if(fp=fopen("file","r")==NULL)
{
  printf("cannot open this file \n");
  exit(0);
}
```

即先检查打开操作是否正确，如果有错就在终端上输出“cannot open this file”。exit函数的作用是关闭所有的文件，终止正在执行的程序，待程序员检查出错误并修改后再运行。

6）用以上方式可以打开文本文件或者二进制文件，这是ANSI C的规定，用同一种缓冲文件系统来处理文本文件和二进制文件。但是目前使用的有些C编译系统可能不完全提供所有的这些功能，例如有的只能用“r”、“w”、“a”方式，有的不用“r+”、“w+”、“a+”而用“rw”、“wr”、“ar”等，请注意所用系统的规定。

7）在用文本文件向计算机输入数据时，将回车换行符转换为一个换行符，在输出时把换行符转换成回车和换行两个字符。在用二进制文件时，不进行这种转换，内存中的数据形式与输出到外部文件中的数据形式完全一致，一一对应。

8）在程序开始运行时，系统自动打开3个标准文件：标准输入、标准输出、标准出错输出。通常这3个文件都与终端相联系。因此以前我们所用到的从终端输入或输出都不需要打开终端文件。系统自动定义了3个文件指针stdin、stdout和stderr，分别指向终端输入、终端输出和标准出错输出（也从终端输出）。如果程序中指定要从stdin所指的文件输入数据，就是指从终端键盘输入数据。

11.2.3　关闭文件

在使用完一个文件之后应该关闭它，以防止它再被误用。关闭就是使文件指针变量不指向该文件，也就是文件指针变量与文件的联系断开，此后不能通过该指针对原来与其相联系的文件进行读写操作。

关闭一个文件用fclose()函数。fclose()函数的一般调用形式为：

```
fclose(文件指针变量);
```

例如：

```
fclose(fp);
```

前面我们曾把打开文件（用fopen函数）时所带回的指针赋给了fp，现在通过fp把该文件关闭，即fp不再指向该文件。

如果在程序终止前不关闭文件，将可能丢失缓冲区中最后一批未处理的数据，因为fclose()函数的调用不仅释放文件指针，还刷新缓冲区。fclose()函数将缓冲区中可能遗留的未装满送走的数据输入内存或者输出至磁盘文件，以确保数据不丢失。当然程序在结束时会自动关闭文件，但是用完文件后及时关闭是一个好的编程习惯。

fclose()函数也返回一个值：0表示顺利返回，非0表示关闭错误。

11.3 文件的读写

对文件的操作除了打开、关闭文件外，还必然要对文件进行读写。读文件就是从文件中将数据复制到内存变量中。处理完之后，通常需要将数据写入文件，即将内存变量中的数据复制到文件中。

文件打开之后，就可以对它进行读写了，下面就介绍常用的读写函数。

11.3.1 字符输入/输出函数

1. 字符输出函数fputc()

fputc()函数的功能是输出一个字符到磁盘文件，其一般调用形式为：

```
fputc(ch,fp);
```

其中ch是要输出的字符，可以是一个字符常量，也可以是一个字符变量。fp是文件的指针变量。fputc()函数也带有一个返回值：如果输出成功，则返回的就是输出的字符；如果输出不成功，则返回EOF。EOF是符号常量，值为−1。

2. 字符输入函数fgetc()

fgetc()函数的功能是从磁盘文件接收一个字符，其一般调用形式为：

```
ch=fgetc(fp);
```

从指定的文件读入一个字符，该文件必须是以读或者写方式打开的。fp为文件型指针变量，ch为字符变量。fgetc()函数带回一个字符，赋给ch。如果在执行fgetc()函数读写时遇到了文件结束符，函数返回一个文件结束标志EOF。如果想从一个磁盘文件顺序读入字符并在屏幕上显示出来，可以用下面的程序段：

```
ch=fgetc(fp);
while(ch!=EOF)
{
  putchar(ch);
  ch=fgetc(fp);
}
```

需要注意的是，EOF不是可以输出的字符，所以在屏幕上是显示不出来的。在读文件的过程中，如果读入的是一个EOF，则表示文件已经结束。以上只适用于文本文件，现在标准的C已允许缓冲文件系统处理二进制文件，而读入某一个字节中的二进制数据有可能是−1，而这又恰好是EOF的值，这就出现了读入有用数据却被处理为“文件结束”的情况，即终止符号设置不当。为了解决这个问题，标准的C语言提供了一个feof()函数来判断文件是否真的结束。feof(p)用来测试fp所指向的文件的当前状态是否为“文件结束”，如果是的话，函数的值为1，否则为0。下面来看一个例子。

【例11-1】 文件复制。将一个磁盘文件中的信息复制到另一个磁盘文件中。

```
#include "stdio.h"
#include"stdlib.h"
main( )
{
  FILE *fp1,*fp2;
  char ch,infile[80],outfile[80];
          /*infile[80]存放fp1文件名,outfile存放fp2文件名*/
  printf("enter the infile name:");
  scanf("%s",infile);
  printf("enter the outfile name:");
```

```
    scanf("%s",outfile);
    if((fp1=fopen(infile,"r"))==NULL)
    {
        printf("cannot open infile\n");
        exit(0);
    }
     if((fp2=fopen(outfile,"w"))==NULL)
    {
        printf("cannot open outfile\n");
        exit(0);
    }
    while(!feof(fp1))
      fputc(fgetc(fp1),fp2);/*读入fp1文件中的字符,写入fp2文件中*/
    fclose(fp1);
    fclose(fp2);
}
```

运行情况如下：

```
enter the infile name:
E:\file1.c↙                (输入原有磁盘文件名)
enter the outfile name:
E:\file2.c                 (输入新复制的磁盘文件名)
```

程序的作用是从一个文件中读出字符，然后写入到另一个文件中去。由以上的例子可以看出，文件指针就是通向文件的数据流，当打开一个文件时，就将一个数据流与该文件联系起来了，其后对文件的操作都是对此文件指针fp的操作，即“脱离”具体文件，只通过对数据流的操作，完成对相应文件的操作。

【例11-2】从键盘输入一些字符，逐个把它们送到磁盘上去，直到输入一个“#”为止。

```
#include "stdio.h"
#include"stdlib.h"
main( )
{
  FILE *fp;
  char ch,filename[20];
  printf("enter the filename:");
  scanf("%s",filename);
  if((fp=fopen(filename,"w"))==NULL)
   {
      printf("cannot open file\n");
      exit(0);
    }  /*终止程序*/
  ch=getchar();   /*此语句用来接收在执行scanf语句时最后输入的回车符*/
  ch=getchar();   /*接收输入的第一个字符*/
  while(ch!='#')
   {
      fputc(ch,fp);
      putchar(ch); /*在屏幕上显示从键盘上输入的字符*/
      ch=getchar();
   }
  putchar(10); /*输出一个换行符*/
  fclose(fp);
}
```

运行情况如下：

```
enter the filename:e:\file1.c↙          (输入磁盘文件名)
```

```
Hello world!#                          (输入一个字符串)
Hello world!                           (输出一个字符串)
```

文件名由键盘输入，赋给字符数组filename。fopen函数中的第一个参数“文件名”可以直接写成字符串常量形式（如e:\file1.c），也可以用字符数组名，在字符数组中存放文件名。本例运行时，从键盘输入磁盘文件名“e:\file1.c”，然后输入要写入该磁盘文件的字符“Hello world!”，“#”表示输入结束，程序将“Hello world!”写到以“e:\file1.c”命名的磁盘文件中，同时在屏幕上显示这些字符，以便核对。exit是标准C的库函数，作用是使程序终止，用此函数应当加入stdlib头文件。

【例11-3】在文件中追加内容。file1.txt原来内容为“Welcome to”。

```
#include "stdio.h"
#include "stdlib.h"
void main()
{ FILE *fp;
  char  *p;
  char string[]="Wuhan!";
  if((fp=fopen("file1.txt","a"))==NULL)
    {  printf("file open is failed!");
       exit(0);
    }
else
  { for(p=string;*p!='\0'; p++)
      fputc(*p,fp);
    fclose(fp);
  }
}
```

运行程序之后，打开“file1.txt”，内容为“Welcome to Wuhan!”。

11.3.2 格式输入/输出函数

fscanf()函数、fprintf()函数分别为文件操作的格式输入函数和格式输出函数。与scanf()函数和printf()函数的作用相类似，它们都是格式化读写函数。前两者读写对象是磁盘文件，而后两者是终端设备。所以前两者函数调用参数中要多出一个代表文件的文件指针。一般调用方式为：

```
fprintf(文件指针,控制字符串,参量表);
fscanf(文件指针,控制字符串,参量表);
```

【例11-4】格式化文件的输入和输出。

```
#include "stdio.h"
main( )
{  int i,j;
   FILE *fp;
   char ch,ch1;
   printf("Input i ch:");
   scanf("%d %c",i,ch);
   if((fp=fopen("file.txt","w"))==NULL)
     {
       printf("cannot open infile\n");
       exit(0);
     }
    fprintf(fp,"%c %5d",ch,i);
    fclose(fp);
    if((fp=fopen("file.txt","r"))==NULL)
```

```
        {
          printf("cannot open infile\n");
          exit(0);
        }
    fscanf(fp,"%c %d",&ch1,j);
    printf("%c %5d",ch1,j);
    fclose(fp);
}
```

程序的功能是把数据格式化地输入到文件file.txt，然后再从文件file.txt中读出，显示在屏幕上。

11.3.3 字符串输入/输出函数

1. 字符串输入函数fgets()

fgets()函数的作用就是从指定的文件读入一个字符串，其一般调用形式为：

```
fgets(str,n,fp);
```

其作用是从fp指向的文件读入n−1个字符，并把它们放到字符数组str中。如果在读入n−1个字符结束之前遇到换行或者EOF，读入即结束。字符串读入在最后加一个'\0'字符，fgets()函数的返回值为str的首地址。如果读到文件尾或出错则返回为NULL。

2. 字符串输出函数fputs()

fputs()函数的作用是向指定的文件输出一个字符串，其一般调用形式为：

```
fputs(str,fp);
```

其作用是把字符数组str中的字符串输出到fp指向的文件。但字符串结束符'\0'不输出。fputs()函数中第一个参数可以是字符串常量、字符数组名或者字符型指针。输出成功，函数值为0；失败时，为非0值。

【例11-5】从键盘输入字符串，并输出到磁盘文件。

```
#include "stdio.h"
main()
{
  FILE *fp;
  char string[100];
  if ((fp=fopen("file2.txt","w"))==NULL)
    { printf("can't open file");
      exit(0);
    }
  while(strlen(gets(string))>0)
   {
      fputs(string,fp);
      fputs("\n",fp);
   }
fclose(fp);
}
```

运行时，从键盘输入的字符串被送到string字符数组，用fputs()函数把字符串写入file2.txt文件中。

11.3.4 记录方式的输入和输出

C语言允许按记录方式进行文件读写，这样可以方便地对程序中的数组、结构体数据进行整体输入和输出。按记录读写的函数（或者说成块读写的函数）分别为fread()和fwrite()。

用fscanf()函数和fprintf()函数对磁盘读写，使用方便，容易理解，但是由于在输入时要将ASCII码转换为二进制形式，在输出时又要将二进制转换成字符，花费时间比较多。再者，格式化只能面向数据项，对于结构体类型的变量则要一个成员一个成员地输入输出，程序的编写比较繁琐。因此，当文件的数据以结构体类型组织或者内存与磁盘频繁交换数据时，最好不要用fprintf()函数和fscanf()函数，而用成块读写函数fread()和fwrite()。

它们的一般调用形式为：

```
fread(buffer,size,count,fp);
fwrite(buffer,size,count,fp);
```

其中buffer是一个地址，对fread()来说，它是读入数据将要存放的地址。对fwrite()来说，是要输出数据的地址。

size是要读写的一个数据块的字节数。

count是要读写的数据块的个数。

fp是文件指针，指向待读或者待写的文件。

如果函数调用成功，则函数返回值为count的值，即输入或者输出数据项的完整个数，否则出错。

如果文件以二进制形式打开，则用fread()和fwrite()函数就可以读写任何类型的信息，例如：

```
fread(f,4,2,fp);
```

其中f是一个实型数组名，一个实型变量占4个字节，这个函数就可以从fp所指向的文件读入2次数据，存储在数组f中。

如果有一个如下的结构体类型：

```
struct  student_type
{ char name[10];
  int num;
  int age;
char addr[30];
}stud[40];
```

结构体数组stud有40个元素，每一个元素用来存放一个学生数据（包括姓名、学号、年龄、地址）。假设学生的数据已存放在磁盘文件中，可以用下面的for语句和fread()函数读入40个学生的数据：

```
for(i=0;i<40;i++)
   fread(&stud[i],sizeof(struct student_type),1,fp);
```

同样，以下for语句和fwrite()函数可以将内存中的学生数据输出到磁盘文件中去：

```
for(i=0;i<40;i++)
   fwrite(&stud[i],sizeof(struct student_type),1,fp);
```

如果fread()或fwrite()调用成功，则函数返回值为count的值，即输入或输出数据项的完整个数。

【例11-6】 从键盘输入4个学生的数据，然后存储在磁盘文件中。

```
#include "stdio.h"
#define SIZE 4
struct student
{
    char name[15];
    int num;
```

```
    int age;
    char addr[15];
}stu[SIZE];
void save()
{
    FILE *fp;
    int i;
    if ((fp=fopen("stu_list","wb"))==NULL)
     {
       printf("cannot open file\n");
       return;
     }
    for (i=0;i<SIZE;i++)
      if(fwrite(&stu[i],sizeof(struct student),1,fp)!=1)
         printf("file write error\n");
    fclose(fp);
}
main()
{
    int i;
    for(i=0;i<SIZE;i++)
    scanf("%s %d %d %s",stu[i].name,&stu[i].num,&stu[i].age,stu[i].addr);
    save();
}
```

程序运行时屏幕上不会出现什么信息，而是把数据直接存放在磁盘上。为了验证在磁盘文件“stu_list”中是否已存在此数据，可以用以下程序从“stu_list”文件中读入数据，然后在屏幕上输出。

```
#include "stdio.h"
#include"stdlib.h"
#define SIZE 4
struct student_type
{
  char name[15];
  int num;
  int age;
  char addr[15];
}stud[SIZE];

void main( )
{
  int i;
  FILE *fp;
  fp=fopen("stu_list","rb");
  for(i=0;i<SIZE;i++)
  {  fread(&stud[i],sizeof(struct student_type),1,fp);
printf("%-10s%4d%4d%10s\n",stud[i].name,stud[i].num,stud[i].age,stud[i].addr);
  }
}
```

程序运行时不需从键盘输入任何输出。屏幕上显示出以下信息：

```
Zhang     1001  19  room_101
Fun       1002  20  room_102
Tan       1003  21  room_103
Ling      1004  21  room_104
```

【例11-7】 假设有5个学生，每个学生有三门课的成绩，从键盘输入数据（包括学号、姓名和三门课成绩），计算出平均成绩，将原有的数据和计算出的平均分数存放在磁盘文件“stud”中。

```
#include "stdio.h"
#include"stdlib.h"
struct student
{  char num[4]; /*存放学号*/
   char name[15]; /*存放姓名*/
   int score[3]; /*存放三门课成绩*/
   float avr; /*存放平均成绩*/
} stu[5];
void main()
{
   int i,j,sum;
   FILE *fp;
   /*input*/
   for(i=0;i<5;i++)
    {
       printf("\n please input No. %d score:\n",i);
       printf("stuNo:");
       scanf("%s ",stu[i].num);
       printf("name:");
       scanf("%s",stu[i].name);
       sum=0;
       for(j=0;j<3;j++)  /*输入三门课成绩*/
         {
            printf("score %d:",j+1);
            scanf("%d",&stu[i].score[j]);
            sum+=stu[i].score[j];
         }
       stu[i].avr=sum/3.0; /*计算平均成绩*/
       printf("the avr is:%f",stu[i].avr);
    }
   fp=fopen("e:\stud","w");
   for(i=0;i<5;i++)
    if(fwrite(&stu[i],sizeof(struct student),1,fp)!=1)
      printf("file write error\n");
   fclose(fp);
}
```

程序运行情况如下：

```
please input No.0 score
stuNo:1001↙
name:Zhangsan↙
score 1:78↙
score 2:86↙
score 3:87↙
the avr is:83.666664
please input No.1 score
stuNo:1002↙
name:Lisi↙
score 1:79↙
score 2:88↙
score 3:85↙
the avr is:84.000000
please input No.2 score
```

```
stuNo:1003↙
name:Wangwu↙
score 1:80↙
score 2:86↙
score 3:90↙
the avr is:85.333336
please input No.3 score
stuNo:1004↙
name:Liumei↙
score 1:83↙
score 2:86↙
score 3:92↙
the avr is:87.000000
please input No.4 score
stuNo:1005↙
name:Zhaoping↙
score 1:87↙
score 2:86↙
score 3:84↙
the avr is:85.666664
```

为了验证是否已输入，可以写下面的程序查看：

```
#include "stdio.h"
#include"stdlib.h"
struct student
{  char num[4];
   char name[15];
   int score[3];
   float avr;
} stu[5];

void main()
{
  int i;
  FILE *fp;
  fp=fopen("e:\stud","rb");
  for(i=0;i<5;i++)
  {  fread(&stu[i],sizeof(struct student),1,fp);
     printf("%6s%-15s%f\n",stu[i].num,stu[i].name,stu[i].avr);
  }
}
```

程序运行结果如下：

```
1001  Zhangsan    83.666664
1002  Lisi        84.000000
1003  Wangwu      85.333336
1004  Liumei      87.000000
1005  Zhaoping    85.666664
```

【例11-8】有两个磁盘文件“A”和“B”，各存放一行字母，要求把这两个文件中的信息合并（按字母顺序排列），输出到一个新文件“C”中。

程序代码1：

```
#include "stdio.h"
#include "stdlib.h"
#include "string.h"
```

```
void main()
{
   FILE *fp;
   int i,j,k,lena,lenb,lenc;
   char a[30],b[30];
   char c[60],t,ch;
   if((fp=fopen("e:\A","r"))==NULL)
    {
       printf("file A cannot be opened\n");
       exit(0);
    }
   printf("\n A contents are :\n");
   for(i=0;(ch=fgetc(fp))!=EOF;i++)     /*读取文件内容*/
    {
       a[i]=ch;
       putchar(a[i]);
    }
  a[i] = '\0';                          /*为了下面可以以字符串形式输出a */
  lena=strlen(a);
  for(i=0;i<lena-1;i++)                 /*用冒泡排序法对a字符串排序*/
    for(j=0;j<lena-i-1;j++)
      if(a[j]>a[j+1])
       {
         t=a[j];
         a[j]=a[j+1];
         a[j+1]=t;
       }
  printf("\n排序后的a是:");
  printf("%s\n",a);
  fclose(fp);                            /*关闭文件*/
  if((fp=fopen("e:\B","r"))==NULL)
   {
      printf("file B cannot be opened\n");
      exit(0);
  }
  printf("\n B contents are :\n");
  for(j=0;(ch=fgetc(fp))!=EOF;j++)      /*读取文件内容*/
   {
    b[j]=ch;
     putchar(b[j]);
    }
 b[j]='\0';
 lenb=strlen(b);
 for(i=0;i<lenb-1;i++)
   for(j=0;j<lenb-i-1;j++)
     if(b[j]>b[j+1])
      {
         t=b[j];
         b[j]=b[j+1];
         b[j+1]=t;
      }
  printf("\n排序后的b是:");
 printf("%s\n",b);
 fclose(fp);
 i=j=k=0;
 while(i<strlen(a)&&j<strlen(b))       /*以下相当于对两个有序字符串合并*/
```

```
  {
    if(a[i]<=b[j])          /*依次从开头比较,c中存放较大的那个元素*/
     { c[k]=a[i];
       i++;                 /*i和k的值分别加1,j不变*/
       k++;
     }
    else
     {
       c[k]=b[j];
       j++;
       k++;
     }
  }
while(i<lena)               /*比较完后,若a字符串有剩余,则把a剩下的字母加到c的后面*/
 {
   c[k]=a[i];
   i++;k++;
 }
while(j<lenb)               /*若b有剩余,则把b剩余部分加到c的后面*/
 {
   c[k]=b[j];
   j++;k++;
 }
c[k]='\0';
printf("\n C file is:\n");
fp=fopen("e:\C","w");
for(k=0;k<strlen(c);k++)             /*输出c*/
 {
   putc(c[k],fp);
   putchar(c[k]);
 }
 fclose(fp);
}
```

运行该程序，结果如下：

```
A contents are:
hello
排序后的a是:ehllo
B contents are:
world
排序后的b是:dlorw
C file is:
Dehllloorw
```

程序代码2：

```
#include "stdio.h"
#include "stdlib.h"
#include "string.h"
void main()
{
    FILE *fp;
    int i,j,k,lena,lenb,lenc;
    char a[60],b[30];                     /*此时a的空间要足够大*/
    char c[60],t,ch;
    if((fp=fopen("e:\A","r"))==NULL)
      {
```

```
      printf("file A cannot be opened\n");
      exit(0);
    }
   printf("\n A contents are :\n");
   for(i=0;(ch=fgetc(fp))!=EOF;i++)          /*读取文件内容*/
    {
      a[i]=ch;
      putchar(a[i]);
     }
   a[i] = '\0';   /*为了下面可以以字符串形式输出a*/
   if((fp=fopen("e:\B","r"))==NULL)
    {
       printf("file B cannot be opened\n");
       exit(0);
    }
   printf("\n B contents are :\n");
   for(j=0;(ch=fgetc(fp))!=EOF;j++)        /*读取文件内容*/
    {
        b[j]=ch;
        putchar(b[j]);
      }
    b[j] = '\0';   /*为了下面可以以字符串形式输出a*/
    strcat(a,b);                 /*把b连接在a的后面*/
    printf("\n%s",a);
    lena=strlen(a);
    for(i=0;i<lena-1;i++)        /*用冒泡排序法对a字符串排序*/
      for(j=0;j<lena-i-1;j++)
        if(a[j]>a[j+1])
          {
            t=a[j];
            a[j]=a[j+1];
            a[j+1]=t;
          }
    strcpy(c,a);          /*把a字符串赋给c*/
    printf("\n C file is:\n");
    fp=fopen("e:\C","w");
    for(k=0;k<strlen(c);k++)    /*输出c*/
    {
        putc(c[k],fp);
        putchar(c[k]);
    }
  fclose(fp);
}
```

【程序分析】在第一种方法中，首先分别对两个字符串排序再合并，合并时还要比较，算法较复杂；而第二种方法中，先把两个字符串合并成一个字符串，然后对一个字符串排序，这样节省了排序的时间，显然第二种算法比第一种效率高，只是使用第二种方法时要注意a字符数组要有足够空间容纳两个字符串。

11.4 文件处理的其他常用函数

11.4.1 文件的定位

文件中有一个位置指针，指向当前读写的位置，如果顺序读写一个文件，则每次读写完一个字符后该位置指针自动移动指向下一个字符的位置。但是在实际应用中，常常要求随机读写或者反复读写，这就要调用有关的函数，强制位置指针指向其他的位置。

1. fseek()函数

对流式文件可以进行顺序读写，也可以进行随机读写，关键在于控制文件的位置指针。如果位置指针是按字节位置顺序移动的，就是顺序读写；如果位置指针是按需要移动到任意位置，就是随机读写。所谓随机读写，是在读写完一个字节后，并不一定要读写其后续的字符，而是可以读写文件中任意所需的字符。

利用fseek()函数可以控制文件位置的指针进行随机读写。fseek()函数的调用形式为：

```
fseek(文件类型指针,位移量,起始点);
```

起始点用0、1或2代表，0表示文件的开始，1表示当前的位置，2表示文件的末尾。位移量指从起点向前移动的字节数。

fseek()函数一般用于二进制文件，因为文本文件要发生字符转换，计算位置时容易发生混乱。

【例11-9】输入职工数据存放在文件中，然后输出第1、3、5个职工的信息。

```
#include "stdio.h"
#define SIZE 6
struct staff
{
    char name[10];
    int salary;
    int cost;
}worker[SIZE];
main( )
{
    FILE *fp;
    int i;
    if ((fp=fopen("work.dat","rb"))==NULL)
      {
       printf("cnanot open the file\n");
       exit(0);
      }
    for(i=0;i<SIZE;i++,i++)
    {
        fseek(fp,i*sizeof(struct staff),0);
        fread(&worker[i],sizeof(struct staff),1,fp);
        printf("%s %d %d\n",worker[i].name,worker[i].salary,worker[i].cost);
     }
    fclose(fp);
}
```

2. rewind()函数

rewind()函数可以强制使当前工作指针指向文件的开头，一般在需要重新从头读写文件时使用。

【例11-10】将已经建好的文件的内容顺序地读一遍，并在屏幕上显示，再读一遍，复制到另一文件中。

```
#include "stdio.h"
main( )
{
    int i;
    char ch;
```

```
    double f,f1;
    FILE *fp1,*fp2;
    if (fp1=fopen("data1.dat","r")==NULL)
    {
      printf("cannot open the file for reading\n");
      exit(0);
    }
    if (fp2=fopen("data2.dat","w")==NULL)
    {
      printf("cannot open the file for write\n");
      exit(0);
    }
    fscanf(fp1,"%c %d %lf",&ch,&i,&f);
    printf("%c,%5d,%4.1lf\n",ch,i,f);
    rewind(fp1);
    fscanf(fp1,"%c %d %lf",&ch,&i,&f1);
    fprintf(fp2,"%c %d %lf",ch,i,f1);
    fclose(fp1);
    fclose(fp2);
}
```

3. ftell()函数

ftell()函数的作用是得到流式文件中位置指针的当前位置，这个位置用相对于文件开头的位移量来表示。

由于文件位置指针经常移动，往往不易搞清其当前位置，用ftell()函数可以返回其当前位置。若返回−1L，表示函数调用出错。例如：

```
i=ftell(fp);
if(i==-1L) printf("error\n");
```

11.4.2 出错检测

1. ferror()函数

在调用各种输入输出函数时，如果出现错误，除了用函数返回值反映外，还可以用ferror()函数检查。它的一般调用形式为：

```
ferror(fp);
```

如果ferror()的返回值为0，表示未出错；如果返回一个非0值，表示出错。应该注意的是，对同一个文件每一次调用输入输出函数，均产生一个新的ferror()函数值，因此，应当在调用一个输入输出函数后立即检查ferror()函数的值，否则信息会丢失。

在执行fopen()函数时，ferror()函数的初始值自动设置为0。

2. clearerr()函数

它的作用是使文件错误标志和文件结束置为0。假设在调用一个输入输出函数时出现错误，ferror()函数值为一个非0值，在调用clearerr(fp)之后，ferror(fp)的值变成0。

只要出现错误标志，就一直保留，直到对同一文件调用clearerr()函数或rewind()函数，或任何其他一个输入输出函数时才会改变。

【例11-11】 编写一个程序，读取磁盘上的一个文件并统计文件中某个字符串“abc”和某个字符‘d’出现的次数。

```
#include "stdio.h"
#include "string.h"
#include "stdlib.h"
```

```
int main()
{
 char s[4]="abc",sc='d';/*比较的字符串和字符*/
 FILE *fp;
 char filename[20],c;
 int  i=0,n1=0,n2=0;
 long fpos,len;
printf("input filename:\n");
 gets(filename);/*输入文件名称*/
if((fp=fopen(filename,"r"))==NULL)/*打开文件*/
    {
      printf("open %s error!\n",filename);
      return 1;
    }
  len=strlen(s);
  c=fgetc(fp);                /*从文件获取一个字符*/
  while(!feof(fp))
   {
      if(c==s[0])/*如果第一个字符相等,比较剩下的字符串*/
        {
          fpos=ftell(fp);/*记住当前文件指针位置*/
          for(i=1;i<len;i++)
            {
              if(fgetc(fp)!=s[i])/*如果不匹配,跳出循环*/
                {
                  fseek(fp,fpos,0);/*重新设置指针位置*/
                  break;
                }
          }
         if(i==len)/*如果匹配成功,累加数目*/
         n1++;
      }
 if(c==sc)/*与字符sc匹配,累加数目*/
     n2++;
    c=fgetc(fp);
   }
   printf("\n与字符串%s匹配的有%d个\n",s,n1);/*输出匹配个数*/
   printf("与字符%c匹配的有%d个\n",sc,n2);
   return 0;
}
```

假如在E盘上有文件W，内容为wdsdsabckjgasaabcsdu，则运行程序的结果如下：

```
input filename:
e:\W↙
与字符串abc匹配的有2个
与字符d匹配的有3个
```

本章小结

C语言的文件由磁盘文件和设备文件组成。C语言的输入输出系统把文件看做是一种数据流。数据流使得C语言的程序与具体的系统完全不相关，使C程序可以非常方便地移植。在编写有关文件操作的程序时，往往需要查阅相关的文件操作函数。为了方便查阅，表11-2中专门列出了本章所介绍的常用的文件操作函数。

表11-2 常用的文件操作函数

分 类	函数名	功 能
打开文件	fopen()	打开文件
关闭文件	fcolse()	关闭文件
文件定位	fseek() rewind() ftell()	改变文件位置指针的位置 使文件位置指针重新置于文件开头 返回文件位置指针的当前值
文件读写	fgetc(), getc() fputc(), putc() fgets() fputs() getw() putw() fread() fwrite() fscanf() fprintf()	从指定文件取得一个字符 把字符串输出到指定文件 从指定文件读取字符串 把字符串输出到指定文件 从指定文件读取一个字（int型） 把一个字（int型）输出到指定文件 从指定文件中读取数据项 把数据项写到指定文件 从指定文件按格式输入数据 按指定格式将数据写到指定文件中
文件状态	feof() ferror() clearerr()	若到文件末尾，函数返回值为“真”（非0） 若对文件操作出错，函数返回值为“真”（非0） 使ferror()和feof()函数返回值置零

习题

一、问答题

1. 缓冲文件系统与非缓冲文件系统的区别是什么？
2. 什么是文件指针？如何通过文件指针访问一个文件？
3. 什么是文件位置指针？文件位置指针是如何确定的？
4. 对文件的打开和关闭操作的含义是什么？为什么要打开和关闭文件？

二、选择题

1. 若要用fopen()函数打开一个新的二进制文件，该文件要既能读也能写，则文件方式字符串应是（ ）。

A) "ab++"　　B) "wb+"　　C) "rb+"　　D) "ab"

2. 若fp是指向某文件的指针，且已读到此文件末尾，则库函数feof(fp)的返回值是（ ）。

A) EOF　　B) 0　　C) 非零值　　D) NULL

3. 若以下程序所生成的可执行文件名是FILE1.EXE：

```
main(int argc,char *argv[])
{ while(argc-->0)
  { ++argv; printf("%s",*argv);}
}
```

当输入以下命令执行该程序时：

```
FILE1  CHINA  BEIJING  SHANGHAI
```

程序的输出结果是（ ）。

A) CHINA BEIJIANG SHANGHAI　　B) FILE1　CHINA BEIJING

C) C B S　　D) F C B

4. C语言中，组成数据文件的成分是（　）。

A) 记录　　B) 数据行　　C) 数据块　　D) 字符（字节）序列

5. 下列关于C语言数据文件的叙述中正确的是（　）。

A) 文件由ASCII码字符序列组成，C语言只能读写文本文件

B) 文件由二进制数据序列组成，C语言只能读写二进制文件

C) 文件由数据流组成，可按数据的存放形式分为二进制文件和文本文件

D) 文件由记录序列组成，可按数据的存放形式分为二进制文件和文本文件

6. C语言中可处理的文件类型是（　）。

A) 文本文件和数据文件　　B) 文本文件和二进制文件

C) 数据文件和二进制文件　　D) 数据代码文件

三、填空题

本程序从文件from.txt中读出内容，除去其中的数字后写入另一个文件to.txt。请将程序中所缺的部分补上。

```
#include<stdio.h>
main()
{
    FILE  *fr, *to;
     int cc;
    if (__)
    {
           printf( " Can not open file--> form.txt " );
           return 1;
    }
    if (__)
    {
           printf( " Can not open file--> to.txt " );
           return 1;
    }
    while ( ( cc = getc( fr ) ) != EOF )
           if ( cc<'0' || cc>'9' )  __;
           __;
}
```

四、程序设计题

1. 从键盘输入一个字符串，并将字符串的每个字符逐个传送到磁盘文件中，字符串的结束标志为“#”。
2. 有一个文本文件da.txt，写一个程序将文件中的英文字母及数字字符显示在屏幕上。
3. 编写程序，从键盘输入10个浮点数，以二进制形式输出到文件中。
4. 从键盘输入一个字符串，将其中的小写字母全部转换成大写字母，然后输出到一个磁盘文件中。
5. 从键盘上输入若干行字符，输入后把它们存储到一个磁盘文件中，再从文件中读入这些数据，将其中小写字母转换成大写字母并在屏幕上显示出来。

6. 编写程序，统计文本文件中的字符行数和字符数。
7. 从test_b.dat文件中读10个整型数，并把它们放到dat数组中。
8. 将键盘上输入的一个字符串（以“@”作为结束字符）以ASCII码形式存储到一个磁盘文件中。要求用带参数的主函数实现。使用格式为“可执行文件名 要创建的磁盘文件名”。
9. 磁盘中有一个文件，文件中存放两行字母，编写程序统计文件中的字符数。
10. 从键盘输入10个浮点数，以二进制形式存入文件中。再从文件中读出数据显示在屏幕上。修改文件中的第二个数，再从文件中读出数据显示在屏幕上，以验证修改是否正确。
11. 调用fputs()函数，把10个字符串输出到文件中，再从文件中读出这10个字符串放在一个字符串数组中，最后把字符串数组中的字符串输出到屏幕上，以验证所有操作是否正确。
12. 编写程序，将两个有序整数文件合并，假定整数文件中的整数从小到大排列，要求新文件中的数也是从小到大排列。

第12章　常用程序设计方法

要使计算机完成人们预定的工作，首先必须为如何完成预定的工作设定一个算法，然后再根据算法编写程序。计算机要对问题的每个对象和处理规则给出正确详尽的描述，其中程序的数据结构和变量用来描述问题的对象，程序结构、函数和语句用来描述问题的算法。算法和数据结构是程序的两个重要方面。

算法是问题求解过程的精确描述，一个算法由有限条可执行的、有确定结果的指令组成。指令正确地描述了要完成的任务及其执行顺序。计算机按算法指令所描述的顺序执行算法，指令能在有限的步骤内终止，或终止于给出问题的解，或终止于指出问题对此输入数据无解。

通常，求解一个问题可能会有多种算法，具体选择哪种算法，依据的主要标准首先是算法的正确性和可靠性，简易性和易理解性；其次是算法所需要的存储空间和执行速度等。

算法设计是一件非常困难的工作，通常采用的算法设计技术主要有迭代法、穷举搜索法、递推法、贪婪法、回溯法和分治法等。另外，为了以更简洁的形式设计和描述算法，在设计算法时也常常采用递归技术。

在计算机算法的领域里，最常用到的算法就是排序与查找算法。在实际应用（如数据库程序、编译程序、解释程序和操作系统等）中，几乎都要用到排序与查找的编程技术。本章前两节将介绍有关排序与查找的基本知识，它们作为后几节的基础。一般来说，排序是为了更方便迅速地查找。

12.1　排序及应用

排序是将同类型数据集合按递增（升序）或递减（降序）顺序排列的过程。

排序通常有两种情况：一种是对单独的一组数进行排序，这种情形很简单，例如对若干整型或实型数据排序，或对若干字符排序，在这种情形下，排序的对象只有一个，当需要交换时，彼此交换的数据项也只有一个；另一种情况是有可能含有多个数据项，例如全班若干学生的信息，包括姓名、学号、数学成绩、外语成绩、计算机成绩以及平均分。这些信息可能是分别用不同的数组来存储（如用6个一维数组或2个一维数组，一个含有4列的二维数组），也有可能用数据结构来构造。不管用哪种方式来存储数据，需要排序的关键字总是只有其中的一小部分的数据项，例如要求按平均分排序，则这时“平均分”就是排序的关键字，而其他的数据项则无须排序。当需要进行位置交换时，彼此交换的应该是整个数据项，而不是只有平均分这一项，这是需要注意的。

12.1.1　排序算法的种类

排序算法有冒泡法（沉底法）、选择法、插入法、希尔法（shell）等，这些算法基本上可以分为三类：交换法、选择法、插入法。

为了使读者认识这三种排序算法的差别，这里设想有一叠卡片等待排序，下面来看这三种方法的排序分别是如何进行的。

（1）交换法

这种方法是把一堆卡片全部摊到桌面上，有号码的一面朝上，来回地扫视，把不符合顺序的卡片互相交换位置，直到全部排好序为止。

（2）选择法

这种方法也是先把一堆卡片全部摊到桌面上，有号码的一面朝上。第一次从这些卡片中挑选出号码最小的一张拿在手中，第二次再从剩下的那些卡片中挑选出最小的一张拿在手中，然后把它放到第一张的后面，依次类推，重复这个过程，直到最后一张，这样手中拿着的就是一叠排好序的卡片。

（3）插入法

插入法则是先把这一叠卡片拿在手中，每次抽出一张把它放到桌面上，有号码的一面朝上，每次把手中的卡片往桌面上放时，总是把它插入到大小合适的位置上，重复这个过程，直到手中的卡片全部放到桌面上，最后在桌面上摊好的卡片就是有序的。

在具体的应用环境中，我们需要根据算法的效率来考虑选用哪一种排序法。在排序过程中，数组排序速度的快和慢是直接与所比较的次数（循环次数）和交换次数相关的，其中尤其是交换次数影响最大。很显然，若某算法只需要较少的交换次数，则该算法就有较好的效率（注意：这里我们只是简单地指出排序算法应考虑效率问题，若要准确地分析每种算法的效率，必须进行定量推导，但这不是本书所讨论的重点）。

12.1.2　冒泡排序法

冒泡排序法是最典型的交换排序法。设待排的数组元素为a_1，a_2，…，a_n。冒泡排序的基本思想是：从a_1开始，依次比较两个相邻的数组元素a_i和a_{i+1}，若$a_i>a_{i+1}$，则交换两元素的位置，否则，不进行交换。经过这样一遍处理之后，其中数值最大的元素移到了第n个位置上。然后，对剩下的n−1个数组元素进行第2遍排序，重复上述处理过程。第2遍之后，前n−1个元素中数值最大的元素就移到了第n−1个位置上。继续进行下去，直到排好了所有元素的位置为止。整个排序过程需进行k（1≤k≤n）遍冒泡排序，显然，判别冒泡排序结束的条件应该是“在一遍排序过程中没有进行过交换记录的操作”。图12-1展示了冒泡排序的一个实例。从图中可见，在冒泡排序的过程中，关键字较小的记录好比水中气泡逐遍向上漂浮，而关键字较大的记录好比石块往下沉，每一遍有一块“最大”的石头沉到水底。冒泡排序过程如图12-1所示。

初始关键字	第一遍排序后	第二遍排序后	第三遍排序后	第四遍排序后	第五遍排序后	第六遍排序后	第七遍排序后
10	3	3	3	3	3	3	3
3	10	10	10	10	10	10	10
23	23	12	12	12	12	12	12
45	12	23	23	22	22	18	**18**
12	45	**44**	22	23	18	**22**	
67	44	22	33	18	**23**		
44	22	33	18	**33**			
22	33	18	**44**				
33	18	**45**					
18	**67**						

图12-1　冒泡排序的过程示例

【例12-1】 将10个整数从小到大（升序）排序。

程序1：

```
#include <stdio.h>
main()
{
  int i,j,t;
  int a[10]={10,3,23,45,12,67,44,22,33,18};
  for(i=0;i<9;i++)
    for(j=i;j>=0&&(a[j]>a[j+1]);j--)
     {
        t=a[j];
        a[j]=a[j+1];
        a[j+1]=t;
     }
  for(i=0;i<10;i++)
  printf("%d\n",a[i]);
  printf("\n");
}
```

程序2：

```
#include <stdio.h>
main()
{
  int i,j,t;
  int a[10]={10,3,23,45,12,67,44,22,33,18};
  for(i=0;i<9;i++)
     for(j=0;j<9;j++)       /*可以换成for(j=0;j<9-i;j++),且效率更高*/
      if(a[j]>a[j+1])
        {
           t=a[j];
           a[j]=a[j+1];
           a[j+1]=t;
        }
  for(i=0;i<10;i++)
    printf("%d\n",a[i]);
  printf("\n");
}
```

请读者自己分析上面两个程序的执行过程，看看能发现什么。

我们曾在前面的章节中分析过冒泡排序的时间复杂度为$O(n^2)$。

12.1.3 选择排序法

选择排序法的交换形式不同于交换法，它每次是在进行完一遍比较后，才进行一次交换，因此从这个角度上看，选择排序法的效率高于交换法。常见的选择排序法有简单选择排序、树形选择排序、堆排序等。

简单选择排序的算法如下：

```
void Select_Sort(datatype R[ ],int n)
{/*对排序表R[1]...R[n]进行冒泡排序,n是记录个数*/
for(i=1;i<n;i++) /*做n-1趟选取*/
 {
  k=i; /*在i开始的n-i+1个记录中选关键码最小的记录*/
  for(j=i+1;j<=n;j++)
    if(R[j].key<r[k].key)k=j; /*k中存放关键码最小记录的下标*/
  if(i!=k) /*关键码最小的记录与第i个记录交换*/
```

```
    {
      R[0]=R[k];
      R[k]=R[i];
      R[i]= R[0];
    }
  }
}
```

【例12-2】采用选择排序法将10个整数从小到大（升序）排序。

```
#include <stdio.h>
main()
{
  int i,j,k,t;
  int a[10]={10,3,23,45,12,67,44,22,33,18};
  for(i=0;i<9;i++)
    {
      k=i;
      for(j=i+1;j<10;j++)
        if(a[k]>a[j])
            k=j;
      if(i!=k)
        {
            t=a[k];
            [k]=a[i];
            a[i]=t;
        }
      }
  for(i=0;i<10;i++)
    printf("%d\n",a[i]);
  printf("\n");
}
```

在简单选择排序过程中，所需移动记录的次数比较少。在最好情况下，即待排序记录初始状态就已经是正序排列了，则不需要移动记录。

在最坏情况下，即待排序记录初始状态是逆序排列的，则需要移动记录的次数最多为3(n−1)。简单选择排序过程中需要进行的比较次数与初始状态下待排序的记录序列的排列情况无关。当i=1时，需进行n−1次比较；当i=2时，需进行n−2次比较；依次类推，共需要进行的比较次数是(n−1)+(n−2)+⋯+2+1=n(n−1)/2，即进行比较操作的时间复杂度为$O(n^2)$。

12.1.4 插入排序法

综合考虑，插入排序法比上述两种排序法有更好的排序效率。插入排序法包括：直接插入排序，二分插入排序（又称折半插入排序），链表插入排序，希尔排序（又称缩小增量排序）。

直接插入排序法的思想是：首先取出数组的第一个元素，然后从数组中取出第二个元素，拿它与前面的第一个元素进行比较，然后将它插入到合适的位置。继续循环，再从数组中取出第三个元素，拿它与前面已经排好序的第二个元素和第一个元素比较，并将其插入到合适的位置，重复此过程。这种算法适用于少量数据的排序，时间复杂度为$O(n^2)$。

【例12-3】采用插入排序法将10个整数从小到大（升序）排序。

```
#include <stdio.h>
main()
{
  int i,j,t;
```

```
    int a[10]={10,3,23,45,12,67,44,22,33,18};
    for(i=1;i<10;i++)
     {
       t=a[i];
       for(j=i-1;j>=0&&(k<a[j]);j--)
        a[j+1]=a[j];
       a[j+1]=k;
     }
    for(i=0;i<10;i++)
     printf("%d\n",a[i]);
    printf("\n");
  }
```

直接插入排序算法简便，且容易实现。当待排序记录的数量n很小时，这是一种很好的排序方法。但是，通常待排序序列中的记录数量n很大，则不宜采用直接插入排序法。在直接插入排序法的基础上，从减少“比较”和“移动”这两种操作的次数着眼，可得到以下几种插入排序方法。

(1) 折半插入排序

折半插入排序的算法如下：

```
void BInsertSort(SqList &L){
/*对顺序表L进行折半插入排序*/
 for(i=0;i<=L.length;++i){
 L.r[0]=L.r[i];                      /*将L.r[i]暂存到L.r[0]*/
 low=1;high=i-1;
 while(low<=high){                   /*在r[low  high]中折半查找有序插入的位置*/
  m=(low+high)/2;                    /*折半*/
  if(LT(L.r[0].key,L.r[m].key))  high=m-1; /*插入点在低半区*/
  else low=m+1;                      /*插入点在高半区*/
  }//while
   for(j=j-1;j>=high+1;--j)
    L.r[j+1]=L.r[j];                 /*记录移后*/
    L. r[high+1]=L.r[0];             /*插入*/
}.
}
```

从算法可以看出，折半插入排序所需附加存储空间和直接插入排序相同，从时间上看，折半插入排序仅减少了关键字间的比较次数，而记录的移动次数不变。因此，折半插入排序的时间复杂度仍为$O(n^2)$。

(2) 2路插入排序

2路插入排序是在折半插入排序的基础上再改进，其目的是减少排序过程中移动记录的次数，但为此需要n个记录的辅助空间。2路插入排序的思想这里不再赘述。

12.1.5 希尔排序法

希尔排序法的名字来源于这种排序算法的发明人D. L. Shell。该算法的基本思想仍是插入法。希尔排序法的算法过程是先将整个数组分成几个部分，分别进行处理，处理完毕后再合起来，又再分成少数几个更大的部分，再分别处理，重复这个过程，直到最后只分成一个部分为止。因为各个部分的元素个数较少，又因为每一遍都会增加数组的顺序性，为下一遍插入提供更好的基础，所以排序速度很快。这里只给出该算法的程序，关于该算法的解释请读者自己分析。

【例12-4】采用希尔排序法将10个整数从小到大（升序）排序。

```
#include <stdio.h>
main()
{
  int i,j,k,m,flag;
  int a[10]={10,3,23,45,12,67,44,22,33,18};
  m=10;
  while(m>1)
   {
     m=(m+1)/2;
     do{
       flag=0;
       for(i=0;i<10-m;i++)
        {
          j=i+m;
          if(a[i]>a[j])
            {
              k=a[i];
              a[i]=a[j];
              a[j]=k;
              flag=1;
            }
        }
      }while(flag);
  }
  for(i=0;i<10;i++)
     printf("%d\n",a[i]);
  printf("\n");
}
```

12.2 查找

查找又称为检索，是在一组数据或信息中选择出满足某个或某些条件的数据。检索在信息处理、办公自动化方面应用很广，它是非数值计算算法中被广泛研究的一种算法。查找的算法有很多种，如顺序（线性）查找、折半（对分）查找和分块查找等。这里仅介绍顺序查找与折半查找。

12.2.1 顺序查找

顺序查找很容易编程实现，是一种最基本、最简单的检索算法。它是从数据序列（或记录）的第一个元素开始，将要查找的关键字与该数据序列中的每个元素按顺序进行比较，若两边相等，则查找成功；若该数据序列中没有与它匹配的，则查找失败。

【例12-5】编写程序查找一个长度已知的字符数组，直到查找到一个与之匹配的字符或到字符数组的末尾为止。

```
#include <stdio.h>
#include <string.h>
main()
{
  char ch,*s;
  int i,count;
  printf("enter s:\n");
 gets(s);            /*gets(s)读取字符串到s*/
```

```
  count=strlen(s);         /*strlen(s)统计s的长度*/
 printf("enter ch:");
 scanf("%c",&ch);
 for(i=0;i<count;i++)
   if(ch==s[i])
     {
      printf("yes\n");    /*找到*/
      return 1;
     }
   printf("no\n");        /*没有找到*/
   return 0;
}
```

从程序的结构来看，顺序查找法非常简单，也容易实现，但是从算法的效率来看，顺序查找法的效率不高。因为若一个数组有n个元素，当要查找的关键字在数据序列中完全查找不到时，其查找过程要进行n次判断。查找的次数直接影响程序的运行速度。当然如果数据是未排序的，也就只能采用这种查找方法了。

12.2.2 折半查找

如果被查找的数据是已经排好序的，则可以采用折半查找法。折半查找法只能用于有序的数据序列。

折半查找法是通过逐次缩小查找区间来实现的，所以查找速度比较快。这种方法首先是测试中间那个元素的值，如果它大于要查找的关键字，则查找的区间就缩小到数值小的数据这半部分，于是在这半部分中继续测试它中间的那个元素值，如此重复，直到查找到一个匹配项。

折半查找的算法如下：

```
int  Search_Bin(SSTable ST,KeyType){
/*在有序表ST中折半查找其关键字等于key的数据元素。若找到，则函数值为
该元素在表中的位置，否则为0.*/
Low=1;high=ST.length;          /*置区间元素*/
while(low<=high){
mid=(low+high)/2;
if(EQ(key,ST.elem[mid].key))   return mid;              /*找到待查元素*/
else if (LT(key,ST.elem[mid].key))     high=mid-1;      /*继续在前半区间进行查找*/
else   low=mid+1;                                       /*继续在后半区间进行查找*/
}
return  0;                                              /*顺序表中不存在待查元素*/
}//*Search_Bin的出口*/
```

【例12-6】在数组a中存有11个数据a[11]={10,13,15,18,19,20,21,22,23,24,26}，编写在其中查找某个数据（用户输入）的程序。

```
#include <stdio.h>
main()
{
   int top,bot,mid;
   int x,a[11]= {10,13,15,18,19,20,21,22,23,24,26};
   printf("enter x:");
   scanf("%d",&x);/*输入要查找的数据x*/
   bot=0;
   top=10;
   while(bot<=top)
    {
```

```
        mid=(top+bot)/2;
        if(a[mid]>x)
          top=mid-1;
        else if(a[mid]<x)
          bot=mid+1;
        else
         {
           printf("yes\n");        /*找到*/
           return mid;  /*返回x所在数组中的位置*/
          }
        }
    printf("no\n");           /*没有找到*/
}
```

12.3 迭代法

迭代法是一种不断用变量的当前值递推出新值的解决问题的方法。迭代算法一般用于数值计算，例如累加、累乘都是利用了迭代法策略。

利用迭代法策略求解问题的工作过程一般分为三步：

1）确定迭代模型。根据问题描述，分析得出当前值与其下一个值的迭代数学关系模型。确定迭代模型是解决迭代问题的关键。

2）建立迭代关系式。递推数学模型在算法设计中表现为循环不变式——迭代关系式。迭代关系式就是一个直接或间接地不断由当前值递推出新值的表达式，存储新值的变量称为迭代变量。

3）迭代过程控制。确定在什么时候结束迭代过程是设计迭代法时必须考虑的问题。迭代过程的控制通常分为两种情况：一种是已知或可算出所需迭代次数，这时可以构建一个固定次数的循环来实现对迭代过程的控制；另一种是所需的迭代次数无法确定，需要分析出迭代过程的结束条件，甚至要考虑有可能达不到目标解（迭代不收敛）的情况，避免出现迭代过程的死循环。迭代法可分为精确迭代和近似迭代。

例如，用迭代法解方程一般属于近似迭代。设方程为$f(x)=0$，用某种数学方法导出等价的形式$x=g(x)$，然后按以下步骤执行：

1）选一个方程的近似根，赋给变量x_0；

2）将x_0的值保存于变量x_1，然后计算$g(x_1)$，并将结果存于变量x_0；

3）当x_0与x_1差的绝对值还不小于指定的精确要求时，重复步骤2）的计算。

若方程有根，并且用上述方法计算出来的近似根序列收敛，则按上述方法求得的x_0就认为是方程的根。

上述算法可用C程序形式书写如下。

迭代法求方程的根的算法：

```
{
 x0=初始近似根;
 do{
    x1=x0;
    x0=g(x1);/*按特定的方程计算新的近似根*/
    }while(fabs(x0-x1)>epsilon);
 printf("方程的近似根是%f\n",x0);
}
```

迭代算法也常用于求方程组的根，令$X=(x_0, x_1,\ldots,x_{n-1})$，设方程组为$x_i=g_i(X)(i=0, 1, \ldots, n-1)$，

则求方程组根的迭代算法可描述如下。

迭代法求方程组的根的算法：

```
{
 for(i=0;i<n;i++)
 x[i]=初始近似根;
 do{
    for(i=0;i<n;i++)
    y[i]=x[i];/*保护老的近似值*/
    for(i=0;i<n;i++)
    x[i]=gi[X];/*按特定的方程组计算新的近似根*/
    for(delta=0.0,i=0;i<n;i++)/*求新老根的最大误差*/
    if(fabs(y[i]-x[i])>delta)
    delta=fabs(y[i]-x[i]);
   }while(delta>epsilon);
 for(i=0;i<n;i++)
 printf("变量x[%d]的近似根是%f",i,x[i]);
 printf("\n");
}
```

使用迭代法求根时应注意以下两种可能发生的情况：

1）如果方程无解，算法求出的近似根序列就不会收敛，迭代过程会变成“死循环”，因此在使用迭代算法前应先考察方程是否有解，并在程序中对迭代的次数给予限制。

2）方程虽有解，但迭代公式选择不当，或迭代的初始近似根选择不合理，也会导致迭代失败。

【例12-7】用牛顿迭代法求解方程$2x^3-4x^2+3x-6=0$的根，要求误差小于10^{-5}。

```
#include "stdio.h"
#include "math.h"
main()
  {
   double x,x0,f,f1;
   printf("Enter the first approach x: ");
   scanf("%lf",&x);
   do
   {
        x0=x;
        f=((2*x0-4)*x0+3)*x0-6;
        f1=(6*x0-8)*x0+3;
        x=x0-f/f1;
   }while(fabs(x-x0)>=1e-5);
   printf("The root of equation is:%10.7f\n",x);
}
```

【程序分析】牛顿迭代法的思想是：先任意设定一个与真根接近的值x_k作为第一次近似根，由x_k求出$f(x_k)$。再过（x_k，$f(x_k)$）点作$f(x)$的切线，交x轴于x_{k+1}，它作为第二次近似根。再由x_{k+1}求出$f(x_{k+1})$，再过（x_{k+1}，$f(x_{k+1})$）点作$f(x)$的切线，交x轴于x_{k+2}。再求出$f(x_{k+2})$，再作切线，如此继续下去，直到足够接近真正的根为止，如图12-2所示。

程序运行结果为：

```
1.5↙
The root of equation is: 2.0000000
```

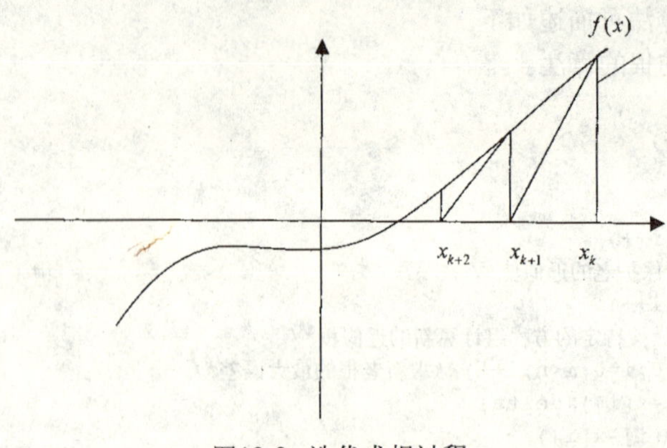

图12-2　迭代求根过程

12.4　递推法

递推法是利用问题本身所具有的一种递推关系求解问题的一种方法。设要求问题规模为N的解，当N=1时，解或为已知，或能非常方便地得到解。能采用递推法构造算法的问题有重要的递推性质，即当得到问题规模为$i-1$的解后，由问题的递推性质，能从已求得的规模为1, 2, ..., $i-1$的一系列解中构造出问题规模为i的解。这样，程序可从i=0或i=1出发，重复地由已知$i-1$规模的解，通过递推获得规模为i的解，直至得到规模为N的解。

【例12-8】 编写程序，对给定的n（$n\leqslant 100$），计算并输出k的阶乘$k!(k=1,2,...,n)$的全部有效数字。

由于要求的整数可能大大超出一般整数的位数，程序用一维数组存储长整数，存储长整数数组的每个元素只存储长整数的一位数字。如m位长整数N用数组a[]存储：$N=a[m]*10^{m-1}+a[m-1]*10^{m-2}+...+a[2]*10^1+a[1]*10^0$，并用$a[0]$存储长整数$N$的位数$m$，即$a[0]=m$。按上述约定，数组的每个元素存储$k$!的一位数字，并从低位到高位一次存于数组的第二个元素、第三个元素……例如，5!=120，在数组中的存储形式为：

3	0	2	1	…

首元素3表示长整数是一个3位数，接着低位到高位依次是0、2、1，表示长整数是120。计算阶乘k!可采用对已求得的阶乘$(k-1)$!连续累加$k-1$次求出。例如，已知4!=24，计算5!，可对原来的24在累加4次24后得到120。

源程序如下：

```
#include <stdio.h>
#include <malloc.h>
#define MAXN 100
void pnext(int a[],int k)
{
  int *b,m=a[0],i,j,r,carry;
  b=(int *)malloc(sizeof(int)*(m+1));
  for(i=1;i<=m;i++)
    b[i]=a[i];
  for(j=1;j<k;j++)
    {
      for(carry=0,i=1;i<=m;i++)
        {
```

```
                r=(i<=a[0]?a[i]+b[i]:a[i])+carry;
                a[i]=r%10;
                carry=r/10;
             }
          if(carry) a[++m]=carry;
 }
 free(b);
 a[0]=m;
}
void write(int *a,int k)/*按位输出长整数*/
{
  int i;
  printf("%4d!=",k);
  for(i=a[0];i>0;i--)
  printf("%d",a[i]);
  pritf("\n");
}
main()
{
  int a[MAXN],n,k;
  printf("Enter the number n:");
  scanf("%d",&n);
  a[0]=1;
  a[1]=1;
  write(a,1);
  for(k=2;k<=n;k++)
     {
       pnext(a,k);
       write(a,k);
       getchar();
     }
}
```

运行结果如下

```
Enter the number:6↙
2!=2
3!=6
4!=24
5!=120
6!=720
```

12.5 穷举搜索法

穷举搜索法是对可能是解的诸多选择方案，按某种顺序进行逐一枚举和检验，并从中找出那些符合要求的候选解作为问题的解。

【例12-9】将a，b，c，d，e，f这6个变量排成如下图所示的三角形：

```
    a
  b   f
c   d   e
```

这6个变量分别取[1，6]上的整数，且均不相同，求使三角形三条边上的变量之和相等的全部解。

```
#include <stdio.h>
main()
{
    int a,b,c,d,e,f;
```

```
    int i=0;
    for(a=1;a<=6;a++) /*所有可能的a*/
      {
        for(b=1;b<=6;b++) /*所有可能的b*/
          {
        if(b==a)continue; /*保证a与b不相同*/
              for(c=1;c<=6;c++) /*所有可能的c*/
                {
                  if(c==a||c==b) continue;  /*保证a,b,c不相同*/
                  for(d=1;d<=6;d++) /*所有可能的d*/
                    {
                      if(d==a||d==b||d==c) continue;
                      /*保证a,b,c,d不相同*/
                      for(e=1;e<=6;e++) /*所有可能的e*/
                        {
                           if(e==a||e==b||e==c||e==d) continue;
                           /*保证a,b,c,d,e不相同*/
                           f=21-(a+b+c+d+e);
                           if(a+b+c==c+d+e&&a+b+c==e+f+a)
                             {
                                printf("%6d",a); /*输出解*/
                                printf("\n");
                                printf("%4d%4d",b,f);
                                printf("\n");
                                printf("%2d%4d%4d",c,d,e);
                                printf("\n");
                             }
                           }
                        }
                    }
                }
          }
}
```

【程序分析】程序的设计思想是把每一种情况都试一遍，穷举所有的可能。程序最内层的循环共执行了720次（想想为什么是720次），也就是语句if(a+b+c==c+d+e&&a+b+c==e+f+a)执行了720次，共找出24个解，有兴趣的读者可以自己运行一下程序。

本章小结

本章首先通过一个简单的例子对交换排序法、选择排序法、插入排序法三类排序算法进行了简单介绍，目的是将各种排序算法的思想呈现给读者，读者应看重掌握这些算法的思想。然后简单介绍了顺序查找和折半查找两种查找算法。它们各有特点：顺序查找适应性广，而折半查找效率高。后面几节分别介绍了程序设计人员常用到的设计方法，包括迭代法、递推法和穷举搜索法，并通过经典实例加以阐述。

习题

1. 将5个学生（姓名、学号、数学，外语、计算机、平均分）按平均分从高到低（降序）排列。

姓名	学号	数学	外语	计算机	平均分
aaaaa	101	89.5	90.0	56.5	
bbbbb	102	90.0	99.0	88.0	

（续）

姓名	学号	数学	外语	计算机	平均分
ccccc	103	90.0	100.0	67.5	
ddddd	104	88.0	98.0	93.0	
eeeee	105	77.0	88.0	92.0	

2. 将从键盘上输入的若干字母字符按字母顺序排序。
3. 从键盘上输入一个字符串，再从键盘输入一个字符，看字符是否在该字符串中出现，若出现，打印yes；否则，打印no。
4. 从键盘上向一个整型数组输入数据，再从键盘输入一个整数，用折半查找法看该整数是否在该数组中出现，若出现，打印yes；否则，打印no。
5. 用迭代法求解方程$f(x)=2x^3-4x^2+3x-6=0$，要求误差小于10^{-5}。
6. 编写程序对给定的n（$n\leqslant 100$）计算并输出k的阶乘$k!(k=1, 2, ..., n)$的全部有效数字。
7. 编写程序，实现归并排序的非递归算法。

第13章　C++介绍

Visual C++是美国微软公司开发的一种面向对象编程语言，适合于编写各式各样的软件，尤其适用于开发大、中型软件项目。使用Visual C++的集成化开发环境，能大大缩短开发时间，减少开发费用，使软件具有可靠性、重用性、扩展性和可维护性。

13.1　C++的特点

C语言是结构化和模块化的语言，它是面向过程的，适用于较小规模的程序设计，但当问题比较复杂、程序的规模较大时，结构化程序设计方法就显示出它的不足。20世纪80年代提出了面向对象的程序设计（Object Oriented Programming，OOP）。C++是Bjarnestroustrap 博士在AT&T贝尔实验室开发出的一种面向对象的程序设计语言。

C++不是简单地对C做了某些改进，而是在C成功的基础上进行了一场革命。它的出现曾在软件界引起轰动，它使得面向对象的程序设计得以流行。可以说，C是最流行的面向过程的程序设计语言，而C++是最流行的面向对象的程序设计语言。

面向对象程序设计方法主要是解决大型软件的设计问题，只有编写过大型程序的人才会体会到C的不足和C++的优点。C++是一种大型语言，其功能、概念和语法规定都比较复杂，要深入掌握它需要花较多的时间，尤其是需要有较丰富的实践经验。

C++的特点主要表现在以下方面：

1）C++保留了C语言原有的所有优点，增加了面向对象的机制。

2）C++与C完全兼容，用C语言写的程序可以不加修改地用于C++。

3）C++是C语言的超集，它不仅仅是“面向对象的C”，还增加了许多新的提高编程能力的特征。

使用C++必须要先安装C++的编译系统，在DOS系统下可以使用Turbo C++或者是Borland C++。C源程序的后缀一般为.c，而C++的后缀一般为.cpp。在Borland C++开发环境下，既可以使用C语言，也可以使用C++语言，它有两个编译系统，根据源程序文件名的后缀是.c还是.cpp来决定使用哪个编译系统。在Windows下可以使用C++ Builder和Visual C++。Microsoft公司的Visual C++以其较高的效率和强大的功能得到了广大编程爱好者的青睐。

13.1.1　C转入C++时不需改变的内容

C是C++的基础，C++包含了整个C，C的绝大部分内容可以直接用于C++的程序设计，如：

1）各种数据类型变量的定义与使用，函数、数组、指针、文件等基本知识。

2）许多有效的算法。

3）程序的基本调试思想方法。

4）程序设计中的自顶向下的总体思想。

当然要开发真正的C++程序，还要学习许多超越C语言的C++所独有的全新的特性。以下从与类无关和相关两个方面介绍C++语言中的一些概念。

13.1.2 C转入C++时一些与类无关的新特性

为了使用C++编译器，可将源文件的扩展名由.c变为.cpp，但是有些C语言允许的编程做法无法用C++编译器编译，或者说虽然可以编译，但是含义不同。

1. C++中不能再用作标识符的关键字

在C语言中可以随意使用下列名称作为标识符，但是在C++中，这些关键字不再用作标识符：

asm	bad_cast	bad_typid	catch	class
const_cast	delete	dynamic_cast	except	finally
friend	inline	namespace	new	operator
private	protected	public	reinterpret_cast	static_cast
template	this	throw	try	type_info
typeid	using	virtual	xalloc	

2. 有关函数声明

在C中，有几种情况允许前面没有函数的声明或者定义而调用函数，但是C++源文件中的任何函数调用之前必须有函数声明或者定义。

在C语言中允许用旧的类型说明形式：

```
int max(x,y)
int x,int y
{    }
```

而在C++语言中，必须在函数的首部同时说明形参的类型，即我们通常用的形式：

```
int max(int x,int y)
{    }
```

3. 局部变量说明语句的位置

在C中，局部变量的说明均在函数的开始；而在C++中，局部变量的说明语句是个常规语句，可以放在允许语句出现的任何位置，只要在该变量的首次引用之前即可。

4. 注释符

C++可以使用C的注释符，但是它自身又多了一种注释符，即“//”。它的作用是只注释一行。

5. 范围分解符

在C语言中，当全局变量和某函数内的局部变量同名时，该函数对全局变量起屏蔽作用，即在该函数内无法访问此全局变量；而在C++中，只要在其前使用范围分解符即可访问同名的全局变量。例如：

```
int n;
main()
{
  int n;
  n=5;      //局部变量n
  ::n=65; //全局变量n
  ...
}
```

范围分解符还可以用来访问被同名局部类型屏蔽的全局类型以及进行与类有关的操作。

6. 内联函数

内联函数的特性与宏非常类似。

在C语言中，定义了宏时，程序每调用一次宏，替换宏名的字符串就展开并插入到调用处一次。C语言中的函数就不是这种展开方式，而是从程序转入子函数执行，执行完后再返回主调用函数。在C++中可以定义类似于宏的内联函数，关键字是inline。每调用一次内联函数，函数的代码就插入在调用处一次，称为内联函数的扩展。与普通函数不同的是，如果改变内联函数，则所有调用的源文件都要重新编译。

内联函数是由编译器处理的，而宏调用是由预处理器通过简单的文本替换完成扩展的，因此，内联函数与宏比较有两个重要的优势：一是调用函数时编译器检查传递参数的类型；二是如果表达式传递函数，只需求值一次，不会产生由于带参数调用而引起的意外的副作用。

7. 重载函数

C++可以在同一程序中多次定义同名函数，只要各参数个数或者类型不同即可。

【例13-1】 函数重载。

```
#include "iostream.h"
void add(int a,int b)
{
    int c;
    c=a+b;
    cout<<c<<endl;
}
void add(double a,double b)
{
    double c;
    c=a+b;
    cout<<c<<endl;
}
void main()
{
    add(5,6);
    add(6.5,7.8);
}
```

运行程序，结果如下：

```
11
14.3
```

C++编译器会根据参数的不同选择不同的函数。cout是标准输出流，cout必须和<<一起使用，把输出项输出到标准设备上。可以在一个输出语句中使用多个运算符<<将多个输出项插入到输出流cout中。endl表示回车。C++用cin进行输入，用>>运算符从设备键盘取得数据送到输入流cin中，然后送到内存。

8. new和delete操作符

C++兼容了C语言中的库函数malloc()和free()，并提供了两个新的操作符new和delete，用于分配和释放内存块，它们更方便、更有用。首先，使用new时，指定数据类型就可以分配足够的空间，不要求调用中提供所需存储空间的数量和使用sizeof运算符进行计算，其次，new自动指定类型的指针，不必像malloc()那样在分配时需要显式地使用强制类型。最后，new和delete可以进行重载。以下代码显示了new和delete的功能：

```
class Obj
{
public :
       Obj(void)
       { cout <<"Initialization"<< endl; }
       ~Obj(void)
```

```
        { cout <<"Destroy"<< endl; }
void    Initialize(void)
{ cout <<"Initialization"<< endl; }
void    Destroy(void)
{ cout <<"Destroy"<< endl; }
};
 void UseMallocFree(void)
{
  Obj  *a = (Obj *)malloc(sizeof(Obj)); // 申请动态内存
    a->Initialize();                    // 初始化
    //...
    a->Destroy();                       // 清除工作
    free(a);                            // 释放内存
}
void UseNewDelete(void)
{
    Obj  *a = new Obj;                  // 申请动态内存并且初始化
    //...
    delete a;                           // 清除并且释放内存
}
```

【例13-2】内存分配。

```
#include "iostream.h"
struct node
{
    char *name;
    int sal;
    node *next;
}node;

void main( )
{
    char *pchar;
    int *pint;
    struct node *p;
    pchar=new char;
    pint=new int;
    p=new struct  node;
    *pchar='a';
    *pint=65;
    p->name="hello";
    p->sal=1200;
    cout<<*pchar<<"  "<<*pint<<","<<p->name<<"  "<<p->sal<<endl;
}
```

运行程序，结果如下：

```
a  65,hello  1200
```

13.2 C++的核心新特性：类

C++作为面向对象的语言，主要特点不仅是以上的新特性，而且重要的是引入了新的概念，这就是类。

13.2.1 类和对象

客观世界中任何一个事物都可以看成一个对象。或者说，客观世界是由千千万万个对象组成的，它们之间通过一定的渠道相互联系。从计算机的角度来看，一个对象应该包括两个要素：一是数据；二是需要进行的操作。对象就是一个包含数据以及与这些数据有关的操作的集合。

传统的面向过程程序设计是围绕功能进行的，用一个函数实现一个功能。所有的数据都是共用的，一个函数可以使用任意一组数据，而一组数据又能被多个函数所使用。程序设计者必须考虑每一个细节，什么时候对什么数据进行操作。

面向对象的程序设计采用新的思路。它面对的是一个个的对象，所有的数据分别属于不同的对象。实际上，每一个数据都有特定的用途，是某种操作的对象。把相关的数据和操作放在一起，形成一个整体。

每一个对象都属于一种类型。在C++中对象的类型称为“类”，类代表了某一批对象的共性和特性。可以说，类是对象的抽象，而对象是类的具体实例。在C++中要先声明一个类的类型，然后用它去定义若干个同类型的对象。类是用来定义对象的一种抽象的数据类型，或者说它是产生对象的模板。

以下是一个有关“人”的类的定义：

```
class CHuman
{
    char name[10];
    int age;
    void GetInfo()
    {    }
    void OutInfo()
    {    }
};
```

类定义的关键字是class，用于定义新类，CHuman是类名，其命名规则遵从标识符的命名规则，但是C++中的标识符与C中的不同，常用大写字母开头或者间隔单词。类名冠以C作为类名的标志，以增加程序的可读性。类中定义的数据项称为数据成员，类中定义的函数称为成员函数。

定义了类就可以生成类对象，又称为类的实例，其地位如同变量。例如在上述的CHuman类定义之后，可以创建对象：

```
CHuman human;
```

即为类对象human分配了一块可以存放数据和对数据进行处理的程序代码的内存块，又称类的实例化。和内部变量一样，类对象在定义范围内有效。一个类可以生成多个实例，也可以用C++的new操作符生成类的实例：

```
CHuman *PHuman=new CHuman;
```

这个语句分配足以放置类对象的内存块并返回其首地址给这个对象的指针。对象所占的内存保持到用delete操作符释放：

```
delete PHuman;
```

13.2.2 类成员的访问

生成类的实例之后，就可以访问类的数据成员和成员函数了。但是类中的成员还有自己的属性，分为公有、私有和保护类型。正是这一点体现了类的优越性——对数据的封装，该特性使类内的数据完全封闭在类内，不受任何程序的干扰，从而增加了数据和程序的稳定性与安全性。

上面的有关“人”的类我们可以这样定义：

```
class CHuman
{
  private:
    char name[10];
    int age;
  public:
    void GetInfo()
    {    }
    void OutInfo()
    {    }
};
```

类成员的公有、私有属性决定了可访问类成员的范围。凡是默认或定义为private的数据成员和成员函数，都是私有的，或者称为保密的，即只能被该类内部的成员函数调用。例如上例中的数据成员数组name和整型变量age都是私有的，可以也只能由GetInfo()和OutInfo()合法地访问，程序的其他任何函数都不能访问这两个数据成员。

标识符public使其后的成员公开，即可以被程序中的所有其他函数访问，无论是类内定义的还是类外定义的。

下面我们看看怎样正确地调用类成员：

```
main()
{
  CHuman human;
  human.GetInfo();
  human.OutInfo();
}
```

但是如果写成下面的语句

```
human.age=21;
```

就是错误的，因为age是私有变量，在主函数中也不能被访问。

可以看出：类可以隐藏成员，限制外部函数的访问，外部函数只能通过公有成员间接地访问私有数据，这就是数据封装。上面也是C++的习惯定义，即通常将数据成员私有化，而将需外部调用的函数公开化，这样外界可通过发“消息”来激活有关的操作，也就是调用公有函数，并且可以方便地实现更大的封装。

13.2.3 构造函数和析构函数

1. 构造函数

在定义一个类时，直接初始化数据成员是不允许的，下列类的定义中的初始化会产生错误：

```
class C
{
  private:
  int n=0;
  ...
}
```

为了完成数据成员的初始化，C++提供了一种特殊的成员函数——构造函数。这种函数与其他成员函数不同，不需要用户发“消息”来激活它，而是在建立对象时自动执行的。构造函数是由用户定义的，它必须与类名同名，以便系统能识别它并把它作为构造函数。

```
class CHuman
{
```

```
  private:
    char name[10];
    int age;
  public:
    CHuman()
    {
      strcpy(name," ");
      age=0;
    }
    void GetInfo()
    {    }
    void OutInfo()
    {    }
};
```

构造函数必须为公有成员函数，且不能有返回类型。构造函数不需要用户调用，而是在定义一个对象时由系统自动执行，而且只能执行一次。构造函数可以重载。

2. 析构函数

析构函数也是自动执行的，但是它与构造函数相反，是在对象脱离其作用域时执行，负责在程序撤销类的对象时释放所占资源。例如定义一个析构函数如下：

```
~CHuman()
{
    delete name;
}
```

析构函数的名称为在类名前加“~”。析构函数不能带任何的参数，也没有返回值。只能有一个析构函数，而且它不能重载。如果用户没有编写析构函数，编译系统会自动生成一个缺省的析构函数，它也不能进行任何操作。

【例13-3】包含构造函数和析构函数的C++程序。

```
#include "iostream.h"
#include "math.h"
class CComplex
{
private:
    double m_x;// 复数的实部
    double m_y;//复数的虚部
public:
    CComplex(void);
    CComplex(double r, double i);
    ~CComplex(void);
    double module(void);
    CComplex square(void);
    CComplex Add(const CComplex cs);
    void display(void);

};
CComplex::CComplex(void)
: m_x(0)
, m_y(0)
{
}
CComplex::CComplex(double r, double i)
{
    m_x=r;
    m_y=i;
```

```
}

CComplex::~CComplex(void)
{
}

double CComplex::module()
{
    return sqrt(m_x*m_x+m_y*m_y);
}

CComplex CComplex::square()
{
    return CComplex(m_x*m_x-m_y*m_y,2*m_x*m_y);
}

CComplex CComplex::Add(const CComplex  cs)
{
    return CComplex(m_x+cs.m_x,m_y+cs.m_y);
}
void CComplex::display(void)
{
    cout<<m_x<<"+"<<m_y<<"i"<<endl;
}

void main( )
{
    CComplex x(3,4),y(5,6),z1,z2;
    z1=x.Add(y);
    z2=x.square();
    z1.display();
    z2.display();
    cout<<x.module()<<endl;
}
```

程序输出结果为：

```
8+10i
-7+24i
5
```

上面的程序构造了一个复数类，并完成了简单的复数运算。在这个复数类中有两个构造函数，一个是赋指定的值，另一个是赋初值为0。对象z1和z2构造时调用的是第一个构造函数，而对象x和y构造时调用的是第二个构造函数。析构函数是空函数，什么也不做。在函数square()和Add()中，直接构造复数类的对象，然后返回，因为它们的返回值都是CComplex型的。

如果成员函数的数目很多以及函数的长度很长，类的声明就会占很大的篇幅，这不利于阅读程序。这时可以在类的外面定义成员函数，而在类中只用函数的原型作声明。在类声明的外部定义函数时，必须指定类名，函数首行的形式为：

```
函数类型 类名::函数名(形参表)
```

本章小结

本章中我们只是简单地介绍了C++。C++不是C的简单扩展，而是在C语言的基础上的一场革命。关键就是引入了类的概念，实现了面向对象的编程。本章我们对比C中的概念介绍了C++中的新概念，以利于读者今后C++的学习。

附　　录

附录A　ASCII码表

ASCII值	字符	控制字符	ASCII值	字符	ASCII值	字符	ASCII值	字符	ASCII值	字符
000	(null)	NUL	032	(space)	064	@	096	’	128	Ç
001	☺	SOH	033	!	065	A	097	a	129	ü
002	☻	STX	034	"	066	B	098	b	130	é
003	♥	ETX	035	#	067	C	099	c	131	â
004	♦	EOT	036	$	068	D	100	d	132	ā
005	♣	END	037	%	069	E	101	e	133	à
006	♠	ACK	038	&	070	F	102	f	134	å
007	beep	BEL	039	'	071	G	103	g	135	ç
008	backspace	BS	040	(	072	H	104	h	136	ê
009	tab	HT	041	)	073	I	105	i	137	ë
010	换行	LF	042	*	074	J	106	j	138	è
011	♂	VT	043	+	075	K	107	k	139	ï
012	♀	FF	044	,	076	L	108	l	140	î
013	回车	CR	045	–	077	M	109	m	141	ì
014	♫	SO	046	。	078	N	110	n	142	Ä
015	☼	SI	047	/	079	O	111	o	143	Å
016	►	DLE	048	0	080	P	112	p	144	É
017	◄	DC1	049	1	081	Q	113	q	145	æ
018	↕	DC2	050	2	082	R	114	r	146	Æ
019	‼	DC3	051	3	083	S	115	s	147	ô
020	¶	DC4	052	4	084	T	116	t	148	ö
021	§	NAK	053	5	085	U	117	u	149	ò
022	▬	SYN	054	6	086	V	118	v	150	û
023	↨	ETB	055	7	087	W	119	w	151	ù
024	↑	CAN	056	8	088	X	120	x	152	ÿ
025	↓	EM	057	9	089	Y	121	y	153	ö
026	→	SUB	058	:	090	Z	122	z	154	Ü
027	←	ESC	059	;	091	[	123	{	155	¢
028	∟	FS	060	<	092	\	124	¦	156	£
029	↔	GS	061	=	093	]	125	}	157	¥
030	▲	RS	062	>	094	^	126	~	158	P_t
031	▼	US	063	?	095	—	127	⌂	159	ƒ

（续）

ASCII值	字符	ASCII值	字符	ASCII值	字符
160	á	192	└	224	α
161	í	193	┴	225	β
162	ó	194	┬	226	Γ
163	ú	195	├	227	π
164	ñ	196	—	228	Σ
165	Ñ	197	†	229	σ
166	a̲	198	╞	230	μ
167	o̲	199	╟	231	τ
168	¿	200	╚	232	Φ
169	┌	201	╔	233	θ
170	┐	202	╩	234	Ω
171	1/2	203	╦	235	δ
172	1/4	204	╠	236	∞
173	¡	205	═	237	ø
174	《	206	╬	238	∊
175	》	207	╧	239	∩
176	░	208	╨	240	≡
177	▒	209	╤	241	±
178	▓	210	╥	242	⩾
179	│	211	╙	243	⩽
180	┤	212	╘	244	⌠
181	╡	213	╒	245	⌡
182	╢	214	╓	246	÷
183	╖	215	╫	247	≈
184	╕	216	╪	248	°
185	╣	217	┘	249	•
186	║	218	┌	250	·
187	╗	219	█	251	√
188	╝	220	▄	252	ⁿ
189	╜	221	▌	253	²
190	╛	222	▐	254	▮
191	┐	223	▀	255	

注：000～127是标准的，128～255是IBM-PC上专用的。

附录B　C语言中的关键字

C语言中的关键字如下：

auto　break　case　char　const
continue　default　do　double　else
enum　extern　float　for　goto
if　int　long　register　return
short　signed　sizeof　static　struct
switch　typedef　union　unsigned　void
volatile　while

附录C　运算符和结合性

C语言中的运算符与结合性见表C-1。

表C-1　C语言中的运算符与结合性

优先级	运算符	含义	要求运算对象的个数	结合方向
1	( ) [ ] -> .	圆括号 下标运算符 指向结构体成员的运算符 结构体成员运算符		自左至右
2	! ~ ++ -- - (类型) * & sizeof	逻辑非运算符 按位取反运算符 自增运算符 自减运算符 负号运算符 类型转换运算符 指针运算符 地址与运算符 长度运算符	1 (单目运算符)	自右至左
3	* / %	乘法运算符 除法运算符 求余运算符	2 (双目运算符)	自左至右
4	+ -	加法运算符 减法运算符	2 (双目运算符)	自左至右
5	<< >>	左移运算符 右移运算符	2 (双目运算符)	自左至右
6	< <= > >=	关系运算符	2 (双目运算符)	自左至右
7	== !=	等于运算符 不等于运算符	2 (双目运算符)	自左至右
8	&	按位与运算符	2 (双目运算符)	自左至右
9	∧	按位异或运算符	2 (双目运算符)	自左至右

（续）

<table>
<tr><th>优先级</th><th>运算符</th><th>含义</th><th>要求运算对象的个数</th><th>结合方向</th></tr>
<tr><td>10</td><td>|</td><td>按位或运算符</td><td>2
（双目运算符）</td><td>自左至右</td></tr>
<tr><td>11</td><td>&&</td><td>逻辑与运算符</td><td>2
（双目运算符）</td><td>自左至右</td></tr>
<tr><td>12</td><td>||</td><td>逻辑或运算符</td><td>2
（双目运算符）</td><td>自左至右</td></tr>
<tr><td>13</td><td>?:</td><td>条件运算符</td><td>3
（三目运算符）</td><td>自右至左</td></tr>
<tr><td>14</td><td>= += -= *=
/= %= >>=
<<= &= ∧= !=</td><td>赋值运算符</td><td>2</td><td>自右至左</td></tr>
<tr><td>15</td><td>,</td><td>逗号运算符
（顺序求值运算[illegible]</td><td></td><td>自左至右</td></tr>
</table>

说明：

1) 同一优先级的运算符优先级别相同，运算次序由结合方向决定。例如*与/具有相同的优先级别，其结合方向为自左至右，因此3*5/4的运算次序是先乘后除。-和++为同一优先级，结合方向为自右至左，因此-i++相当于-(i++)。

2) 不同的运算符要求有不同的运算对象个数，如+（加）和-（减）为双目运算符，要求在运算符两侧各有一个运算对象（如3+5、8-3等）。而++和-（负号）运算符是一元运算符，只能在运算符的一侧出现一个运算对象（如-a、i++、--i、(float) i、sizeof (int)、*p等）。条件运算符是C语言中唯一的一个三目运算符，如x?a:b。

3) 从上述表可以大致归纳出各类运算符的优先级：

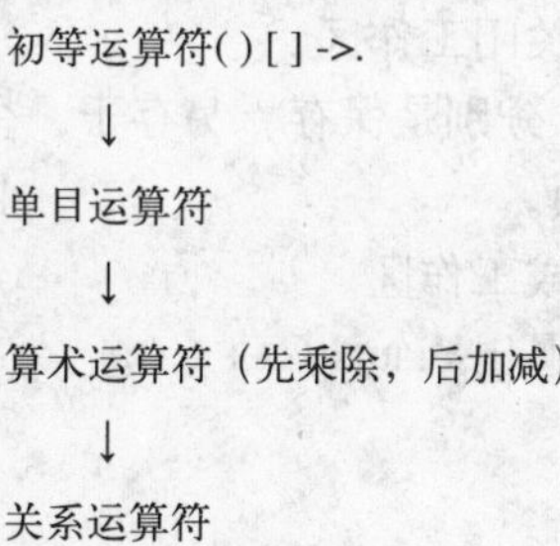

附录D　Visual C++ 6.0 上机操作指南

Visual C++ 6.0是美国微软公司研制开发的可视化C++语言版本的集成开发环境，它是一个集C++程序编辑、编译、连接、调试、运行和在线帮助等功能以及可视化软件开发为一体的软件开发工具，是Microsoft Visual Studio套件的一个组成部分。

Visual C++软件包含许多单独组件，例如，编辑器、编译器、连接器、生成实用程序、调试器，以及各种各样为开发Microsoft Windows 下的C/C++程序而设计的工具。Visual Studio把所有的Visual C++工具结合在一起，集成为一个整体，通过一个由窗口、对话框、菜单、工具栏、快捷键等组成的完整系统，用户可以观察和控制整个开发过程。图D-1所示是Visual C++的集成开发环境，用户可以在此环境下完成编辑、编译、连接和调试工作。

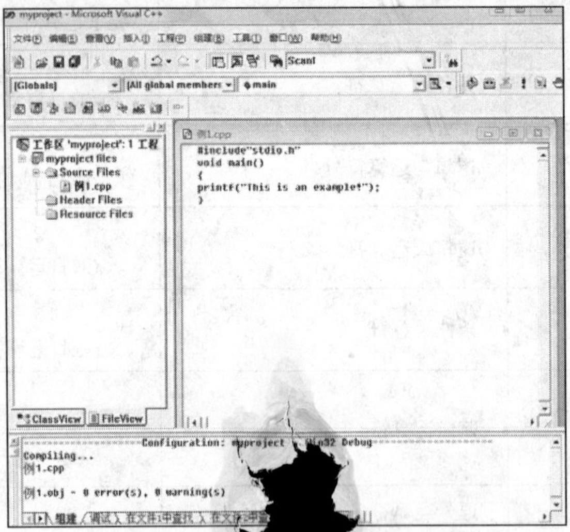

图D-1 Visu[illegible]0 开发环境

D.1 Visual C++菜单栏

Visual C++ 6.0开发环境中的首行列出的是系统的菜单栏，菜单分成9大类：文件（File）、编辑（Edit）、查看（View）、插入（Insert）、工程（Project）、组建（Build）、工具（Tools）、窗口（Windows）、帮助（Help）。

在程序运行时，上述部分菜单栏目还可能按需要改变，例如，在调试状态下，组建菜单栏目变成了调试菜单栏目。

1. 文件菜单

1）新建：新建一个一般文件、工程、工作区、其他文档。打开操作、关闭操作。

2）工作区操作：打开、保存和关闭工作区。

3）有3个保存文件的操作菜单，分别是保存、另存于、全部保存。

4）有2个用于文件打印的菜单项。

5）用于打开以前打开过的文件或工作区。

6）一个“退出”菜单项，用于退出Visual C++ 6.0。

2. 编辑菜单

编辑菜单分成8组：

1）撤销编辑结果，或重复前次编辑过程。

2）提供常见的编辑功能。

3）全部选择。

4）字符串查找和替换。

5）编辑行定位和书签定位。

6）高级：一些其他编辑手段。

7）断点：用于设置程序断点，帮助调试程序。

8）成员列表、函数参数信息、类型信息及自动完成功能。

3. 查看菜单

查看菜单共有9个选项：

1）建立类向导：用来管理类、消息映射等。

2）资源符号：对工程所定义的所有资源进行浏览和管理。

3）资源包含：用于设置资源的包含头文件。

4）全屏显示，按ESC退出全屏显示。

5）显示工作区窗口。

6）显示输出窗口。

7）调试窗口：在调试状态下控制一些调试窗口。

8）刷新当前显示窗口。

9）查看和修改当前窗口所显示的对象的属性。

4. 插入菜单

插入菜单共有6个选项：

1）添加新类（MFC、Generic、Form 3种不同类型的类）。

2）添加窗体。

3）添加资源。

4）添加资源复制件。

5）插入选定的文本文件。

6）添加ATL对象。

5. 工程菜单

工程菜单共有6个选项：

1）设置活动工程，在多个工程中选定当前活动工程。

2）增加到工程：向当前工程添加文件、文件夹、数据连接、Visual C组件以及ActiveX控件。

3）设置工程间的依赖关系。

4）设置工程属性（调试版本、发布版本和共同部分）。

5）导出应用程序的Make文件。

6）插入工程到工程空间。

6. 组建菜单

组建菜单共有13个选项：

1）编译当前文件。

2）创建工程的可执行文件，但不运行。

3）重新编译所有文件，并连接生成可执行文件。

4）成批连接、连接工程的不同设置。

5）把编译、连接生成的中间文件和最终可执行文件删除。

6）开始调试，到断点处暂停。

7）单步调试，遇函数进入函数体。

8）开始调试，到光标处停止。

9）远程连接调试。

10）运行可执行目标文件。

11）选择Build配置方式。

12）增加或删除工程配置方式。

13）构建配置文件。

7. 工具菜单

ActiveX Control Test Container（测试一个ActiveX控件的容器）、Spy++、MFC Trace等，

还有一些常用的设置：Customize定制、Options选项。

8. 窗口菜单

窗口菜单主要功能如下：

1）新建一个窗口，内容与当前窗口相同。

2）分割当前窗口成4个，内容全相同。

3）控制当前窗口是否成为浮动视图。

4）编辑窗口层叠放置。

5）编辑窗口横向平铺显示。

6）编辑窗口纵向平铺显示。

7）对已经打开的窗口进行集中管理。

9. 帮助窗口菜单

帮助菜单中的4个选项Contents（内容）、Search（搜索）、Index（索引）和Technical Support（使用扩展帮助）都会弹出帮助窗口，叫做MSDN。MSDN库提供的帮助功能很丰富，可以以目录、索引和搜索3种方式提供帮助。浏览方式多样，甚至可以连接到Web网站查找信息。另有两个选项："键盘设置"选项打开快捷键列表；"每日提示"选项打开对话框，介绍Visual C++ 6.0的使用知识和技巧。

D.2 运行步骤

1. 启动Visual C++ 6.0集成开发环境

方法：单击"开始"→"程序"→" Microsoft Visual C++ 6.0"，启动Visual C++ 6.0，主窗口如图D-2所示。

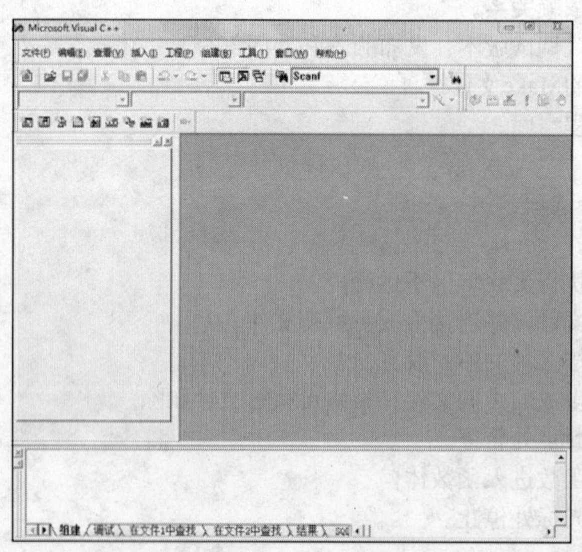

图D-2 Visual C++ 6.0 主窗口

2. 编辑源程序文件

(1) 建立新工程项目

1）单击"文件"→"新建"，弹出"新建"对话框，如图D-3所示。

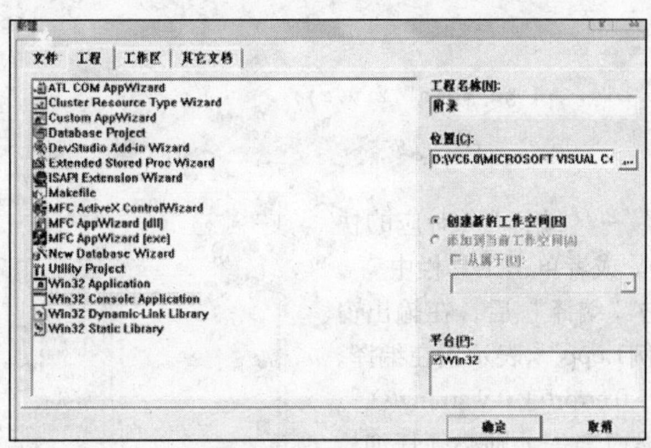

图D-3 “新建”对话框

2）单击“工程”选项卡，单击“Win32 Console Application”选项，在“工程名称”框中输入项目名，如“myproject”，在“位置”框中输入或选择新项目所在位置，按“确定”按钮，弹出“Win32 Console Application-步骤1共1步”对话框，如图D-4所示。

3）按“一个空工程”按钮和“完成”按钮。

（2）建立新项目中的文件

1）单击“文件”→“新建”，弹出“新建”对话框。

2）选择“文件”选项卡。单击“C++ Source File”选项，在“文件名”框中输入文件名，如图D-5所示，按“确定”按钮。系统自动返回VC6.0主窗口。

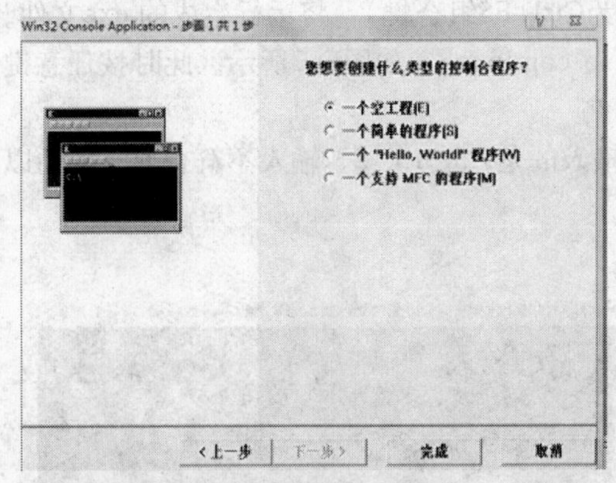

图D-4 “Win32 Console Application-步骤1共1步”对话框

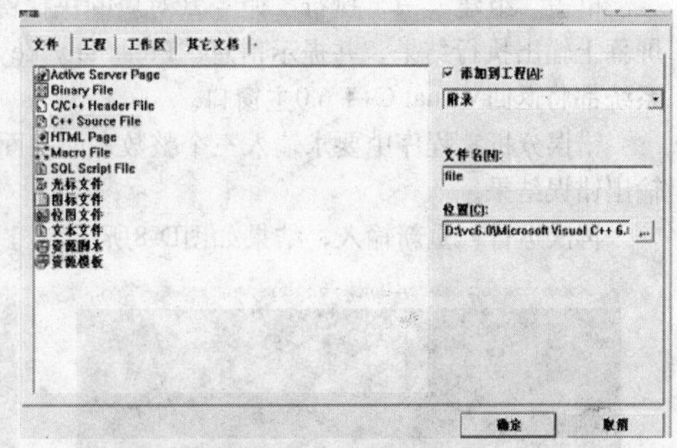

图D-5 “文件”选项卡

显示文件编辑区窗口，在文件编辑区窗口编辑源文件，如图D-6所示。

例如，输入三个整数，按从小到大的顺序输出。在编辑窗口输入以下代码：

```
#include"stdio.h"
void main()
{
int x,y,z,t;
printf("input three integers:");
scanf("%d%d%d",&x,&y,&z);
if (x>y)
{t=x;x=y;y=t;}
if(x>z)
{t=z;z=x;x=t;}
```

```
if(y>z)
{t=y;y=z;z=t;}
printf("small to big: %d %d %d\n",x,y,z);
}
```

(3) 编译过程

选择菜单“组建”→“编译”(对应的快捷键为Ctrl+F7组合键),或者单击工具栏中,将生成.obj文件,单击“编译”后,在输出窗口显示“Compiling...例1.cpp”,表示正在编译。执行完后显示“例1.obj - 0 error(s), 0 warning(s).”。若编译结果显示有错误或警告,则必须仔细检查错误的性质及位置,改正错误,重新进行编译,直到编译无错为止。随后进入连接过程。

图D-6 编辑源程序文件

(4) 连接过程

选择“组建”→“组建”(对应的快捷键为F7),或者单击工具栏中,将生成.exe可执行文件。在输出窗口显示“Linking...例1.cpp”,表示正在连接。执行完后显示“myproject.exe- 0 error(s), 0 warning(s).”。若连接结果显示有错,则必须找出错误,并改正,重新进行编译和连接,直到没有错误为止。

(5) 执行过程

单击“组建”→“执行”命令(对应的快捷键为Ctrl+F5组合键),将运行生成的.exe文件。屏幕上输出执行结果,并提示信息“Press any key to continue”,如图D-7所示。此时按任意键系统都将返回Visual C++ 6.0主窗口。

错误分析:程序中要求输入三个整数,而上面输入的是7.5 13 2,输入不符合要求,所以输出错误结果。

再次运行,重新输入,结果如图D-8所示。

图D-7 程序执行后的输出窗口信息1

图D-8 程序执行后的输出窗口信息2

如果在执行过程中出现运行错误,用户需要修改源程序文件并且重新编译、连接和执行。

3. 关闭程序工作区

一个程序经过编译连接后,VC++系统会自动生成相应的工作区完成程序的执行。若想编译第二个程序,则必须先关闭前一个程序的工作区,才能对第二个程序进行编译、连接、执行,否则执行的将是前一个程序。

选择“文件”→“关闭工作区”命令,即可关闭程序工作区。

4. 程序调试

所谓程序调试是指对程序的查错和排错。调试程序一般应经过以下几个步骤:

1）先进行人工检查，即静态检查。

2）在人工检查无误后，再上机调试。

3）在改正语法错误后，程序经过连接就得到可执行的目标程序。

4）运行结果如果不对，此时大多数是逻辑错误，对这类错误往往需要仔细检查和分析才能发现。出现这种错误，首先要将程序和流程图仔细对照，如果流程图是正确的，而程序写错了，这种错误是很容易发现的。如果找不到错误，可以采用“分段检查”的方法。在程序的几个不同位置设置printf语句，输出有关变量的值，逐段往下检查，直到找到数据不对为止。

如果程序中没有发现错误，就要检查流程图有无错误，即算法有无问题，如果有则改正，然后改正程序。

总之，程序调试是一项细致深入的工作，需要下工夫、动脑子，要善于积累经验。

附录E　常用词汇中英文对照表

actual parameter 实际参数
address　地址
algorithm　算法
American National Standard Institute　美国国家标准委员会
assemble　汇编
assembly language　汇编语言
assignment　赋值
array　数组
ASCII　美国信息交换标准码
automatic variable　自动变量
Bell labs　贝尔实验室
binary file　二进制文件
bit operator　位操作
bubble sorting　冒泡排序
call　调用
carriage return　回车
cast conversion　强制类型转换
certainty　确定性
character　字符型数
circle structure　循环结构
class　类
compile　编译
computer　计算机
constant　常量
data structure　数据结构
data type　数据类型
decrement operator　自减运算符
double type　双精度类型
dyadic operator　双目运算符
effectiveness　有效性
element　元素
enumeration type　枚举类型
executable file　可执行文件
external variable　外部变量
escape character　转义字符
file　文件
finiteness　有穷性
float-point number　浮点数
flow chart　流程图
formal parameter　形式参数
form feed　换页
function　函数
function library　函数库
function declaration　函数声明
function prototype　函数原型
graph　图
header　头文件
identifier　标识符
increment operator　自增运算符
include　包含
index　下标
initial value　初值
input　输入
integer　整数
keyword　关键字
line feed　换行
linked list　链表
linked table　链表
linker　链接器
long type　长类型
machine language　机器语言
main function　主函数

method 方法
modifier 修饰符
modular design 模块化设计
modulus operator 取模运算符
monadic operator 单目运算符
object 对象
Object-Oriented 面向对象
Object Oriented programming 面向对象程序设计
Object Oriented programming language 面向对象程序设计语言
operant 操作数
operating system 操作系统
operator 操作符
output 输出
overflow 溢出
private 私有
private member 私有成员
procedure-oriented programming 面向过程程序设计
program 程序
protected 保护
protected member 保护成员
pointer 指针
public 公有
public member 公有成员
queue 队列
real number 实数
recursion 递归
register 寄存器（变量）
reserved word 保留字
self-defining 自定义
sequence structure 顺序结构
short type 短类型
signed type 有符号类型
software 软件
source program 源程序
stack 栈
standard function library 标准函数库
static variable 静态变量
storage class 存储类别
string 字符串
structure 结构体
syntax 语法
text file 文本文件
tree 树
triadic operator 三目运算符
top-down design 自顶向下设计
union 联合体
unsigned type 无符号类型
variable 变量

参考文献

[1] K N King．C语言程序设计：现代方法[M]．吕秀锋，黄倩，译．2版．北京：人民邮电出版社，2010．

[2] 詹春华，杨沙．C语言程序设计教程[M]．北京：科学出版社，2011．

[3] 凌云，吴海燕，谢满德．C语言程序设计与实践[M]．北京：机械工业出版社，2010．

[4] 白忠建，罗佳，杨菊英．C语言程序设计[M]．北京：清华大学出版社，2011．

[5] 姚海军．C语言程序设计[M]．2版．西安：西安电子科技大学出版社，2011．

[6] 朱鸣华，刘旭麟，杨微．C语言程序设计教程[M]．2版．北京：机械工业出版社，2011．

[7] 杨晓波，要路岗．C语言程序设计[M]．北京：国防工业出版社，2011．

[8] 丁亚涛．C语言程序设计[M]．2版．北京：中国水利水电出版社，2011．

[9] 向艳，周天彤，等．C语言程序设计[M]．北京：清华大学出版社，2008．

[10] 李振立，程玉．C/C++语言程序设计[M]．北京：科学出版社，2009．

[11] 谭浩强．C程序设计[M]．北京：清华大学出版社，1999．

[12] 王明福．C语言程序设计教程[M]．北京：高等教育出版社，2004．

[13] 廖雷，等．C语言程序设计基础[M]．北京：高等教育出版社，2004．

[14] 刘加海．高级语言程序设计[M]．杭州：浙江大学出版社，2002．

[15] 苏小红，等．C语言程序设计教程[M]．北京：电子工业出版社，2002．

[16] 张磊．C语言程序设计[M]．北京：高等教育出版社，2005．

[17] 孙叔霞．C语言程序设计[M]．北京：电子工业出版社，2003．

[18] 黄保和．C语言程序设计[M]．北京：清华大学出版社，2006．

[19] 张高煜，等．C语言程序设计实例[M]．北京：中国水利水电出版社，2001．

[20] 王春森．系统设计师（高级程序员）教程[M]．北京：清华大学出版社，2001．

华章高等院校计算机教材系列

书　　名	书号（ISBN）	作　者	出版年	定价
16/32位微机原理、汇编语言及接口技术教程	7-111-35593-9	钱晓捷	2011	39.00
计算机组成原理与系统设计	7-111-35102-3	马礼 等	2011	32.00
网络编程与分层协议设计:基于Linux平台实现	7-111-35052-1	刘飚 等	2011	29.00
多媒体技术教程(第2版)	7-111-34077-5	朱洁 等	2011	33.00
软件测试技术:基于案例的测试	7-111-33697-6	赵翀 孙宁	2011	36.00
数据库原理与应用 第2版	7-111-32501-7	何玉洁 梁琦 等	2011	35.00
数据结构及应用：C语言描述	7-111-32155-2	沈华 等	2011	30.00
C++程序设计教程：基于案例与实验驱动	7-111-30794-5	邬延辉 王小权 等	2010	29.00
计算机网络	7-111-31137-9	张杰 甘勇 等	2010	29.00
大学计算机网络基础 第2版	7-111-31383-0	陈庆章 王子仁	2010	28.00
ASP.NET基础及应用教程	7-111-31057-0	明安龙 宋桂岭 等	2010	29.00
计算机网络技术与应用	7-111-30519-4	张建忠　徐敬东	2010	29.00
离散数学 张清华	7-111-30238-4	张清华 蒲兴成 等	2010	25.00
ARM嵌入式Linux系统设计与开发	7-111-30004-5	俞辉 李永 等	2010	30.00
计算机网络技术教程例题解析与同步练习	7-111-27675-3	吴英	2010	25.00
计算机网络考研习题解析	7-111-28309-6	朱晓玲	2010	26.00
多媒体技术实验与习题指导	7-111-27676-0	赵淑芬 康宇光	2010	25.00
多媒体技术教程	7-111-27678-4	赵淑芬 周斌 等	2010	28.00
软件工程-基于项目的面向对象研究方法	7-111-26683-9	贲可荣、何智勇	2009	32.00
操作系统原理与设计	7-111-25795-0	张红光 李福才	2009	35.00
C语言程序设计习题解析与上机指导	7-111-12132-9	罗晓芳 李慧 等	2009	17.00
汇编语言程序设计	7-111-25841-4	程学先 林姗 等	2009	36.00
计算机网络安全原理与实现	7-111-24531-5	刘海燕	2009	34.00
并行计算应用及实战	7-111-24022-8	王鹏 吕爽 等	2009	32.00
计算机科学与技术导论	7-111-24893-4	陈庆章　叶蕾	2008	30.00
多媒体技术基础与实验教程	7-111-24724-1	陈永强 张聪	2008	36.00
大学计算机网络基础	7-111-24476-9	陈庆章　王子仁	2008	22.00
算法与数据结构（C语言版） 第2版	7-111-14620-9	陈守孔 孟佳娜 等	2008	28.00
面向对象程序设计C++语言编程	7-111-22664-2	张冰	2008	32.00
C++面向对象编程基础	7-111-22474-7	刁成嘉 刁奕	2008	30.00
编译原理	7-111-22278-1	苏运霖	2008	33.00
微型计算机原理及其接口技术	7-111-22277-4	原菊梅	2007	36.00
计算机网络	7-111-22191-3	肖明	2007	30.00
微机系统与汇编语言	7-111-22279-8	颜志英	2007	30.00
C#程序设计大学教程	7-111-21721-3	罗兵 刘艺 等	2007	30.00
算法与数据结构考研试题精析 第2版	7-111-15159-3	陈守孔 胡潇琨 等	2007	42.00
面向对象程序设计C++版	7-111-21296-6	钱丽萍 郝莹　等	2007	25.00
C++语言程序设计	7-111-21211-9	管建和	2007	29.00
面向对象技术与UML	7-111-20912-6	刘振安 董兰芳 等	2007	22.00
C/C++ 程序设计实验教程	7-111-20610-1	秦维佳 侯春光 等	2007	18.00
C/C++ 程序设计教程	7-111-20609-5	秦维佳 伞宏力 等	2007	29.00
C语言程序设计	7-111-20078-0	刘振安	2007	29.00
Java 程序设计教程 第2版	7-111-19971-5	施霞萍 张欢欢 等	2006	30.00
计算机文化基础	7-111-19745-3	刘景春 刁树民	2006	29.00

教师服务登记表

尊敬的老师：

您好！感谢您购买我们出版的____教材。

机械工业出版社华章公司为了进一步加强与高校教师的联系与沟通，更好地为高校教师服务，特制此表，请您填妥后发回给我们，我们将定期向您寄送华章公司最新的图书出版信息！感谢合作！

个人资料（请用正楷完整填写）

<table>
<tr><td>教师姓名</td><td></td><td>□先生
□女士</td><td>出生年月</td><td></td><td>职务</td><td></td><td colspan="2">职称：□教授 □副教授
□讲师 □助教 □其他</td></tr>
<tr><td>学校</td><td colspan="2"></td><td>学院</td><td colspan="3"></td><td>系别</td><td></td></tr>
<tr><td rowspan="2">联系
电话</td><td rowspan="2" colspan="3">办公：
宅电：
移动：</td><td>联系地址
及邮编</td><td colspan="4"></td></tr>
<tr><td>E-mail</td><td colspan="4"></td></tr>
<tr><td>学历</td><td></td><td>毕业院校</td><td></td><td colspan="2">国外进修及讲学经历</td><td colspan="3"></td></tr>
<tr><td>研究领域</td><td colspan="8"></td></tr>
</table>

<table>
<tr><td>主讲课程</td><td>现用教材名</td><td>作者及
出版社</td><td>共同授
课教师</td><td>教材满意度</td></tr>
<tr><td>课程：
□专 □本 □研
人数： 学期：□春□秋</td><td></td><td></td><td></td><td>□满意 □一般
□不满意 □希望更换</td></tr>
<tr><td>课程：
□专 □本 □研
人数： 学期：□春□秋</td><td></td><td></td><td></td><td>□满意 □一般
□不满意 □希望更换</td></tr>
</table>

<table>
<tr><td colspan="4">样书申请</td></tr>
<tr><td>已出版著作</td><td></td><td>已出版译作</td><td></td></tr>
<tr><td colspan="2">是否愿意从事翻译/著作工作 □是 □否</td><td>方向</td><td></td></tr>
<tr><td>意见和建议</td><td colspan="3"></td></tr>
</table>

填妥后请选择以下任何一种方式将此表返回：（如方便请赐名片）

地 址：北京市西城区百万庄南街1号 华章公司营销中心 邮编：100037

电 话：(010) 68353079 88378995 传真：(010)68995260

E-mail:hzedu@hzbook.com marketing@hzbook.com 图书详情可登录http://www.hzbook.com网站查询